京津冀建筑史纲

主编：陆翔

副主编：胡燕　廖苗苗

北京建筑大学文化发展研究院　资助出版

中国建筑工业出版社

图书在版编目（CIP）数据

京津冀建筑史纲／陆翔主编；胡燕，廖苗苗副主编
．—北京：中国建筑工业出版社，2022.10
ISBN 978-7-112-27835-0

Ⅰ.①京… Ⅱ.①陆… ②胡… ③廖… Ⅲ.①建筑史
—华北地区 Ⅳ.①TU-092

中国版本图书馆CIP数据核字（2022）第158679号

责任编辑：费海玲 张幼平
责任校对：姜小莲

京津冀建筑史纲
主 编：陆 翔
副主编：胡 燕 廖苗苗
*
中国建筑工业出版社出版、发行（北京海淀三里河路9号）
各地新华书店、建筑书店经销
北京建筑工业印刷厂制版
北京建筑工业印刷厂印刷
*
开本：880毫米×1230毫米 1/16 印张：17¼ 字数：418千字
2023年3月第一版 2023年3月第一次印刷
定价：**78.00**元
ISBN 978-7-112-27835-0
（39684）

《北京建筑文化系列学术研究丛书》编委会

学 术 顾 问（按汉语拼音为序）：

李建平　李先逵　谭烈飞　张　杰　张妙弟

编委会主任：孙冬梅

副　主　任：秦红岭　孙希磊

编　　　委（按汉语拼音为序）：

傅　凡　金秋野　李　沙　陆　翔　秦红岭　孙冬梅　孙希磊

王崇臣　王锐英

《京津冀建筑史纲》编写组

主　编：陆　翔

副主编：胡　燕　廖苗苗

撰稿人：陆　翔　胡　燕　廖苗苗　韩　懿　朱芷晴　熊　炜　周坤朋　赵长海

郝　杰　刘　岩　李凯茜　王　菲

序言

北京是世界著名的历史文化名城。在这座古老而又充满现代化气息的国际化大都市里，至今仍保留着大量珍贵的传统建筑。北京建筑历史悠久，类型丰富，文化厚重，被誉为中国建筑的明珠，世界文化遗产中的宝贵财富。

北京建筑历史悠久，它上启旧石器、新石器时期，中接夏至清代，下至近现代，绵延七十万载，一脉相承；北京建筑类型丰富，它既有山洞、聚落、城市，又有宫殿、坛庙、苑囿，还有胡同、四合院、中西式建筑，空间形态多样，特色鲜明；北京建筑文化厚重，它体现了儒、释、道文化，融合了汉族与少数民族、中国与西方文化，反映了老北京民俗和近现代红色文化，内涵博大深远，多元包容。北宋范镇之在《幽州赋》曾这样赞叹北京："以今考之，是邦之地，左环沧海，右拥太行，北枕居庸，南襟河济，形胜甲于天下，诚天府之国也。"

清末以降，北京旧城经历了数次大规模改造，城市在迈向现代化的进程中，也拆除了大量的传统建筑，古都风貌渐失。21世纪以来，北京市加大了古都风貌保护力度，初步建立了历史文化名城、历史文化保护区、文物保护单位及历史建筑四个层面的保护体系，开展了"煤改电"、"燃改气"、修缮四、五类危房等民生工程，"老北京，新面貌"初见端倪。但如何传承北京优秀建筑文化、做好城市更新工作，仍是值得研究的重大课题。

党的十八大以来，中央已把"京津冀协同发展"上升为国家战略。2017年9月，中共中央、国务院批复了《北京市总体规划（2016年—2035年）》，在批复文件第七条中指出："构建涵盖老城、中心城区、市域和京津冀的历史文化名城保护体系。加强老城和'三山五园'整体保护，老城不能再拆，通过腾退、恢复性修建，做到应保尽保。推进大运河文化带、长城文化带、西山永定河文化带建设。"上述指示是我们未来做好相关工作的行动指南。

2020年7月，北京建筑大学成立了文化发展研究院，旨在助力首都建筑文化发展。该机构依托学校"产、学、研"平台，围绕北京建筑方面的"古都文化、红色文化、京味文化、创新文化"开展相关工作，其中，学术研究是优先安排的重点工作之一。为此，文化发展研究院成立了编委会，计划在未来一段时期内，支持相关专家学者，出版高水平的北京建筑文化学术著作，为落实北京市"新总规"、提升学校建筑文化研究水平和广大读者服务。

《京津冀建筑史纲》是由我校文化发展研究院研究员陆翔老师和他的团队编著的学术著作。作者在广泛收集史料和深入实地调研的基础上，对京津冀传统建筑进行了多方面、有重点的研究。该书内容翔实、考证严谨、结构完整、文笔流畅，是一部探索跨行政区划建筑史学研究的著作。相信此书的出版，将助力京津冀协同发展，同时对京津冀三地历史文化名城保护、弘扬中华优秀传统文化，具有重要的现实意义。我们衷心希望得到有关方面和业界同人的指导、帮助，不周之处敬请提出宝贵的意见与建议。借此机会，我们对该书的出版表示热烈祝贺！对有关单位、社会同仁和广大读者，一并谨致谢忱！

北京建筑大学文化发展研究院

《北京建筑文化系列学术研究丛书》编委会

2022 年 3 月

前言

京津冀是中华文明的摇篮。在这古老而又充满现代气息的地域里，至今仍保留着大量珍贵的传统建筑。

京津冀建筑历史悠久。早在距今70万年前的旧石器早期，“北京人”就居住在周口店龙骨山的天然山洞里。新石器时期，人们告别了山地，在平原地区开始了农耕畜牧式的生活，半穴居是主要的居住形式。大约距今5000年前，中华民族的始祖——黄帝、炎帝在冀北由征战到融合，开创了华夏文明。据《史记·五帝本纪》载：黄帝曾“邑于涿鹿之阿”，这是中国建城最早的文献记载之一。自夏代以后，京津冀大规模营建活动徐徐开启，历经二十多个朝代，绵延至今。

京津冀建筑类型丰富。城市方面，商邢台、燕蓟城、赵邯郸、汉河间、曹魏邺城、唐幽州、宋真定、元大都、明北京、清保定、清天津等，都是中国著名的历史名城；建筑方面，按功能划分，该地区的建筑形式多样，诸如宫殿坛庙、佛寺道观、官署衙署、府邸民居、商铺作坊、近代建筑等；园林方面，京津冀地区有皇家园林、佛道圣地、私家园林，其中北京的颐和园、承德的避暑山庄、天津的盘山、保定的莲花池、邯郸的响堂山等，可谓各类园林中的上乘之作。

京津冀建筑文化厚重。自商周以降，京津冀建筑三千余载。在第一个千年里，京津冀建筑体现了周代礼制文化；在第二个千年里，京津冀建筑反映了儒、释、道文化；在第三个千年里，京津冀建筑融合了汉族与少数民族、中国与西方以及红色文化。从某种意义上说，京津冀建筑是中华文明的缩影，也是了解世界建筑文化的一个“窗口”。

“星汉灿烂，若出其里。”在浩瀚的历史文献中，我们可以从正史、方志、佛经、档案、通鉴、类书等典籍中找到研究京津冀建筑的相关巨作，具有代表性的著作有《二十五史》《元和郡县志》《水经注》《大藏经》《皇明九边考》《梦溪笔谈》《徐霞客游记》《析津志》《考工记》《营造法式》《工程做法则例》等。清乾隆年间，政府出版了《钦定日下旧闻考》，详细记录了京畿地区的城市与建筑，被《四库全书》誉为“古来志都京者……当以此本为准绳矣”。两百余年过去了，随着考古工作的进展，人们又发现了大量的建筑遗址，增补历史当为吾辈之责任。

党的十八大以来，中央已把“京津冀协同发展”上升为国家战略，北京“四个中心”定位，通州北京城市副中心建设，雄安特区设立，各方面工作正在有序展开。同时，“京津冀协同发展”又与国家“一带一路”倡议关联。京津冀是欧亚大陆的“桥头堡”，地理区位极为重要。京津冀协同发展，对于实现中华民族伟大复兴的中国梦，具有重大的现实意义。据此，梳理京津冀建筑历史，可谓恰逢其时。

综上，撰写本书的目的有三：一是梳理京津冀建筑发展史，增补“康乾盛世”后京津冀建筑发展和考古发现的重要内容；二是整理史实、史料，为京津冀协同发展做一些基础性工作；三是探索跨行政区建筑史的研究方法，为后续京津冀相关研究工作作铺垫。

自唐代开创官修史书之后，“隔代修史”的惯例被历代传承。《京津冀建筑史纲》一书上启70万年前旧石器时期，中接京津冀五千年文明史，下止晚清、民国时期。鉴于远古的史料有限，《京津冀建筑史纲》研究的重点在宋辽以后，全书目次排序为九章，即第一章的“综述”，第二章编年体的“京津冀建筑发展概况”，后续章节按纪事本末体排列，包括“城市建设”“宫殿、坛庙与官署”“宗教建筑”“居住建筑”“园林”“长城、运河及其他”“近代建筑”，力图完整地展现京津冀建筑发展的历程。

自商祖乙迁都邢台以来，京津冀地区的国、郡、州、道、府、省、市、县等行政区划不断调整，辖区范围也多有变化。《京津冀建筑史纲》研究的范围主要限于现北京市、天津市、河北省行政区划范围内。鉴于京津冀中部功能核心区（含北京、天津、保定、廊坊、雄安新区）是引领京津冀发展的主要地区，本书涉及该地区的研究内容较多，力图使研究成果重点突出，详略得体。

京津冀建筑历史源远流长，现该地区拥有世界文化遗产10处，全国重点文物保护单位400余处，其他文物保护单位及历史性建筑数以万计，要想全面展示每一座建筑并非易事。在《京津冀建筑史纲》编撰过程中，我们以时间为主线，类型为辅线，选择了各个时期具有代表性的建筑进行研究，以期提纲挈领地叙述。

清代史学以“经世致用”见长，初为明末清初大儒顾炎武所创，后为“乾嘉学派”传承，并对中国近现代史学研究产生了深远的影响。在中国建筑史学研究方面，20世纪30年代，朱启钤先生创建了中国营造学社，法式、文献二部主任分别由梁思成、刘敦桢先生担任，通过实地调查、文献考据对中国古代建筑进行了系统的研究，成就令世人瞩目。另一方面，源于欧洲的实证主义学派（兰克学派）于19世纪成为欧美史学主流学派，20世纪又有年鉴学派、计量史学、跨学科研究等方面的发展。在撰写《京津冀建筑史纲》的过程中，我们欲承传历史，兼收并蓄，力图使研究成果系统成熟。具体特点如下：

第一，本书采用编年体加纪事本末体的编写体例，全书以时期、朝代统领纲目，以类型、实例充实各章内容。行文以记录史实为主，略有评述，欲使全书结构完整、详略有度。

第二，以考古成果、历史文献、现状调查为依据，所涉案例多配照片、图纸，所引文献以权威著作为主，力图使研究成果客观、真实、可信。

第三，创作方法效仿乾嘉治学之风，记录历史，服务现实。书中部分内容探讨了京津冀建筑与中外建筑文明的关系，意图展示该地区建筑与世界建筑文明交流的历史，为国家“一带一路”倡议服务。

“雄关漫道真如铁，而今迈步从头越。”党的十九大以来，中国已经进入新的时代，中国人民正向着第二个“百年目标”奋进，按照中央的部署，未来的京津冀将建设成一流的城市群。笔者才疏学浅，希望通过出版此书，梳理京津冀建筑发展历史，为保护京津冀历史文化名城和建设新城、新区助力。相信在中共中央、国务院和京津冀三地党和政府的英明领导下，经过全社会的共同努力，国人的愿景必将实现，京津冀将拥有更加美好的未来！

《京津冀建筑史纲》编写组

2022 年 3 月

目录

第一章　综述……1

第一节　自然环境……2
一、地理环境……2
二、气候特征……2
三、自然资源……2
第二节　人文背景……3
一、人口构成……3
二、社会文化……4
三、建筑特征……6

第二章　京津冀建筑发展概况……9

第一节　远古时期……10
一、旧石器时代（70 万年前—1 万年前）……10
二、新石器时代（1 万年前—公元前 21 世纪）……11
第二节　夏、商、周时期……13
一、夏（公元前 21 世纪—公元前 17 世纪）……13
二、商（公元前 17 世纪—公元前 1046 年）……14
三、西周（公元前 1046 年—公元前 771 年）……15
四、春秋（公元前 770 年—公元前 476 年）……16
五、战国（公元前 475 年—公元前 221 年）……17
第三节　秦汉至隋唐五代时期……18
一、秦（公元前 221 年—公元前 207 年）……18
二、汉（公元前 202 年—公元 220 年）……19
三、三国、晋、南北朝（220 年—589 年）……20
四、隋（581 年—618 年）……21
五、唐至五代（618 年—960 年）……22

第四节　宋、辽、金时期…… 23
一、北宋（960 年—1127 年）…… 23
二、辽代（907 年—1125 年）…… 26
三、金代（1115 年—1234 年）…… 27
第五节　元、明、清时期…… 28
一、元代（1271 年—1368 年）…… 28
二、明（1368 年—1644 年）…… 30
三、清（1644 年—1912 年）…… 32
第六节　清末民国时期…… 34
一、清末（1840 年—1912 年）…… 34
二、民国（1912 年—1949 年）…… 35

第三章　城市建设…… 37

第一节　王城与都城…… 38
一、王城…… 38
二、都城…… 42
第二节　传统地方城市…… 56
一、元代以前的地方城市…… 56
二、元、明、清地方城市…… 58
第三节　近代城市…… 64
一、北京…… 64
二、天津…… 66
三、河北部分城市…… 69

第四章　宫殿、坛庙与官署…… 71

第一节　宫殿…… 72
一、王城宫殿…… 72
二、都城宫殿…… 75

第二节　坛庙…… 78
一、皇家坛庙 …… 78
二、孔庙 …… 82
第三节　官署建筑…… 86
一、中央官署 …… 86
二、地方官署 …… 87

第五章　宗教建筑……91

第一节　佛教建筑…… 92
一、佛寺 …… 92
二、佛塔 …… 99
三、石窟 ……103
第二节　道教建筑……106
一、概述 ……106
二、实例 ……106
第三节　其他宗教建筑…… 110
一、概述 …… 110
二、实例 …… 110

第六章　居住建筑……115

第一节　王府……116
一、概述 ……116
二、实例 ……118
第二节　会馆……121
一、概述 ……121
二、实例 ……123
第三节　传统民居……127
一、概述 ……127
二、实例 ……129

第七章　园林……137

第一节　皇家苑囿……138

一、清代以前的皇家苑囿……138

二、清代皇家御苑……140

第二节　佛道圣地……145

一、概述……145

二、实例……145

第三节　私家园林……149

一、概述……149

二、实例……150

第八章　长城、运河及其他……157

第一节　长城……158

一、战国长城与秦长城……158

二、明长城……159

三、重要关口与城堡……161

第二节　运河……163

一、曹魏蓟城水利堰渠……163

二、京杭大运河……164

三、津保内河……165

第三节　其他……166

一、驿站……166

二、作坊……166

三、桥梁……169

第九章　近代建筑……171

第一节　公共建筑……172

一、办公建筑 …………………………………………………………………………172
二、商业建筑 …………………………………………………………………………177
三、旅馆建筑 …………………………………………………………………………180
四、教文卫体建筑……………………………………………………………………182
五、交通运输类建筑 …………………………………………………………………192
第二节 居住建筑、工业建筑……………………………………………………196
一、居住建筑 …………………………………………………………………………196
二、工业建筑 …………………………………………………………………………201
第三节 建筑风格、相关单位、代表人物………………………………………204
一、建筑风格 …………………………………………………………………………204
二、相关单位 …………………………………………………………………………209
三、著名历史人物…………………………………………………………………… 211

基础资料汇编 ……………………………………………………………………212

一、京津冀建筑历史地图集………………………………………………………… 212
二、京津冀重要历史建筑调查图录………………………………………………… 221
三、大事记…………………………………………………………………………247
四、中国历史简表…………………………………………………………………255
五、京津冀国家历史文化名城和中国历史文化名镇、名村名录………………257

主要参考资料 ……………………………………………………………………259

致谢……………………………………………………………………………… 262

第一章 综述

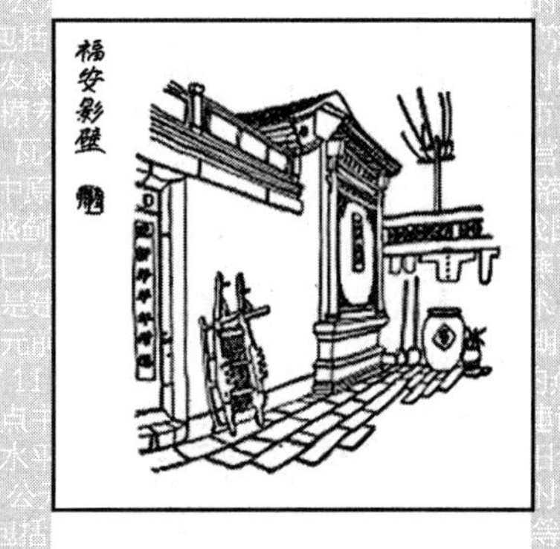

第一节 自然环境
第二节 人文背景

第一节　自然环境

一、地理环境

京津冀位于华北平原尽端，东部与渤海和东北平原毗邻，南部与山东、河南交界，西北部是太行山脉和张北高原，依山面海，环境宜居。京津冀地区地貌复杂多样，包括高原、山地、丘陵、盆地、平原，类型齐全。

京津冀的河流主要分为海河水系与滦河水系。海河水系有潮白河、永定河、大清河等；滦河水系有伊逊河、武烈河、小滦河等。另有昆明湖、莲花池、白洋淀、衡水湖、燕塞湖等数十个湖泊，还有官厅、密云、于桥等大型水库，金口、永济、大运河等重要古渠，水源丰富。

京津冀左环沧海，右拥太行，北连朔漠，南襟河济，物产丰富，形势优越。从宏观上看，这里更是一块风水宝地。据《天府广记》载："冀都天地间好个大风水，山脉从云中发来，前面黄河环绕。泰山耸左为龙，华山耸右为虎。嵩山为首案，淮南诸山为第二重案，江南五岭为第三重案。故古今建都之地皆莫属于冀都。"自辽金以降，历代帝王多把京津冀地区作为建都首选之地。

二、气候特征

京津冀多数地区属温带大陆性季风气候，四季分明，其基本特征为：春季短促，干旱多沙；夏季酷热，降雨密集；秋季气爽，光照充足；冬季漫长，多风寒冷。其中临近渤海的区域，如天津，受海洋气候影响较为明显，属于暖温带半湿润季风气候，表现为春季多风，干旱少雨；夏季炎热，雨水集中；秋季气爽，冷暖适中；冬季寒冷，干燥少雪。

气候是影响建筑形式的重要因素。以京津冀四合院民居为例：该地区冬天寒冷，房屋墙体厚重，有利于御寒保温；夏天多雨，房屋采用两坡形式，便于屋顶排水；春天多沙，住宅外墙封闭，易于防风、防沙；秋天气爽，住宅内院宽敞，利于日照采光。

三、自然资源

自然资源是影响建筑营造的重要因素，现将京津冀地区常用建筑材料分述如下：

1. 木材

木材多集中在京津冀西北部山区。森林原始植被主要是耐旱的落叶阔叶林，多数是次生的，物种类型有2000余种。树种有松树、榆树、柏树、柳树、枣树、榛树、栗树等。其中松树是传统建筑的主要用材，被大量用于建筑的梁、柱等支承结构。

2. 石灰

石灰是常见的建筑材料之一。北京门头沟附近盛产石灰，以后甫营村、大灰厂最为著名，传说此处烧灰已有千年历史，明清北京城用灰也是由这里供应。据《房山县志》述："羊圈头、后甫营、大灰厂，沿山皆产石灰，有青白两种，青者出自然，白者本石质，必加火烧，而后性粘细，白者固砖，青者染色。"

3. 石材

石材也是传统建筑中常用的建筑材料。京津冀地区硅石资源丰富，品种有汉白玉、大理石、花岗石、片麻石、鹅卵石等，主要分布在西北部山区。房山汉白玉质地细密，纹理美观，古人用于宫殿、桥梁、园林的建造，近现代人们仍喜爱这种石材，以体现建筑的尊贵。大理石、花岗石可用于建筑内外装饰，片麻石可作为建筑石材，鹅卵石多用于庭院道路的铺置。

4. 土壤

京津冀地区土质良好，是制砖的主要材料，土、石灰、砂子可制成"三合土"，也可建造"干打垒"式的泥土房。"干打垒"式建筑一直延续到 20 世纪 60 年代，现仍有建筑师研究这种古老而生态的建造方式。

5. 其他

京津冀地区传统建筑中常用的材料还有竹、麻、芦苇等。竹多产于平原地区，麻出产于宝坻，芦苇产于河湖地区。竹、麻和芦苇既可用于覆盖屋面，又可用于编织草席或室内外装饰。

第二节 人文背景

一、人口构成

京津冀是人类重要的发祥地。据史料考证，早在距今约 200 万年前，河北省阳泉市泥河湾就已有人类活动的遗迹[①]，大约距今 50 万到 70 万年前，"北京人"生活在周口店龙骨山地区。京津冀也是华夏文明的摇篮。在距今约 5000 年前，黄帝、炎帝、蚩尤为首的三大部

---

① 引自 1994 年 4 月 7 日《光明日报》，我国著名地质学家和古生物学家、"北京猿人"的发现者之一贾兰坡院士和他的同事们，在泥河湾盆地小长梁遗址发现了大量的世界上最早的细小石器。这些石器都比较小，大多重在 5～10g，最小的不足 1g。可分为尖状器、刮削器、雕刻器和锥形器等类型，共约 2000 件。这些石器经过古地磁专家的测定，证明距今约有 160 万年。

落，在今河北省怀来县与北京市延庆区附近，发生过著名的“阪泉之战”和“涿鹿之战”，三大部落从战争到融合，形成了华夏民族，开启了华夏文明史的壮丽篇章。

京津冀是我国北方多民族融合的重要区域，自古以来人口迁移频繁。夏、商、周时期，京津冀是华夏文化与戎胡文化交流的枢纽，中原与东北经济往来的汇合点，这对该地区人口多元化产生了一定的影响。此后，随着东汉乌桓和鲜卑的迁入、后晋石敬瑭割让燕云十六州，京津冀地区多元人口构成的特征得到了进一步强化。

京津冀近代人口构成，与元以来数次人口大迁移关系密切。以北京地区为例：第一次人口大迁移发生在元初，迁入来自三个方向，即北方的蒙古人，西方回族人和江南 30 万工匠；第二次人口大迁移发生在明代，迁入来自两个方面，一是洪武、永乐年间朝廷下令从山西洪洞一带移徙无地农民来京耕种，另一个是明初“轮班匠”制带来的南北雇工。人口迁出则主要发生在明末，有关文献记载，1636 年、1638 年、1642 年清军三次进入京畿，掳去大量人口；第三次人口大迁移发生在清初，清军入关后，北京的内城实际变成了满族人居住的城市。鉴于元明清三代京津冀属元中书省、明北直隶、清直隶，三地区划合为一体，有学者认为，元代以后京津冀人口构成特征与北京地区相似。

二、社会文化

京津冀历史悠久，文化厚重，是华夏文明的摇篮。其中，北京是世界著名的古都，自周王封燕、蓟算起，已有三千余年的历史。第一个千年，北京是东北、华北的经济、文化中心；第二个千年，北京是中国北方地区的军事、经济、文化中心；第三个千年，北京是中国的政治、文化中心。河北作为华夏文明的发祥地之一：战国时期，燕赵文化对列国都有着重要的影响；辽宋时期，河北分属辽宋，汉族文化与契丹文化相互交融；元代以后，河北与北京、天津长期区划一体（元属中书省、明为北直隶、清为直隶省），汉族文化起到了主导作用。1860 年后，天津沦为殖民地城市，作为通商口岸，天津吸收了大量的西方文化，成为近代京津冀地区最为“西化”的大城市。纵观历史，京津冀地区的文化具有多样性，宏观上，它是由正统文化、民俗文化、外来文化三个部分组成。具体包括历代帝王推崇的儒家“礼”制文化，先秦以来形成的道家文化，东汉传入的释家文化，具有多民族特征的地域民俗文化，近代引入的西方文化以及红色文化。

建筑是文化的载体，这在元、明、清时期的京津冀地区表现得尤为突出。

1. 皇家文化

中国数千年的历史表明，汉文化具有巨大的亲和力，元代也是如此。就社会结构而言，元代的汉化表现在如下几个方面：建立中书省、枢密院、御史台等中央集权机构；采用以农业为本的新经济政策；启用大批汉人理政等。如此这般，使元朝在短短数十年内建立起与中原文化相适应的封建大国。

元朝皇家崇儒，提倡宋“程朱理学”，国子监、孔庙是教授、朝拜儒学的最高场所，儒学是元代的国学。元朝皇家尊佛，朝廷在大都城内建造了许多佛寺，并将佛教的高僧奉为国师，佩以玉印，现北京妙应寺白塔为元代所建。元代皇家重道，据元代史料记载，成吉思汗曾派丘处机住持今北京白云观，并把“敬天爱民，清心寡欲”视为治国、养生之本。此外，元朝帝王贵族酷爱艺术，如诗文戏剧、书法绘画、瓷器雕塑等。

明、清两代延续了元代“崇儒、尊佛、重道”的正统文化，并在此基础上有所发展。国之大事，在祀与戎，天地、宗庙、社稷、孔子为大祀，每年皇帝率群臣亲拜，以体现朝廷对自然、宗社、儒学的崇敬，明清北京的天坛、地坛、社稷坛、太庙、孔庙为祀拜的场所。科举、编典是明清两代帝王所做的另一件大事：皇帝在紫禁城内亲自面试，选拔人才，以备国用；明成祖朱棣和清乾隆皇帝曾委派重臣，编纂了传世巨作《永乐大典》和《四库全书》。此外，明清帝王在北京西北部修建了大量的皇家园林，这也是两代皇家文化共通之处。

2. 宗教信仰

用计量史学的方法，从地名着手对考察居民的宗教信仰具有特殊意义。以北京地区为例，清《乾隆京城全图》上标明的寺庙有 300 多座。首先是关帝庙，共 87 座，如果加上以祀关帝为主的红庙、白庙、伏魔庙共有 115 座。其次是观音庙，有 81 座，加上白衣庵共有 108 座。清时北京正阳门内左边为观音殿，右边为关帝庙，据此可以推断，这两类寺庙是北京居民主要的祀拜场所。其他较多的寺庙有：土地庙 42 座，真武庙 41 座，火神庙 39 座，娘娘庙 30 座，以及数目不等的龙王庙、玉皇庙、药王庙、财神庙、清真寺和天主教堂等。

统计表明，北京居民对所祀对象有极大的包容性。明代中后期，北京庙宇兴建繁奢，分布迅速密集。到了清代，正统宗教逐渐衰微，民间宗教已趋于三教合一，因俗立祀，因行立祀，除了西方教堂和清真寺以外，其他寺庙之间的区分并不十分明显。总之，北京民间宗教的特点是世俗化、行业化，人们更注重从祀拜中获福保安。京津冀地区也大致如此。

3. 民俗文化

民俗文化是一种基层文化，并受到上层文化和邻近民族、地区文化的影响，其主要内涵包括社会组织、饮食习惯、服饰特征、语言文字、民间艺术等。现以京津冀地区近代民间表演、手工艺和建筑装饰为例。

京津冀地区民间表演艺术多样，如京剧、相声、杂技、评书、评剧、河北梆子、天津快板、铁片大鼓等，或蕴含深厚的艺术魅力，或富有浓郁的生活气息，百花齐放，水准上乘。

京津冀地区手工艺品中外闻名，如景泰蓝、漆器、玉器、牙雕、内画壶、风筝、剪纸、刺绣、面塑、陶瓷等，争奇斗艳，独具匠心。

京津冀地区的建筑装饰形式多样，主要有木雕、砖雕、石雕、彩画、年画、琉璃等，装饰艺术与建筑相互融合，巧夺天工。

4. 风水之说

风水古称堪舆，汉《说文解字》曰：“堪，天道；舆，地道。”清《大清会典》云：“凡相度风水，钦天监委官，相阴阳，定方位，诹吉兴工，典至重也。”可见风水是古人总结人类与自然和谐相处的实用学术。

如前所述，京津冀地区负阴抱阳，为历代帝王营国立都的风水宝地。相传黄帝曾在冀北建城，一曰邦均，二曰蓟县，三曰玉田。战国以后，北京、保定、正定、邯郸、临漳等地曾多次被选为王城、都城之地，历史经验值得借鉴。在居住建筑方面，据考察正定是华北地区风水源头之地，按习俗建房先请人相地，并有择地、定方位、调整等相关内容，其做法对北京四合院、河北四合院、天津四合院影响重大。

5. 中外交流

京津冀与欧亚建筑文化交流历史源远流长，总体可划分为三个时期，即东汉至唐代，宋辽至清中期，清末至民国时期。现按文化的传出与传入简述如下。

其一，东汉至唐代。东汉以后，罗马古典建筑文化与印度佛教建筑文化传入京津冀地区；中国建筑文化经唐幽州传到朝鲜、日本。

其二，宋辽至清中期。宋辽和明清时期，伊斯兰教清真寺和西欧教堂建筑传入京津冀地区；元清时期，大都建筑和清代园林传到东南亚和欧洲。

其三，清末民国。该时期欧美建筑文化对京津冀地区影响重大。晚清中国园林对欧洲园林产生了一定的影响。

综上所述，近两千年来，京津冀建筑与欧亚建筑相互交融，人员往来的途径主要为古代陆上丝绸之路和海上丝绸之路，尤以汉、唐、元为盛。

三、建筑特征

京津冀是人类的发祥地之一，也是中华文明的摇篮、中国建筑重要的起源地。

参照自然、社会、历史等因素，京津冀建筑发展大致可以划分为六个时期，即远古时期、夏商周时期、秦汉至隋唐五代、宋辽金时期、元明清时期、清末民国时期，每个时期建筑因其背景不同，有着相应的特点。现将不同时期京津冀地区的建筑特色简述如下。

1. 远古时期

远古时期京津冀的建筑特点，主要表现在以下几个方面。

第一，建筑历史悠久。包括旧石器早期的北京“猿人洞”和新石器早期的磁山木骨泥墙房屋，这些遗存都是中国同时期岩洞、半穴居房屋的最早实例之一。

第二，木构架结构初步形成。有专家认为，磁山遗址和北埝头遗址的房屋均采用了木构架结构，这些做法被后世承传发展，形成了具有中国特色的木构架结构体系。

第三，建筑聚落布局成熟。从现存遗址的营建方式可以看出，早在远古时期，生活在京津冀地区的人类，已学会了房屋的选址相地，建筑聚落布局与自然、社会相互融合。

2. 夏、商、周时期

夏、商、周时期是京津冀城市建设的高潮期，现将相关特点归纳如下。

第一，城市建设成果显著。如燕都蓟城、燕下都、赵邯郸规模宏大，布局合理，时为中国著名的城市。

第二，兴建了一批高水平的建筑。包括藁城台西遗址、燕下都武阳台、燕赵长城等。

第三，建筑技术进一步发展。诸如夯土筑版技术、木构架技术、瓦石技术等。

3. 秦汉至隋唐五代

秦汉至隋唐五代，京津冀地区建筑经历了较大的起伏，既有高潮，也有低谷，其代表性的成就表现在如下几个方面。

第一，城市地位提升。如蓟城由秦时边陲重镇发展为后燕都城，至唐代，幽州城已成为中国北方重要的军事、经济、文化中心。邺城也成为六朝古都。

第二，驿道、水利发展。包括秦代驿道，曹魏车厢渠、隋唐大运河。京津冀成为中国北方地区的交通枢纽。

第三，建筑类型丰富。包括秦长城、汉石阙、北魏石窟、隋代桥梁、唐代寺观等。

4. 宋、辽、金时期

宋、辽、金时期，中国社会既有南北对峙，又有民族融合。由于辽、金主动吸收汉文化，建筑的风格以宋式为主，京津冀地区的建筑特点表现在以下几个方面。

第一，城市布局变化。辽南京仍沿用唐代的里坊制，至金建中都时，拆坊墙、取宵禁、兴商业，城市规划仿宋东京汴梁的城市格局。

第二，木构架建筑技术更加规范。宋代继承了唐代木构架建筑技术，并采用《营造法式》加以规范。如造屋以“材”为标准，“材”分八等，各木构架尺寸与之对应，并根据房屋的大小、主次选“材”。砖、石、瓦等其他工种也有相应的标准，用工用料有详细的规定，建筑营造统一标准。

第三，其他方面的发展。包括北宋建筑空间层次深远，宋砖石塔高度有所突破，辽金宫殿、寺院规模宏大，辽金两代建筑保留了自身民族特色，宋、辽、金园林有了进一步发展等。

5. 元、明、清时期

元、明、清时期，是中国古代建筑自汉唐以后又一个发展的高潮期，京津冀地区建筑特点可归纳如下。

第一，城市营造水平上乘。包括元大都、明北京、明清天津以及河北保定、正定、宣化等城市，都城与重要地方城市建设水平上乘。

第二，建筑类型丰富。包括宫殿、坛庙、苑囿、寺观、王府、会馆、民居、商铺、长城、运河等，且建筑形制规范。

第三，建筑学术与技术进一步发展。包括《析津志》、《钦定日下旧闻考》、清《工程做法则例》等。

6. 清末民国时期

近代京津冀建筑特点，可归纳为以下几个方面。

第一，城市性质变化。京津冀地区城市由封建帝都、传统地方城市、边关重镇转变为殖民地、半殖民地城市，现代化的城市体系逐渐形成。

第二，建筑类型增多。由于生活方式的改变，传统建筑已无法满足时代发展的要求，新型的大型公共建筑、居住建筑、工业建筑如雨后春笋般在京畿地区拔地而起。

第三，建筑技术、机构、思想转变。包括建筑的新材料、新结构、新设备广泛应用；城市管理机构、设计施工单位、高校建筑专业初具规模；建筑思潮百花齐放，中西交融。

第二章 京津冀建筑发展概况

第一节 远古时期

第二节 夏、商、周时期

第三节 秦汉至隋唐五代时期

第四节 宋、辽、金时期

第五节 元、明、清时期

第六节 清末民国时期

京津冀是中国建筑的起源地。大约在距今200多万年前的旧石器早期，“泥河湾人”就生活在河北省张家口市阳原县一带，并留下了大量的人类文化遗存；距今70万至50万年前，“北京人”在周口店龙骨山中繁衍生息，利用天然山洞作为住所，这是中国境内已知的最早人类居住之地；新石器早期，人们告别了山地，在京津冀平原地区农耕畜牧，采用“半穴居”的方式居住；距今约5000年前，炎黄二帝在冀北从征战到融合，开创了华夏文明，据《史记·五帝本纪》载：黄帝曾“邑于涿鹿之阿”，这是中国建城最早的文献记载之一。自夏代以后，京津冀地区的大规模营建活动徐徐开启，历经二十多个朝代，绵延至今。

第一节　远古时期

一、旧石器时代（70万年前—1万年前）

目前，我们能够考证到的国内最早人类住所，是位于北京市房山区周口店镇“北京人”居住的天然山洞，这也是京津冀建筑发展的起始点。

“北京人”的发现与“龙骨”有关。“龙骨”是一种治疗刀伤的中医药材，相传宋代周口店龙骨山一带就盛产石灰，工人们常在石灰岩山洞内采集“龙骨”，后部分“龙骨”流到国外。19世纪下半叶，欧洲古生物学家认定，中国的“龙骨”是古代动物的骨骼化石，周口店也就成为世界学术界关注之地。

1921年，瑞典著名地质学家安特生与奥地利古生物学家丹斯基合作，在龙骨山考古现场中发现了一颗人类前臼齿化石，后在欢迎瑞典皇太子访问北京的大会上公开宣布：“具有完整而确实的地质资料的古老人类化石，已经在亚洲大陆喜马拉雅山以北首次发现。因此早期人类曾在亚洲东部存在这一点，现在已经不再是一种猜测了。”[①]

1929年12月2日是值得纪念的一天，在中国考古学家裴文中先生主持下，周口店遗址发掘工作取得了重大突破，第一个完整的北京猿人头盖骨被发现了，通过测定，时间为距今约50万年前。自1927年至1937年，中国地质调查所在考古现场共挖掘古生物和人类遗存约10万件，这为了解“北京人”的相关情况提供了重要依据。

“北京人”居住的“猿人洞”海拔约100m，它背靠西山浅山区，面向华北平原，西邻娄水河流，所处环境形势优越。山洞为石灰岩构造，洞内宽敞，可满足20～30人使用，洞中灰烬层高达数米，说明曾被长期使用。据考证，当时“北京人”已学会了制造石质工具，还会使用火和控制火，生活以“群”为单位，人们白天外出狩猎采果，晚上回到洞内居住，过着原始群居式的生活。（图2-1）

---

① 曹子西. 北京通史·第一卷［M］. 北京：中国书店，1999.

图 2-1a　山顶洞人遗址
（引自：《北京》）

图 2-1b　周口店遗址第 1 地点发掘场景模型
（赵长海拍摄）

图 2-1c　周口店遗址标志
（赵长海拍摄）

图 2-1d　北京人遗址“猿人洞”一角
（引自：北京市文物局官网）

“北京人”之后是“新洞人”和“山顶洞人”。“新洞人”生活在距今 10 万年前的旧石器晚期，他们学会了磨制物品，所居洞穴前部为 3m 高、10m 长的甬道，后部是 20m 高 10 余米宽的洞室，洞顶有钟乳石，是一座典型的天然山洞。“山顶洞人”生活时代距今 2 万至 3 万年，仍属旧石器晚期，他们的体貌特征已接近现代人，并掌握了刮、磨、挖、钻、穿等技术，所居山洞分为三层，即上室、下室、地窖，三个空间具有不同的使用功能，可能是略加改造的天然山洞。上述两处遗址也位于北京周口店龙骨山地区。

二、新石器时代（1 万年前—公元前 21 世纪）

大约在距今 1 万年前的新石器早期，随着最近一次冰河期的结束，生活在京津冀地区的人类，告别了久居的山洞，在平原川地上开始了农耕畜牧式的生活，居住形式也有了相应的改变，其中代表性的房屋遗址是河北省武安市磁山遗址和北京市平谷区北埝头遗址。

磁山遗址又称磁山文化，位于河北省武安市磁山村，距今约 10000 年至 7000 年，早于仰韶文化。考古学家已发掘的陶器、石器、玉器、骨器、动植物标本有 6000 余种，这为探索中国农业、畜牧业、制陶业的文明起源提供了珍贵的依据。在建筑方面，磁山遗址的房屋平面有圆形、椭圆形两种，半地穴状，深约 1.2m，面积不足 10m²，采用木骨泥墙结构。从建筑考古学的角度看，该遗址上承古文献记载的“营窟”穴居方式，下传仰韶文化黄河流域的木骨泥墙房屋，属于新石器早期中国木构架房屋的过渡型种。（图 2-2）

图 2-2　磁山遗址外景
（引自：《中国文物地图集》）

北埝头遗址是新石器中期的村落遗址，位于北京市平谷区，距今约 7000 年，包括 10 座房址，均呈半地穴状，平面为圆形或椭圆形，直径 5～6m，基础外侧有柱洞，属木构架半穴居式的建筑。遗址中各房屋沿空场向心布局，房屋背靠黄土台地，面朝水池沟渠。北埝头遗址在房屋形式、聚落布局、陶器物品等方面均与同期的仰韶文化遗址特征类似，这对研究京津冀与黄河流域的文化交流具有重要意义。（图 2-3）

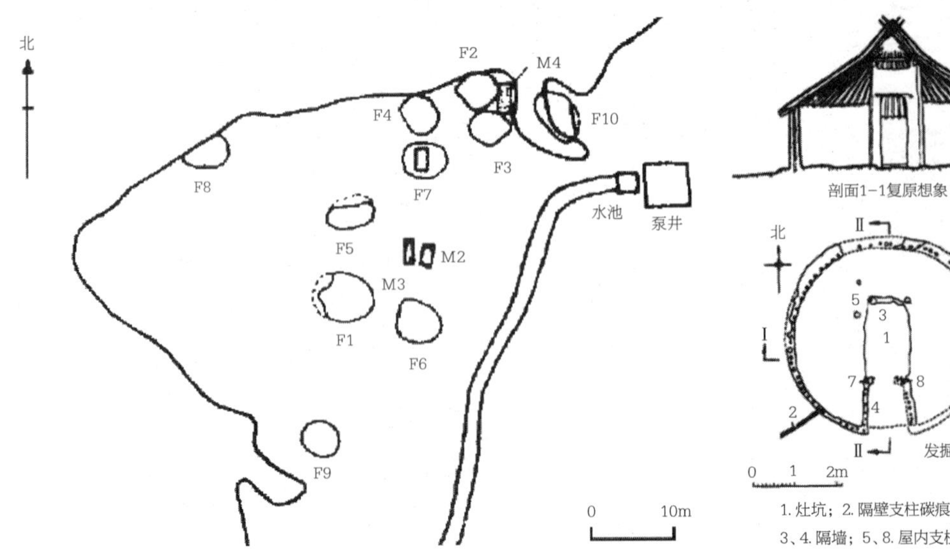

图 2-3a　北埝头房址分布图
（引自：北京平谷北埝头新石器时代遗址调查与发掘）

图 2-3b　西安半坡村 F22 遗址平面及复原想象剖面
（引自：《中国建筑史》第五版）

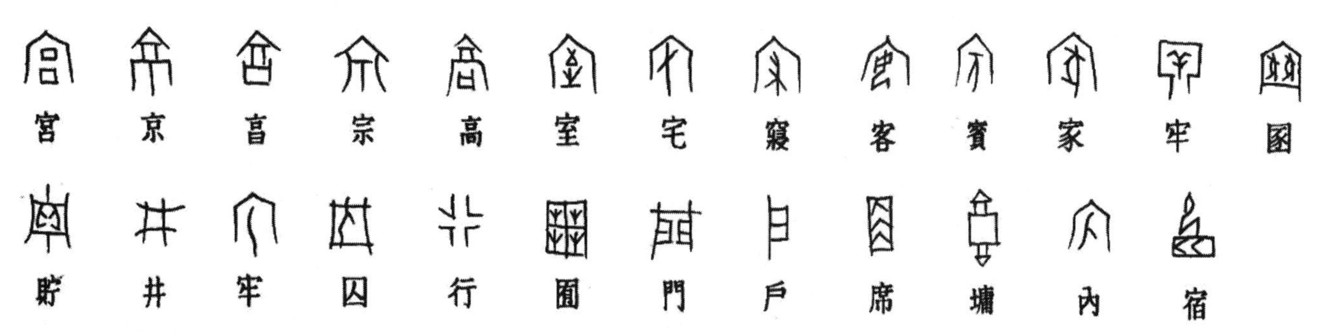

图 2-4　甲骨文中的建筑文字
（引自：《中国古代建筑史》）

除了考古遗址，中国古代文献对京津冀地区的城邑、宫室也有所记载。一是“幽都”。《史记・五帝本纪》载：“申命和叔，居北方，曰幽都。”相传尧在位时，派和叔治理北方，有学者认为幽都应在燕地，唐代曾设幽都县，位于今北京市顺义区。二是城邑。如前所述，黄帝曾“邑于涿鹿之阿”，现河北省涿鹿县为古时涿鹿之地。三是宫室。古时“宫”“室”相通，是住宅的代称，《白虎通》云：“黄帝作宫室，以避寒暑”，由于炎黄二帝曾长期在冀北对峙，至今仍有黄帝曾在天津蓟州附近建城建宫的民间传说。（图 2-4）

第二节　夏、商、周时期

一、夏（公元前 21 世纪—公元前 17 世纪）

公元前 2070 年，中国历史跨入了文明时代——夏代。

夏朝的统治区域是黄河中下游一带，中国古代文献记载了相关的史实，但考古学上对夏文化仍处于探索阶段。目前，部分考古学家认为，河南偃师二里头遗址是夏末都城斟鄩的遗址，其宫殿遗址是至今所发现的中国最早的大型木构架夯土建筑和庭院式宫殿的实例。（图 2-5）

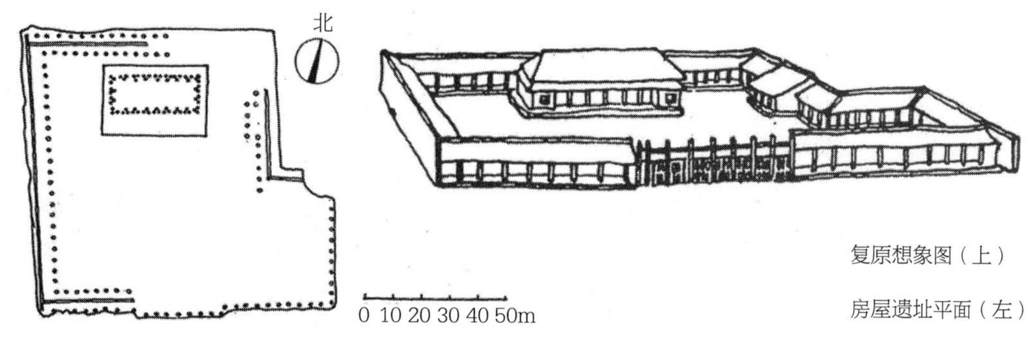

复原想象图（上）

房屋遗址平面（左）

图 2-5　河南偃师二里头遗址
（引自：《北京四合院人居环境》）

雪山遗址是京津冀地区夏代人类活动的典型遗址，该遗址位于北京市昌平区雪山村，所出土的陶器有三个时间序列：一期与仰韶文化陶器相似；二期与龙山文化陶器类似；三期与夏代同期，出土的陶器有彩陶。

二、商（公元前17世纪—公元前1046年）

商代疆域辽阔，东抵渤海，西至陕西，南达湖北，北至辽宁。在京津冀地区，冀南为商地，冀北有与商联系紧密的方国和氏族部落，如晏国（古燕国）、契国（古蓟国）、孤竹、山戎、肃慎等，部分情况在甲骨文中有所描述，如卜辞“贞，晏乎取白马氏”等。殷商时期，祖乙迁都于邢，地点位于今河北省邢台市。

京津冀代表性的商代建筑遗址，是河北省石家庄市藁城区台西遗址。遗址中心为3个土台，周围有半地穴房屋2座，地面房屋12座，房屋庭院式布局，并有储物窑、水井等附属设施，房屋为木构架夯土墙结构，屋顶有硬山式、斜坡式、平顶式三种形式。该遗址在总体布局、单体建筑、营造技术等方面都相当先进，较仰韶文化、龙山文化建筑有了进一步的发展。此外，该遗址的出土文物还有陶器、漆器、铁器、青铜器、麻布、种子等，部分物品年代久远，为世界之最，价值弥足珍贵。（图2-6，图2-7）

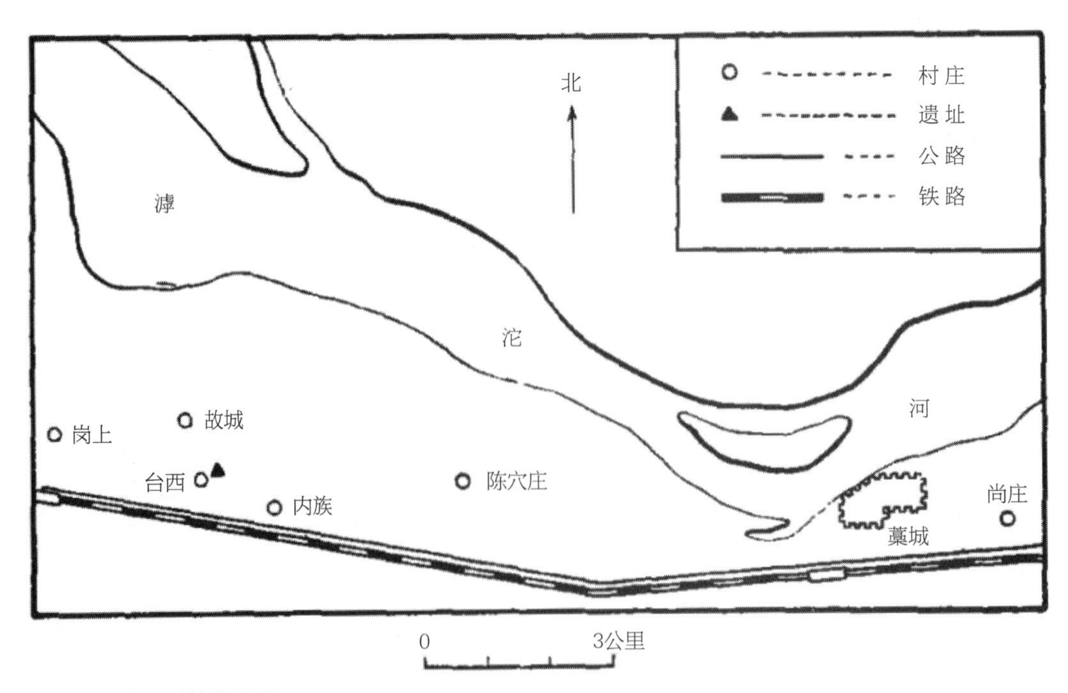

图2-6　台西遗址位置图
（引自：《考古》1973年第1期）

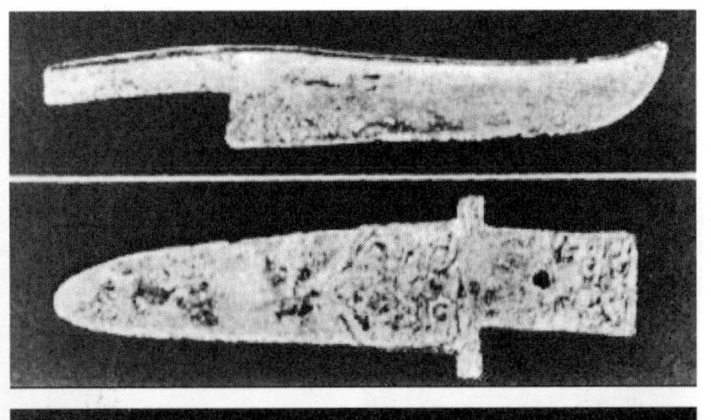

图 2-7　台西遗址出土的青铜器
（引自：《考古》1973 年第 5 期）

三、西周（公元前 1046 年—公元前 771 年）

公元前 11 世纪中叶，周武王灭商，建立了大一统的周王朝，并确立了严格的宗法分封制度。在城市方面，按周礼规定，诸侯建城大者不超过王都的 1/3，中等为 1/5，小的为 1/9，并在城墙高度、道路宽度、主要建筑的尺寸方面均有等级规定，不可“僭越”；在建筑方面，从陕西岐山凤雏西周遗址可以看出，当时的建筑规制十分严谨，已使用了瓦和“三合土”[①]；在木构架技术方面，当时的铜器已出现了柱头和坐斗。总之，西周的建筑已趋于成熟。（图 2-8，图 2-9）

武王克商，将商的畿地分为邶、鄘、卫三个国家，邶封给商纣王之子武庚，以稳定民心，其地位于今河南的北部与河北的南部，先后受封的还有蓟、燕、鲁、齐、晋等 71 个诸侯国。其中蓟、燕位于今北京与河北中部，据《史记・周本纪》载：“蓟、燕二国俱武王立，因燕山、蓟丘为名，其地足以立国。”现北京市西城区广安门外滨河公园立蓟城纪念柱（图 2-10），标志着北京建城的起始地点。公元前 7 世纪，燕灭蓟，并迁都至蓟城。

西周中后期，白狄族兴起，并逐渐占据原邶国之地，在今河北省石家庄市一带，建立了鲜虞国、肥国、鼓国，并形成城邦联盟，与周围邻国对峙。

① 三合土是一种建筑材料，由石灰、黏土和细砂所组成。

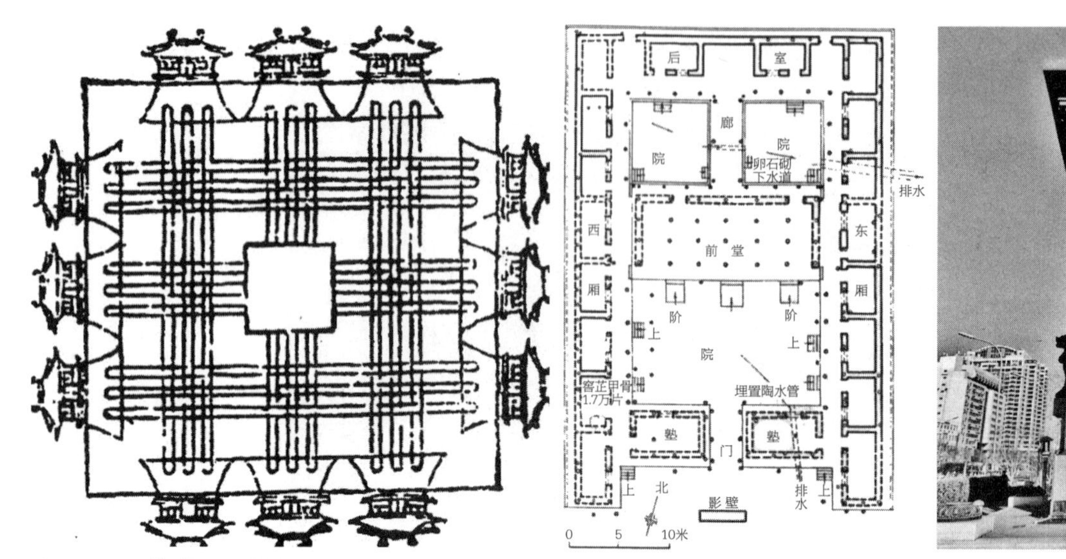

图 2-8　严格遵循周礼的周王城布局
（引自：《北京民居》）

图 2-9　陕西岐山凤雏村西周遗址
（引自：《中国建筑史》）

图 2-10　蓟城纪念柱

四、春秋（公元前 770 年—公元前 476 年）

公元前770年，周平王迁都，由镐京（今陕西省西安市）迁至洛邑（今河南省洛阳市），史称东周。东周又分为春秋和战国两个阶段：前者百国纠纷，后者七国并雄，周天子只是名义上的君主。春秋时期，中国建筑方面的主要成就是高台建筑、斗栱彩画及瓦当技术。

春秋时期，燕占蓟城。古人建城多背靠山丘，呈负阴抱阳之势。蓟丘是蓟城的土山，位于今北京白云观以西，部分专家认为，直至20世纪50年代仍留存，后因城市改造，蓟丘渐无，现白云观西侧应为蓟丘原址。春秋时期的蓟城四至范围无考，应当在蓟丘以南地区，城市的大小按周制规定，最初应与燕都琉璃河遗址相仿。战国期间，各诸侯国纷纷突破周规，建城面积突破数倍至数十倍，当时蓟城面积也应有所扩大。上述推测尚待进一步考证。（图 2-11）

图 2-11　白云观西侧街景

五、战国（公元前 475 年—公元前 221 年）

战国诸侯兼并。公元前 403 年，韩、赵、魏三家分晋，与秦、楚、燕、齐四个大国并称为“战国七雄”。争霸毕，“营国”也摆上了重要的议程。当时城市规划的理念主要有两种：一是“择中型”，即按周礼王城之制，采用宫、城、郭内外相套的方整规制，《周礼·考工记》中有详细的记载[①]；二是“因势型”，多为城郭并联或相离的布局方式，根据地形建城，《管子·乘马篇》有具体的描述[②]。鉴于周天子已为虚名，各国都城规模纷纷超过规制，中国历史上迎来了西周之后又一次城市建设的高潮。（图 2-12）

战国时期，京津冀南部为赵国，中部为中山国，北部为燕国，赵邯郸故城、中山灵寿故城、燕下都遗址至今犹存。三城布局均采用“因势型”，赵邯郸故城品字布局，中山灵寿故城宫殿并未居中，燕下都城郭并联，三城现存城墙、护沟、高台等，城市遗址气势恢宏。

如前所述，高台建筑源于春秋。至战国，高台建筑已相当成熟。如赵邯郸宫殿区有多处夯土台，燕下都更有规模宏大的武阳台，台上建殿是当时普遍的做法。

长城起源于战国，是诸侯国互伐攻防的军事工事，赵、中山、燕国均筑有各国的长城。现以燕长城为例，燕国建有南北两条长城：南长城位于河北省中部，与中山国分界，现河北省廊坊、保定市有部分遗址；北长城又有内外之分，绵延千里，为拒北方胡人而置，大致位于京津冀北部和内蒙古自治区与辽宁省南部，现部分地段仍保留着燕长城的遗址。

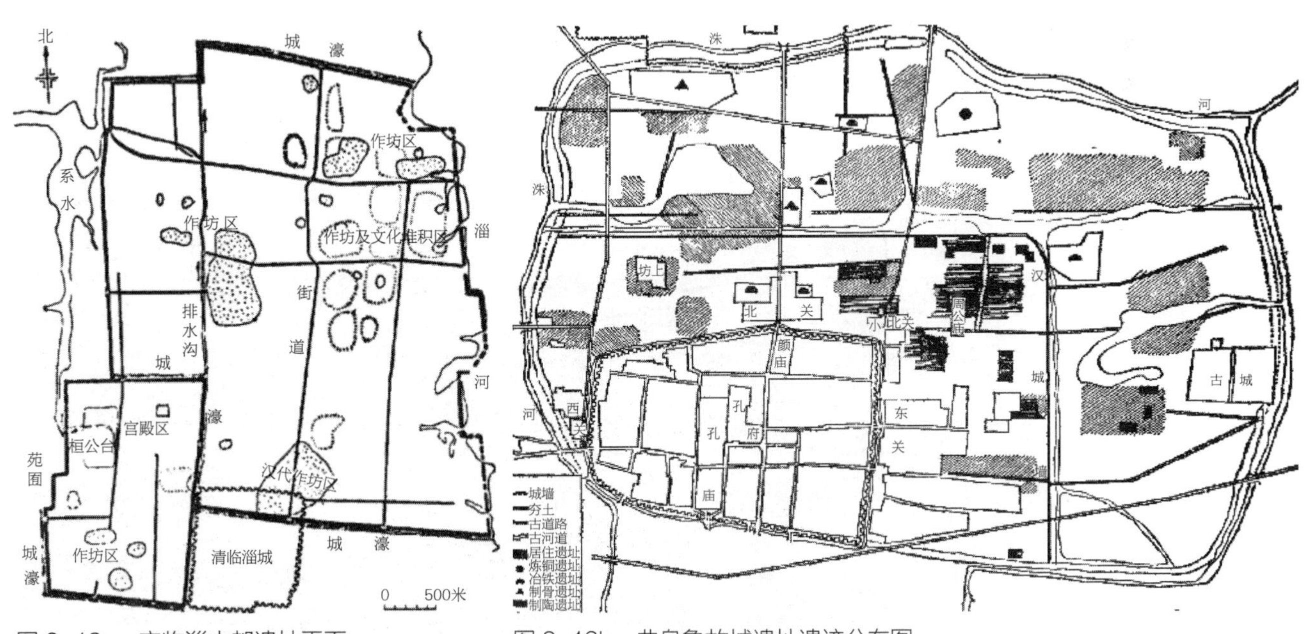

图 2-12a　齐临淄古都遗址平面
（引自：《中国建筑史》）

图 2-12b　曲阜鲁故城遗址遗迹分布图
（引自：《中国城市建设史》）

---

① 匠人营国，方九里，旁三门。国中九经九纬，经涂九轨。左祖右社，前朝后市，市朝一夫。

② 凡立国都，非于大山之下，必于广川之上，高毋近阜而水用足，下毋近水而沟防省。因天材，就地利，故城廓不必中规矩，道路不必中准绳。

第三节　秦汉至隋唐五代时期

一、秦（公元前221年—公元前207年）

公元前221年，秦灭六国，建立了统一的封建王朝。为了加强中央的集权统治，秦王朝实施了多项改革政策，包括废封藩、置郡县、统律令、度量衡、通文字等。建筑方面，朝廷集中全国力量，建国都、修宫殿、筑长城，工程浩大。

秦时，秦始皇曾东临碣石，在今辽宁省葫芦岛市绥中县和河北省秦皇岛市北戴河均有驻跸之地，现存遗址，前者称碣石宫遗址，后者称北戴河秦行宫遗址。秦行宫遗址分为金山咀、横山和横山北三个主要地点，总面积近10万m^2，现存大型夯土建筑基址，空间尺度宏大。其中横山部分的建筑基址布局紧凑，有三座宽阔的院落，为行宫遗址的主体部分。整座遗址规模宏大，设施齐全，出土的文物有瓦当、墙基、窑井、碣石、排水设施等。（图2-13，图2-14）

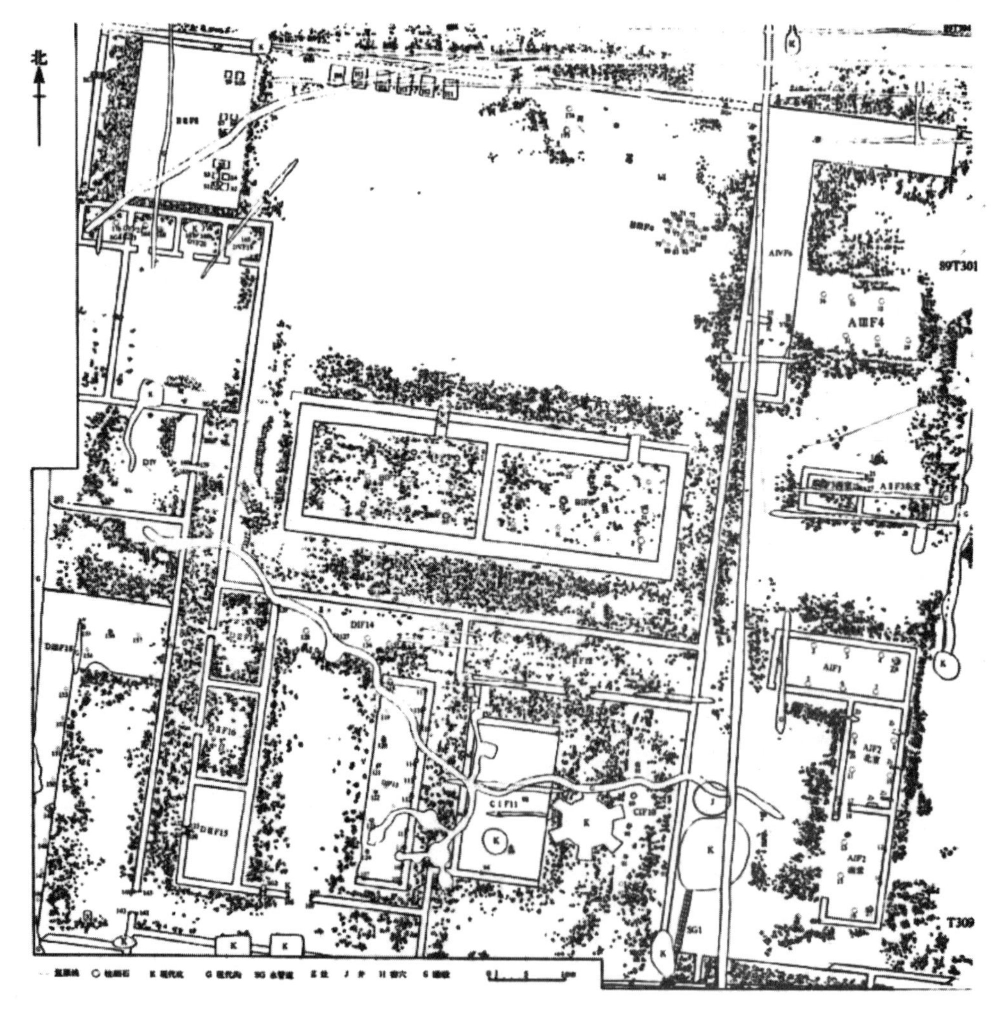

图2-13　横山遗迹遗址总平面
（引自：《中国文物地图集》）

图 2-14　北戴河秦行宫遗址发掘现场
（引自：《中国文物地图集》）

驿道、长城是秦代的大型工程。秦都咸阳通往京津冀的驿道主要有两条：一是今咸阳—太原—大同—张家口—北京—秦皇岛一线；二是咸阳—洛阳—邯郸—石家庄—北京一线。当时的蓟城（北京）由于交通便利，为边区的商业城市。秦初北方不靖，匈奴时常扰犯，秦始皇拜将蒙恬征天下民夫，把秦、赵、燕原长城连接起来，形成了西起甘肃临洮、东至辽宁遂城的秦代万里长城。

二、汉（公元前 202 年—公元 220 年）

楚汉相争，汉营获胜，一个以长安、洛阳为中心的汉王朝登上历史舞台。汉代是中国建筑发展的繁荣期，具有代表性的成就有汉长安长乐、未央、桂三宫，以及木、砖、石技术。此外，这一时期随着罗马、佛教文化的传入，中外建筑文化开始相互融合。

石阙是源于汉代的标志性建筑物，多位于重要建筑物的前方，以表威仪。石阙一般由基础、阙身、阙顶三部分组成，有圆柱式、方柱式等类型。在北京石景山区发现的汉代石阙十分独特，它柱身部分仿古希腊柱式，自上而下有凹凸线刻，柱头上方置方石，并有“鲁工石巨宜造”题刻。现代文博大家郭沫若先生曾对此阙高度评价，并认为“我们应把石巨宜肯定为公元一、二世纪之交的名雕刻家”，在中国美术史上应占有重要的地位。此阙表明，汉时罗马帝国商贾、文化已至华北，北京已出现了“中西式”建筑。（图 2-15）

汉代建筑物的形象，可以通过壁画、陶屋、画像砖得到大致印象。从京津冀地区出土的相关文物判断，汉时辖区内已有瞭望楼、坞堡等特色建筑。望楼是一种观察敌情的高层建筑，多建于城堡和大型住宅中，四坡顶，二层到多层不等，有门楼、角楼、内楼三种形式，设腰檐、平座。这种楼阁式建筑对后来楼阁式木塔的发展影响重大。坞堡是庄园主的大型住宅，周围筑高墙，四角设望楼，墙外深沟环绕，墙内院落房屋，是为具有防御功能的住宅形式。（图 2-16）

图 2-15　石景山石阙
（摄于首都博物馆）

图 2-16　陶楼
（摄于首都博物馆）

三、三国、晋、南北朝（220 年—589 年）

从东汉末年经三国、两晋到南北朝，中国社会连年战乱，南北方处于长期的分离状态。晋室南迁，南方的经济、文化迅速发展；北魏一统，中国北方地区趋于稳定。该时期建筑总体发展迟缓，京津冀地区在水利设施、佛教建筑、都城建设方面仍有亮点。

三国魏嘉平二年（250 年），曹魏蓟城地方政府在今北京市石景山区修建了戾陵堰和车厢渠，用于水利灌溉。戾陵堰为拦河坝，宽 70m，高 2.5m，石块垒筑，堰东设置水门，并与同时修建的车厢渠连通。车厢渠是戾陵堰的配套工程，断面为长方形，车厢状，仍为石筑，可将永定河、高梁河、温榆河连为一体，能灌溉蓟城西北至东南方向的万顷良田。

东汉佛教传入中国，魏晋南北朝时期有了较大的发展，佛教建筑应运而生。佛寺、佛塔、石窟是佛教建筑的三大类型：佛寺型制最初与印度寺院相仿，塔在殿前，后演变为塔在殿后、塔在寺外的格局；佛塔有楼阁式、密檐式、单层式三种类型，元代后又出现了喇嘛塔和金刚宝座塔；石窟是在山崖上开凿出来的洞窟式佛寺，中国最早的石窟是新疆克孜尔石窟和甘肃敦煌石窟。京津冀地区该时期代表性的佛教建筑有北京的潭柘寺、河北邯郸的响堂山石窟，前者建于西晋，后者建于北齐。此外，位于北京市海淀区车儿营村的太和造像，是中国石刻造像中的上乘佳作，传说佛像是仿北魏孝文帝形象而造，佛像面部慈祥，体型壮硕，刻工优美。（图 2-17）

曹魏时期所兴建的邺城是中国著名的都城，位于河北省临漳县境内，为六朝古都。秦汉之际，秦咸阳、汉长安均采用“因势型”布局，而邺城仿周代“营国之制”，采用了“择中型”布局，对后世历代的都城建设产生了深刻的影响，并延续至明清北京城。

中国自然山水园林于秦汉兴起，至魏晋南北朝时有了重大的发展，该时期北京西山佛教旅游胜地和天津盘山风景区已初步形成。

四、隋（581 年—618 年）

隋朝结束了南北方长期对峙的状态，统一了中国。隋代的建筑成就主要有三：一是新建了隋洛阳、隋大兴“东西二京”，二是开凿了隋代大运河，三是桥梁技术的发展和佛教建筑的恢复。

图 2-17　太和造像
（摄于首都博物馆）

在京津冀地区，隋蓟城（北京）是隋炀帝东征高丽的大本营。据史料记载，隋炀帝在蓟城兴建临朔宫，亲自坐镇指挥，百万军队从北京地区出征，公元 612 年 2 月 9 日出发，以后日发一军，御营军督后，首尾相连，绵延 1000 余里。隋时北京蓟城地位显著提升，从边陲城邑上升至全国的军事重镇、北方的商贸中心和交通枢纽，为后续成为国家的首都打下了基础。

隋代伟大的工程是举世闻名的京杭大运河，它以洛阳为中心，西连大兴（唐长安，今西安），南抵余杭，北至蓟城，在政治、军事、经济等方面发挥了重要的作用。其中大运河北段—永济渠途经河北、天津、北京，现部分河段保存完好。

河北赵县安济桥是永济渠赵县洨河上的石拱桥，它是世界上现存最早的敞肩拱桥，中部大拱跨度 37m，由 28 道石券砌成，桥肩两侧设小拱，以减少洪水对桥身的冲击，全桥结构坚固，造型优美，至今仍在使用。安济桥又称赵州桥，由匠人李春建造，在中国乃至世界建桥史上占有重要地位。（图 2-18）

图 2-18　安济桥
（熊炜拍摄）

北周时期，朝廷灭佛，众僧开始了凿窟护经活动。隋灭北周，佛教重兴，高僧静琬到今北京市房山区云居寺刻经。后经历代发展，云居寺石窟逐渐成为中国北方著名的石窟，其经文是研究中国佛教和北京及周边地区历史情况的宝贵资料。

五、唐至五代（618 年—960 年）

唐代是中国封建社会鼎盛时期，至开元、天宝年间达到了顶峰，时为世界上最为强盛的封建帝国。唐代建筑规模宏大，技术成熟，所建的唐长安、大明宫、佛光寺令世人瞩目，朝廷颁布的《营缮令》对后世产生了极为深远的影响。“安史之乱”后，唐朝渐衰。至公元 907 年，中国社会进入了后梁、后唐、后晋、后汉、后周五个朝代、十个地方政权的互伐时期，中国北方地区建筑发展陷入低谷。（图 2-19a、图 2-19b、图 2-19c、）

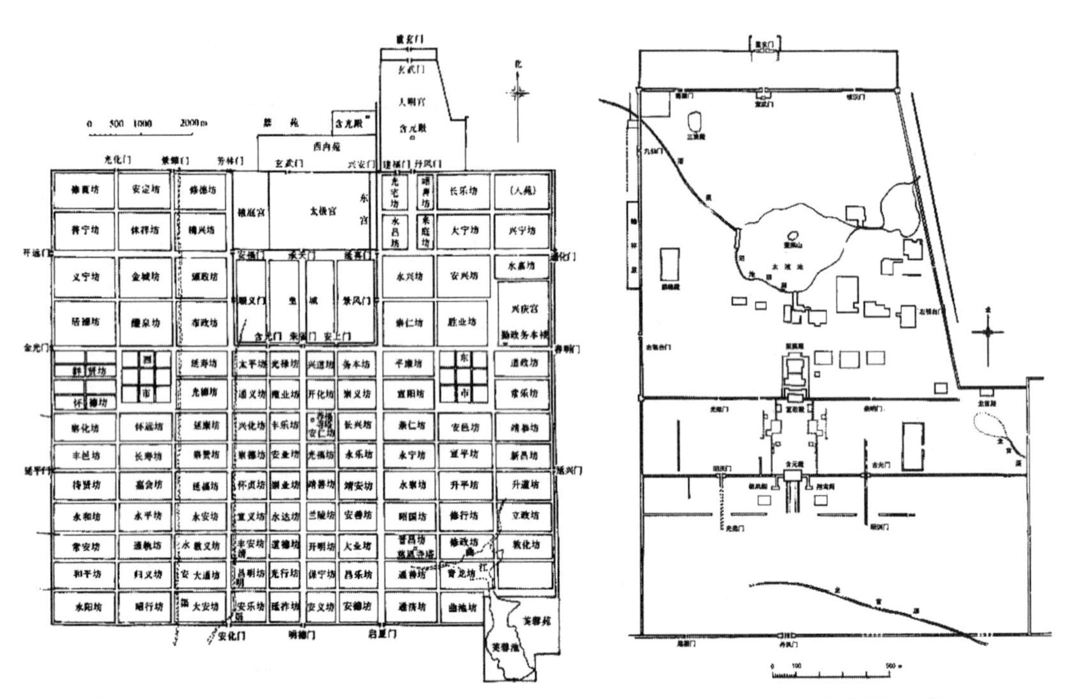

图 2-19a　唐长安平面复原图
（引自：《中国古代建筑史》）

图 2-19b　大明宫重要建筑实测图
（引自：《中国古代建筑史》）

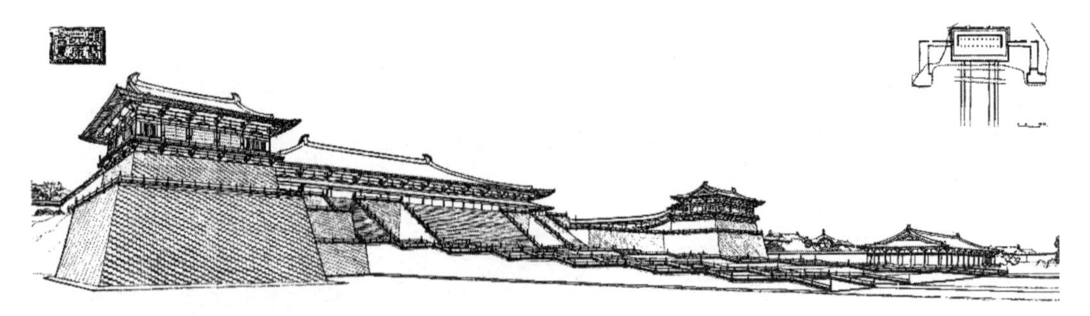

图 2-19c　大明宫含元殿复原图
（引自：《中国古代建筑史》）

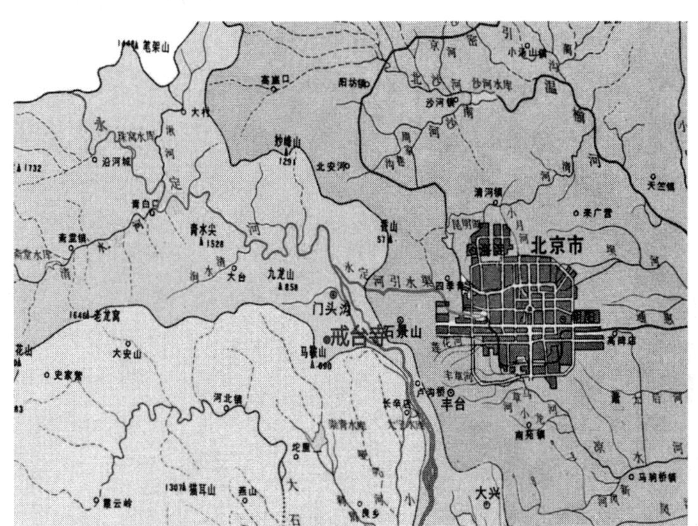

图 2-20　永定河与戒台寺位置关系示意图
（郝杰．北京戒台寺建筑研究［D］．北京建筑大学，2015.）

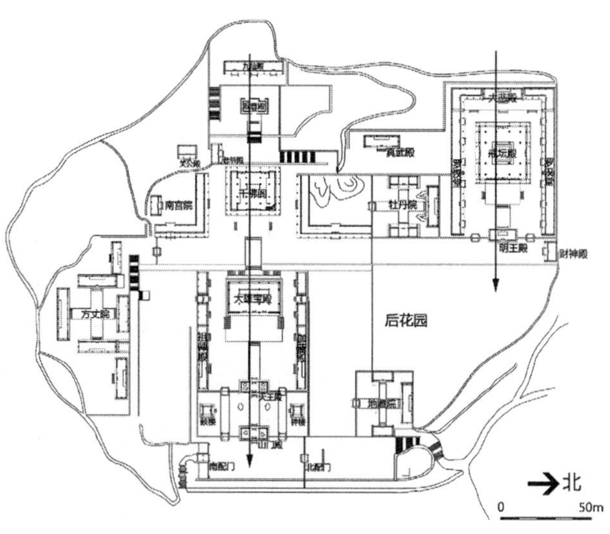

图 2-21　北京戒台寺平面图
（郝杰．北京戒台寺建筑研究［D］．北京建筑大学，2015.）

唐幽州城是在隋蓟城的基础上改建、扩建而成，它位于北京市西城区宣南一带。据史料记载，幽州城南北长 9 里，东西宽 7 里，采用罗城（外城）套子城（内城）的布局方式，城内有里坊 20 余个，现北京市最古老的寺庙之一——法源寺在幽州城的东南部。此寺原称悯忠寺，为唐太宗御驾亲征辽东凯旋后批建，以纪念这场战争的胜利。后幽州的管辖范围扩至辽东。

尊佛重道时为风尚，京津冀地区一些著名的寺观均源于或兴建于唐代，如北京的戒台寺、白云观，天津的盘山佛教圣地，河北的南北响堂山石窟等。现北京市房山区下寺村仍保存着一座唐代佛塔，称下寺石塔，为方形、七层密檐式汉白玉石塔，通高 3.7m，内有佛龛和刻工华美的造像，是不可多得的国宝。（图 2-20，图 2-21）

第四节　宋、辽、金时期

一、北宋（960 年—1127 年）

宋又分为北宋、南宋。北宋与辽基本同期，两国边界大致在河北的中部。后金灭辽，宋廷南迁，史称南宋，南宋与金国的分界线大致位于淮河。北宋在城市格局、营造技术、园林景观等方面都有了进一步的发展，包括取消“里坊制”、颁布《营造法式》、兴建皇家及私家园林等。京津冀中南部地区时为北宋辖区，现存建筑仍可反映北宋建筑的突出成就。（图 2-22）

宋辽对峙，北宋在河北保定、廊坊一线构筑了大型军事工事，其中以宋辽边关地道最为著名。现存地道遗址南起雄县，经霸州至永清，绵延百里。该地道为砖拱结构，内有迷宫、兵营、掩体等设施，用于屯兵攻防、监测敌情，相传地道为北宋杨家将所建，被誉为中国的地下长城。河北定县料敌塔也是具有军事功能的宋代建筑，塔高 80 余米，是中国现存最高的古代砖塔。据史料记载，该塔由宋真宗下诏准建，历时 50 余年，用于观察辽军情况。（图 2-23，图 2-24）

图 2-22　清明上河图中的汴梁
（引自：《中国古代名家珍藏手卷·第五辑》）

图 2-23　宋辽边关古地道内景
（王菲拍摄）

图 2-24　料敌塔
（引自：《中国文物地图集》）

河北正定隆兴寺又称大佛寺，始建于隋，宋开宝年间扩建。扩建后的隆兴寺形成了以大悲阁为主体、中轴深远、规模宏大的建筑群，寺内主要建筑有天王殿、摩尼殿、戒台、大悲阁、弥陀殿等，为中国保存最为完好的宋代寺院之一。

河北保定、正定、沧州时为边疆重镇，为了抵御北方之敌，政府曾屯重兵。以保定为例，北宋建隆元年（960 年），朝廷在清苑县治所设保塞军和保州，名为保卫边塞之意；976 年，宋太祖率军北伐，驻扎此地；992 年，州、县治所由清苑迁至现保定城内。

北宋年间，政府颁布了建筑规范——《营造法式》，该书共有 36 卷，对营建制度、工种做法、定额标准等均有明确的规定。宋《营造法式》承传了唐代营缮方法，对辽、金、元代建筑产生了重大的影响。（图 2-25）

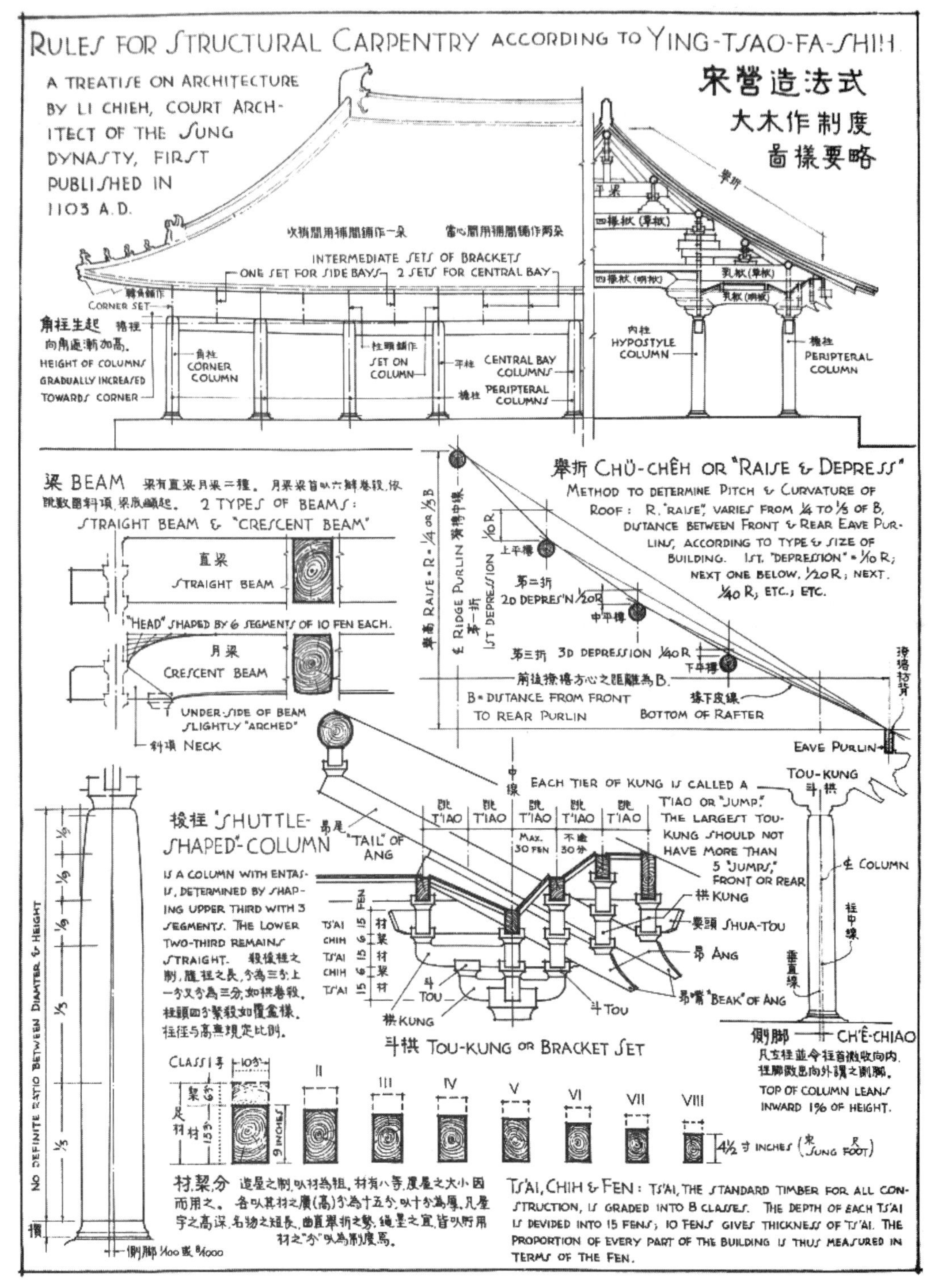

图 2-25　梁思成所绘《营造法式》大木作制度图样要略

（引自：《图像中国建筑史・手绘图》）

二、辽代（907 年—1125 年）

唐末契丹族兴起，五代时得燕云十六州，属地包括今北京、天津、河北中北部地区，后形成了与北宋对峙的格局。辽廷吸收汉族文化，建筑仿唐代北方建筑做法，后又采用宋代营造方式，并部分保留了自身的“捺钵文化”，包括殿帐式建筑。（图 2-26）

辽设五京：等级最高的是中京（今内蒙古赤峰市），仿宋东京汴梁规制；规模最大的是南京（今北京），人口数量为五京之首。辽南京布局方整，皇城、宫城偏于城市的西南，宫城利用了唐幽州旧有官署建筑，如内宫大殿——元和殿原为唐代建筑。辽南京仍采用唐代里坊式规制，城内设 26 个里坊，坊内为居住区。辽宋“澶渊之盟”后，两国交往渐密，辽南京城内市场繁荣，店铺林立，是中国北方一大经济都会。

辽代宗教建筑有了进一步的发展。据史料记载，辽代佛寺闻名天下，较大的佛寺有 30 余处，京津冀地区现存的著名辽代佛教建筑有天津的独乐寺、北京的天宁寺塔。此外，辽代还建有伊斯兰建筑，如北京牛街清真寺。

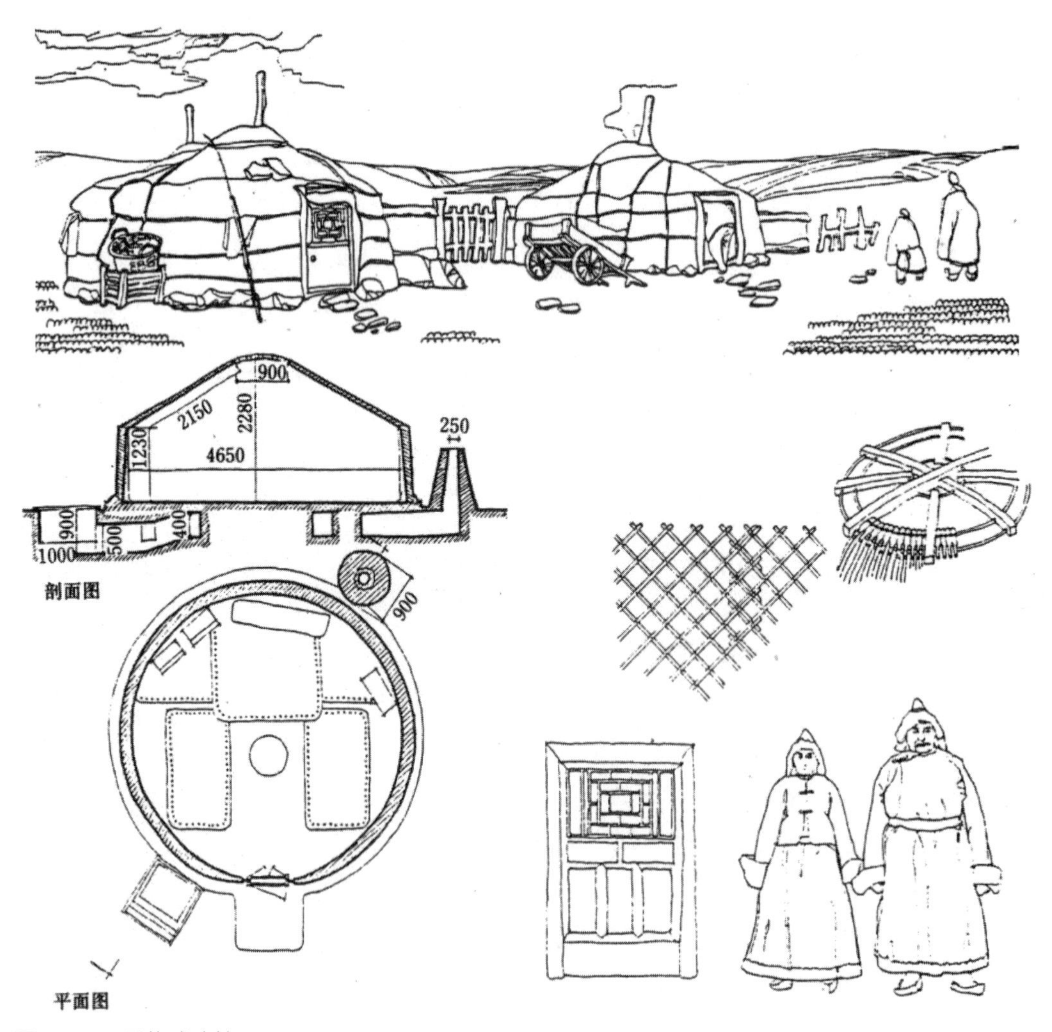

图 2-26　殿帐式建筑
（引自：《北京四合院》）

殿帐式建筑是契丹人特有的建筑形式。古时契丹人以渔猎为食，迁居转徙，车马为家，居于帐篷之中。殿帐式建筑做法类似于装配式建筑，先是平地立柱，柱上支撑圆形木环顶，用席围墙、覆顶，并以毯子围护，再用绳子加固，待使用完毕，将构件拆下运走，以备后用。据史料记载，辽南京城内的“凉殿”就是殿帐式建筑。

延芳淀是辽代帝王春猎的胜地，位于北京市通州区和大兴区。《辽史·地理志》记载：“延芳淀方数百里……国主春猎，卫士皆衣墨绿，各持连锥、鹰食、刺鹅锥列水次，相去五七步……得头鹅者，例赏银绢。”后由于永定河淤泥流入，延芳淀水面缩小，仅存几处湖泊，如通州南辛庄飞放泊和大兴南苑飞放泊等。

三、金代（1115 年—1234 年）

女真族是生活在东北地区的少数民族。公元 1115 年，阿骨打占领辽东称帝，国号“大金”。后先灭辽，复灭北宋，并迁都燕京，称金中都。金代建筑特点有三：一是废除了辽南京里坊制，都城布局采用宋代的街巷制；二是木构架建筑仿唐宋，但在个别构件上有所创新；三是在园林和水利方面成就突出。

唐代以前，中国城市多采用里坊制。至北宋，由于手工业和商业的发展，传统的里坊制度被打破，代之以街巷制，城市生活更加开放。金中都是在辽南京的基础上改建、扩建而成的，金廷仿宋东京汴梁规制，都城采用“择中型”街巷制布局，外城、皇城、宫城环套，左祖右社，并设天、地、日、月坛，坊无坊墙，街上店铺林立，百货云集，时为金朝的政治、文化、经济中心。

金时儒、释、道并重。为了促进民族融合，中央设北官、南官双轨管理制度，北官女真主政，南官汉人行政。金帝对道教极为推崇，全真道教在京津冀地区发展迅速，金明昌三年（1192 年），在朝廷的支持下，北京白云观（唐为天长观）得以扩建重修，改称太极宫，成为金时中国北方道教中心。

金代帝都园林建筑兴盛，建有大宁宫、鱼藻池、莲花池、钓鱼台、玉泉山、香山等数十处园林，其中以大宁宫最为著名。大宁宫以现北京北海为行宫中心，建有琼华岛、广寒殿、团城等园林建筑，是金中都规模最大的皇家御苑。此外，相传金章宗明昌年间有“燕京八景”之说。

金占东京汴梁以后，对河南至北京的交通联系十分重视，为了把中原物资运往中都，政府修道路、疏漕运，以满足城市的补给。沿线最为著名的工程是卢沟桥，该桥位于北京市丰台区宛平城西，桥长 220 余米，高 7.5m，用拱石营筑，结构合理，造型优美，建成后成为北京通往华北地区的重要津口。此外，现河北省石家庄市赵县永通桥（小石桥）相传始建于唐代，金明昌年间重建，是大运河北段的重要桥梁。（图 2-27）

近年来，考古工作者在河北省张家口市崇礼区发现了金代太子城遗址，该遗址为双重城垣，平面呈矩形，南北长 400m，东西宽 350m，包含城门、瓮城、壕沟，城址主体建筑呈前朝后寝的布局方式，沿轴线分布，规制严谨，挖掘出土的文物有瓦当、瓷器、陶器

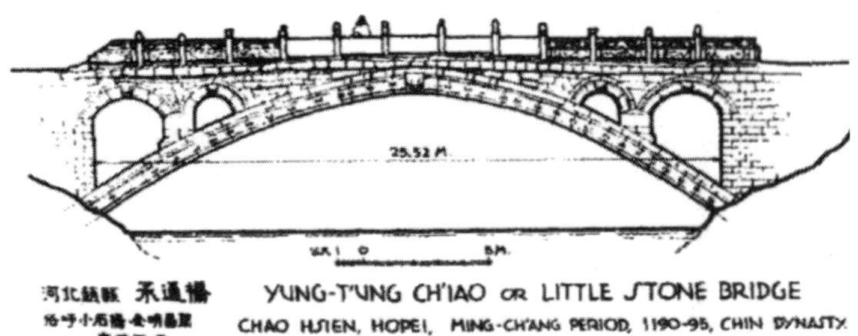

图 2-27a　永通桥
（引自：梁思成《中国建筑史》）

图 2-27b　永通桥
（引自：《中国文物地图集》）

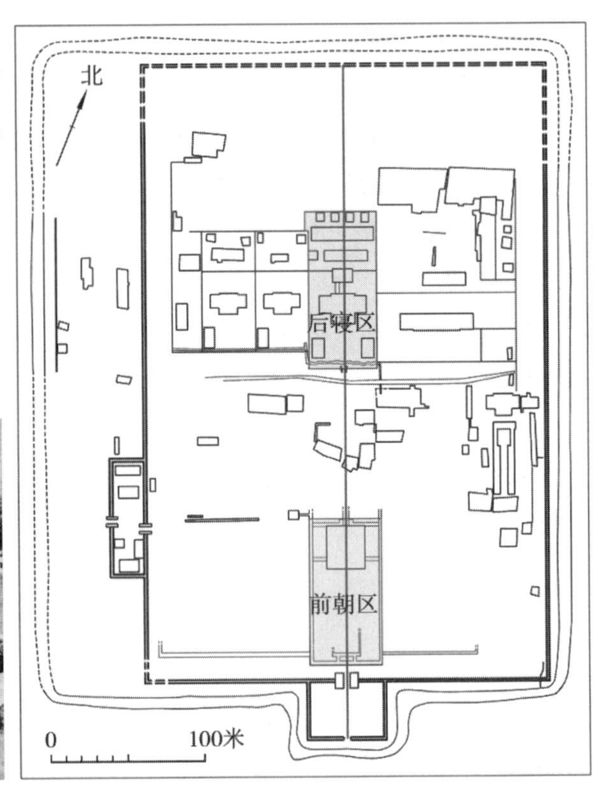

图 2-28　太子城遗址南北轴线上的前朝区与后寝区
［引自：黄信，胡强，魏惠平，任涛，王培生，吴占钦. 河北张家口市太子城金代城址［J］. 考古，2019（7）：77-91+2.］

等。现该遗址已被列为国家级重点文物保护单位，属行宫性质遗址，对金代官式建筑研究具有重要价值。（图 2-28）

第五节　元、明、清时期

一、元代（1271 年—1368 年）

1206 年，铁木真在统一漠北后，被各部族推举为成吉思汗，建立了大蒙古帝国。1211 年，成吉思汗决定南下伐金，经过数十年征战，蒙军先后占领了金、西夏、吐蕃、大理、南宋领土，最终由忽必烈完成了统一大业。1271 年，忽必烈改国号为大元，次年迁都燕京，称大都，京津冀地区属于中书省，由中央直接管辖。元廷崇儒、尊佛、重道，同时保留了萨满教，并允许西方传教士在大都传教，文化包容开放，元代的建筑也反映了这些情况。元代建筑传承了宋、金做法，但构造上有所简化，其建筑方面的重大成就有三：一是仿周礼营国之制，新建了元大都；二是修建了许多宗教建筑，如白塔寺等；三是将京杭大运河改道，运河北段由山东经河北、天津至北京。（图 2-29）

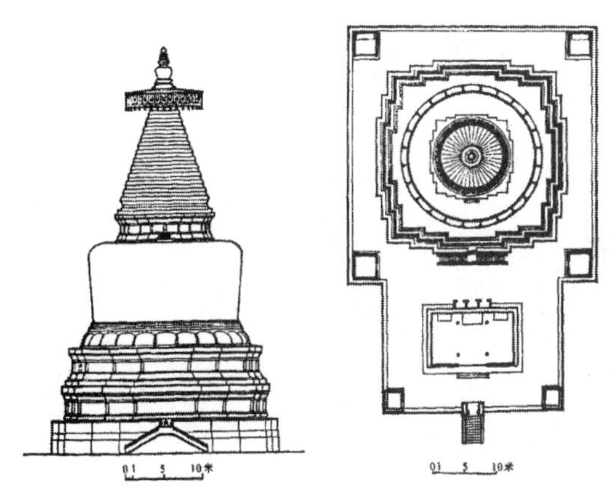

图 2-29a　元代妙应寺白塔立面、平面
（引自：《中国建筑史》）

图 2-29b　妙应寺现状

元大都以宫城、皇城为核心，道路系统呈方格网状，外轮廓近似方形。仿周礼“左祖右社，面朝后市”之制，元大都皇城位于城市的南部，其东设太庙，西为社稷坛，北为商业区。居住区分散于城市 50 个里坊内，里坊以胡同作为内部道路，两条胡同之间的地带建四合院住宅。元大都规模宏大，布局严谨，堪称中国古代都城的典范之作。

元代宗教建筑兴盛。在京津冀地区所建的著名寺庙有北京的白塔寺、碧云寺、东岳庙，天津的天后宫，保定的北岳庙等。在木构架技术上，元代建筑虽采用了辽金的做法，但在梁柱、斗栱、天花等方面有所简化。

元朝定都北京。统治者为了将南方的粮草尽快运到北京，把原隋代大运河局部改道，杭州至北京河段距离缩短了 900 余公里。元京杭大运河共分为七段，在京津冀地区的河段有通惠河、北运河、南运河。北京什刹海时为元大都的天然良港，通州张家湾、天津三岔河口、河北沧州青县等均是大运河上的重要港口。（图 2-30）

河北省保定市在元代地位得到了显著提升。元至元十二年（1275 年），朝廷将顺天路改为保定路，寓保卫大都安定、天下安定之意，保定成了元大都的“南大门”，这为该城后续的发展打下了坚实的基础。

图 2-30a　通州张家湾
（引自：《图说大运河——古运回望》）

图 2-30b　天津老城旁的三岔河口
（引自：《图说大运河——古运回望》）

图 2-30c　青县
（引自：《图说大运河——古运回望》）

二、明（1368 年—1644 年）

元末社会动荡，农民军揭竿而起，以朱元璋为首领的军队挥师北上，推翻了元朝统治，于 1368 年建国，国号大明，定都南京。后经“靖难之役”，明成祖朱棣登基，迁都北京，京津冀地区属北直隶。明代建筑在都城营建、砖木技术、空间布局等方面取得了进一步的发展，京畿重地的建筑成就尤为显赫。

明北京是在元大都基础上改建而成的。明初，政府放弃了元大都北部约五里宽的荒凉地带，并向南扩展二里。嘉靖年间又加筑外城，平面布局为凸字形，宫城、皇城、内城环套，外城与内城相连，并由一条南北近 8km 的中轴线贯穿全城。明北京的城垣、宫殿、坛庙、苑囿、寺观、市集、民居等方面营建水平上乘，是中国乃至世界文化遗产中的宝贵财富。（图 2-31）

明初北方不靖。洪武年间，朝廷派大将徐达修居庸、山海等关隘，并沿线筑墙，以拱卫北平。万历年间，朝廷又令戚继光重修长城，并设“九边十一镇”分区把守，京津冀辖区内有蓟镇、宣府镇、昌镇、真保镇，总长 2000 余公里。其中北京八达岭长城、河北金山岭长城、天津黄崖关长城是具有鲜明特色的军事防御工程。（图 2-32）

图 2-31　皇都积胜图中的明代城门与瓮城
（引自：《中国国家博物馆馆藏文物研究丛书・绘画卷・风俗画》）

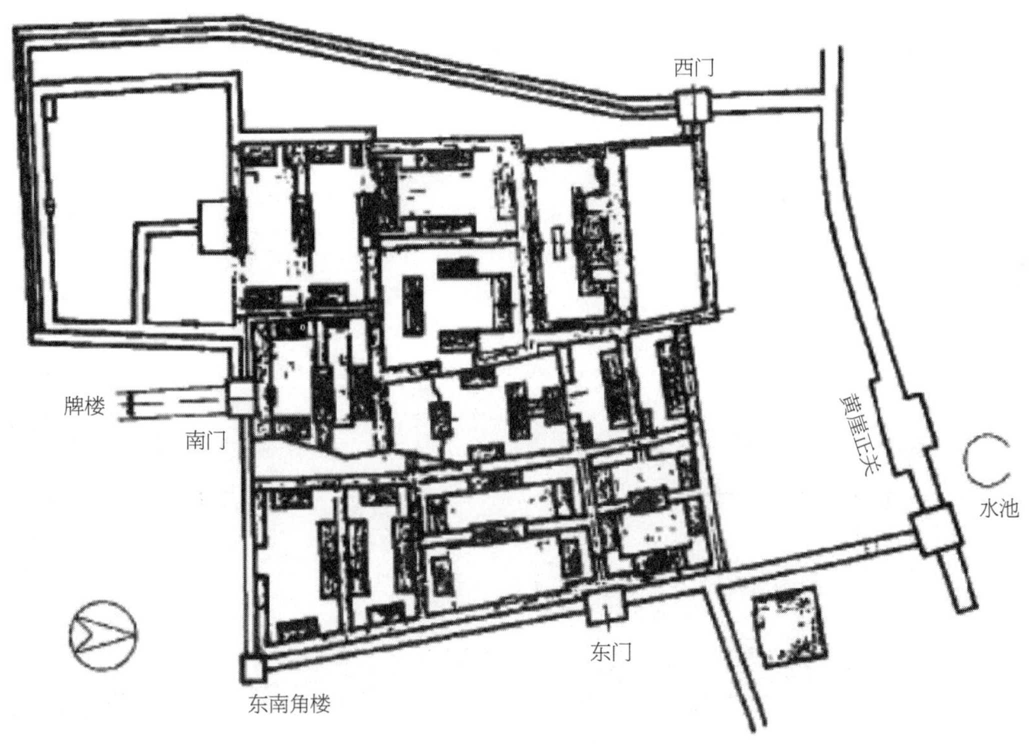

图 2-32　天津蓟县黄崖关城
（引自：《中国民族建筑・第 3 卷》）

明建文二年（1400 年），燕王朱棣在天津大运河渡口发兵，南下争夺皇位，后获大胜。永乐二年（1404 年），为了纪念战争的胜利，朝廷将原海津镇改名为天津，取天子经过的渡口之意，并筑城设卫，称“天津卫”，后又增设“天津左卫”和“天津右卫”，天津的战略地位由此提升，揭开了天津城市发展的新篇章。

京津冀地区明代建筑类型丰富，包括皇家建筑、宗教建筑、居住建筑、商业建筑、交通建筑、私家园林、军事工事等，部分重要建筑被清代沿用。

三、清（1644 年—1912 年）

明末，李自成率农民起义军一扫关中明军，于 1644 年春占领北京。与此同时，明总兵吴三桂与清军联合，在山海关大胜李自成军队，并迅速攻陷北京。同年 6 月 11 日，多尔衮召集会议，定议从盛京（今沈阳）迁都北京。是年秋，顺治帝颁诏天下，迁都北京，中国社会进入到清王朝统治时期。清代中前期国家昌盛，至乾隆年间达到极盛。1840 年以后，清朝内忧外患，帝国逐渐衰落，至 1912 年被推翻。鉴于中国近代建筑史从 1840 年开始，本部分内容主要涉及清中前期建筑。

清代建筑大体因袭明代的传统，但在以下几个方面有所发展。一是皇家园林的规模、数量为前朝之最；二是蒙藏民族的喇嘛教建筑兴盛；三是王府、会馆、民居等居住建筑类型丰富；四是清《工程做法则例》成为造屋的标准；五是修缮皇宫、城楼，并对重要的建筑进行更名。清时京津冀地区隶属直隶省，上述特点在该地区表现得尤为明显。（图 2-33）

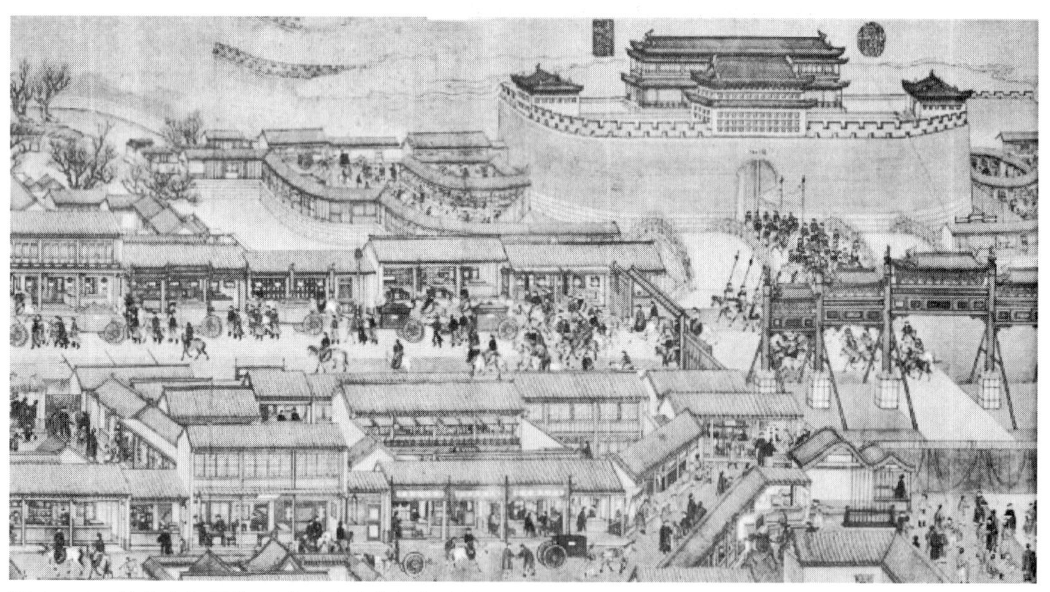

图 2-33 乾隆南巡图第一卷“启跸京师”中的正阳门及街景
（引自：《中国国家博物馆馆藏文物研究丛书・绘画卷・历史画》）

清代京津冀地区主要建筑成就有：园林方面，河北承德避暑山庄、北京的“三山五园”为清代园林的极品；寺庙方面，清廷推崇藏传佛教，河北承德的“外八庙”和北京的黄寺为此类建筑的代表；居住建筑方面，王府、会馆多集中在北京，北京四合院为清代中国民居最为规范化的住宅；营造方面，雍正年间，政府颁布了《工程做法则例》，列举了 27 种单体建筑的大木做法及用工用料规定，形成了标准化的房屋设计、施工、预算体系；城市方面，清定都北京，保留了明北京的城市格局与重要建筑，对部分建筑予以更名。此外，清末近代建筑兴起，政府在京津冀地区修铁路、建洋楼、引进先进的基础设施，天津、北京及河北的秦皇岛、唐山、保定等城市开启了现代化的进程。（图 2-34）

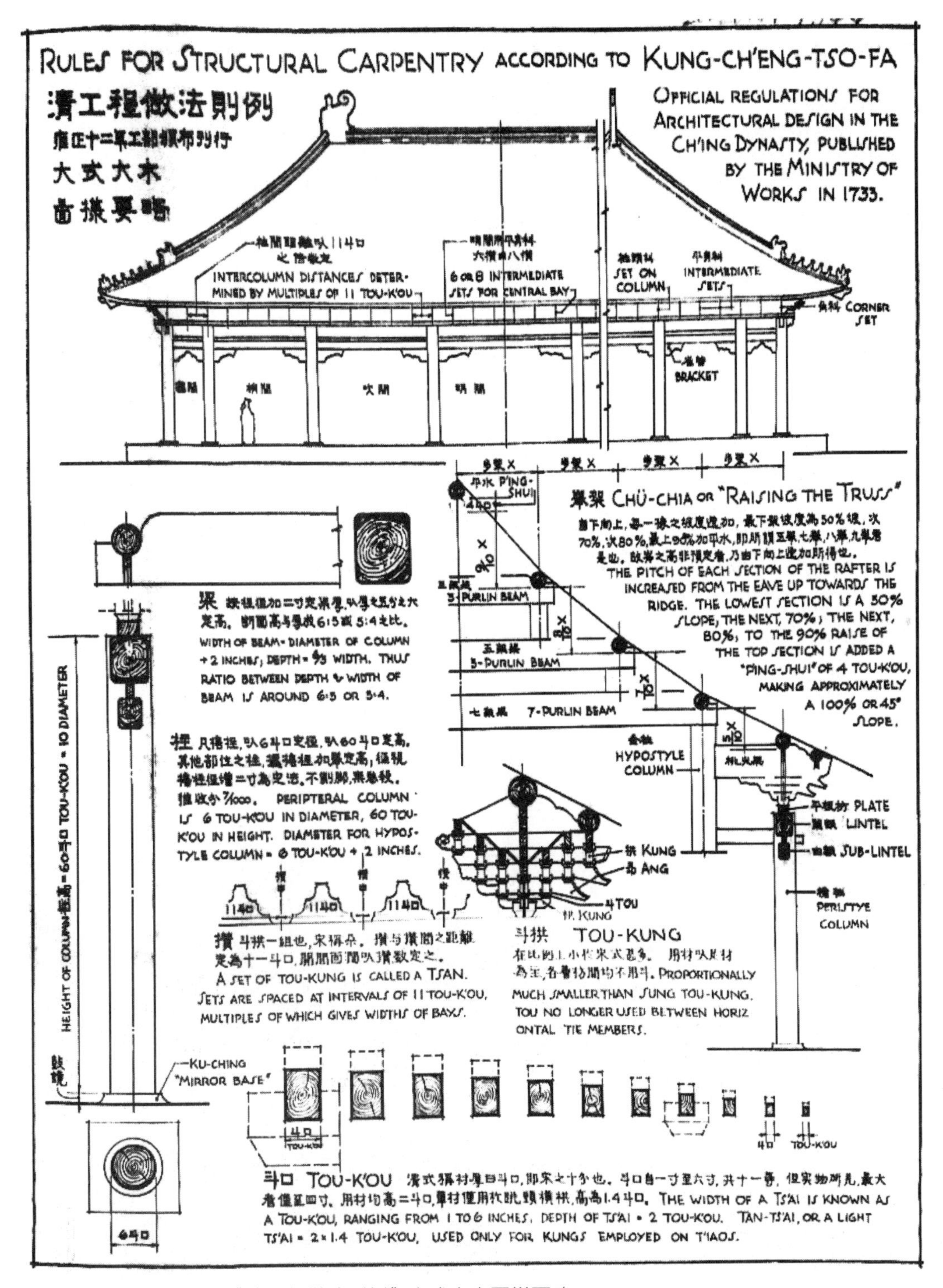

图 2-34　梁思成所绘《清工部做法则例》大式大木图样要略
（引自：《图像中国建筑史 · 手绘图》）

第六节　清末民国时期

一、清末（1840 年—1912 年）

1840 年，帝国主义用炮舰打开了清政府闭关锁国的大门，从而使中国沦为半殖民地、半封建社会。第二次鸦片战争以后，洋务运动兴起，史称“西学东渐”。社会意识的变化逐渐反映到城市建设中，部分城市及建筑开始“西化”，京津冀地区也深受影响。

在城市建设方面，1860 年的《北京条约》使天津被迫开埠，首先是英、美、法建立了租界，德、日、俄、意、奥、比诸国也陆续划定租界，列强在租界内设领事馆，并兴建了军营、海关、教堂、洋行、银行、学校、医院、住宅等建筑，天津沦为殖民地城市。1901 年《辛丑条约》签订以后，英、法等国在北京东交民巷一带划定了使馆区，区内设使馆，筑围墙，并修建了大量的公共建筑与居住建筑，中国人不许在界内居住，东交民巷地区形成了“国中之国”。同时，河北的唐山、北戴河、张家口等城市，也沦为了半殖民地城市。（图 2-35，图 2-36）

在房屋建设方面，西方建筑盛行。第一，建筑类型新颖，如办公楼、百货商场、银行、宾馆、电影院、俱乐部、高校、医院等；第二，建筑技术进步，如建造了一批高层建筑，采用了框架式结构，大量使用钢材和玻璃等；第三，建筑形式西化，西方古典建筑与现代建筑风格流行，并出现了“中西式”建筑；第四，市政交通建筑兴起，例如火车站、轮船港、邮电局、电话局、自来水厂、污水处理厂等；第五，修建了一批现代化工厂，包括水泥厂、玻璃厂、纺织厂、钢铁厂、大型煤矿等。总之，近现代西洋建筑发展迅速。

图 2-35　东交民巷使馆区东门旧影
（引自：《图说北京近代建筑史》）

图 2-36　拆除前的东交民巷老牌楼
（引自：《城记》）

二、民国（1912 年—1949 年）

1911 年 10 月 10 日，武昌起义成功，孙中山先生领导的辛亥革命推翻了大清王朝，后经北洋政府、南京国民政府、抗日战争、解放战争时期，至 1949 年 10 月 1 日，中华人民共和国成立，北京成了中国的首都。该时期中国建筑既有“西式”建筑，又有“中国固有式”建筑。

民国初期，北洋政府在北京实施新政，包括开放皇宫禁苑、扩建市政设施、改造旧城、建设新市区、兴建一批大型公共建筑等。天津的租界延续了清末的发展，城市规模迅速扩大。河北的保定、石家庄、张家口、承德、秦皇岛、唐山、邯郸等城市也逐步现代化，其中保定曾被定为河北省会，成为区域性中心城市。至 20 世纪 30 年代，京津冀地区初步形成了以北京、天津、保定为核心，地方城市均衡发展的空间格局。抗日战争至解放战争时期，京津冀地区城市建设陷入了停滞状态。

与此同时，京津冀地区建筑方面也逐步走向现代化进程，修建、扩建了一批大型公共建筑：如北京的国会议场、东安市场、大陆银行、北京饭店、协和医院、清华大学、国立北平图书馆等；天津的五大道建筑群、盐业银行、劝业场、滨江道商业区、南开大学、天津工商学院等；河北的保定、张家口、承德、秦皇岛、唐山、石家庄等城市也兴建了一批现代化的公共建筑。其中保定、张家口、承德曾作为河北、察哈尔、热河省会，政府投资兴建了一批办公建筑，并对旧城进行了改造。总之，民国时期，京津冀地区建筑发展已逐步进入现代化阶段。

第三章 城市建设

第一节 王城与都城
第二节 传统地方城市
第三节 近代城市

中国城市历史源远流长，早在距今6000—7000年的仰韶文化时期，中国就出现了“城”的原始雏形[①]。两周时期，中国城市建设已趋成熟，在规划、营建、管理等方面形成了一套完整的体系，其中以《管子·乘马篇》为代表的“因势论”对战国至秦汉的城市建设产生了深远的影响。东汉以后，随着儒家地位的上升，《周礼·考工记》所记载的“营国之制”被历代仿效，如曹魏邺城、唐长安、宋汴梁、元大都、明北京等，传统地方城市建设也有类似情况，北方地区尤为明显。1840年以后，受西方城市规划理论的影响，中国的城市发生了变化，传统城市逐步向现代化城市演变。京津冀地区的城市发展也经历了上述的过程。

第一节　王城与都城

一、王城

王城在此泛指周代天子、诸侯国的都城。京津冀现存的王城有燕国、中山国、赵国的都城。

1. 燕都诸城

① 北京房山琉璃河古城址

商末周初，古燕国的都城遗址位于北京市房山区琉璃河董家林一带。《史记·周本纪》载：“封召公奭于燕”，燕指古燕国，当时也称“燕国”。

董家林古城址东西长约850m，南北宽约700m，城墙用土夯筑，分为主城墙、内附墙和护墙坡三部分。现在东、西、南城墙外，仍保存着护墙壕沟。城内有宫殿区建筑基础痕迹，并发现了水井遗址。（图3-1a、图3-1b）

② 南阳遗址

春秋时期，燕国先后两次迁都，一次是迁都到临易，另一次是兼并蓟国之后，迁都到蓟国的都城——蓟城。

南阳遗址又称临易故城遗址，位于河北省容城县晾马台乡的南阳村，坐落在台地上，现存有呈南北双城布局的遗址。

③ 燕下都遗址

战国时期，燕昭王出于国家战略的考虑，在河北省易县东南、北易水和中易水之间营建燕下都。

---

① 目前我国境内已发现的原始社会城址已有30余座。见《中国建筑史（第六版）》第二章“城市建设”部分。

图 3-1a　董家林古城遗址
（摄于首都博物馆）

图 3-1b　房山琉璃河遗址出土青铜堇鼎
（摄于首都博物馆）

燕下都遗址平面呈矩形，东西长约 8km，南北宽约 4km，以古河道为界，分为东西两城。东为都城，平面略呈方形，城内有以武阳台为中心的宫殿区，城墙为夯土墙，东、西、北各有一座城门；西为郭城，平面形状与东城类似，城垣部分保存较为完好。（图 3-2）

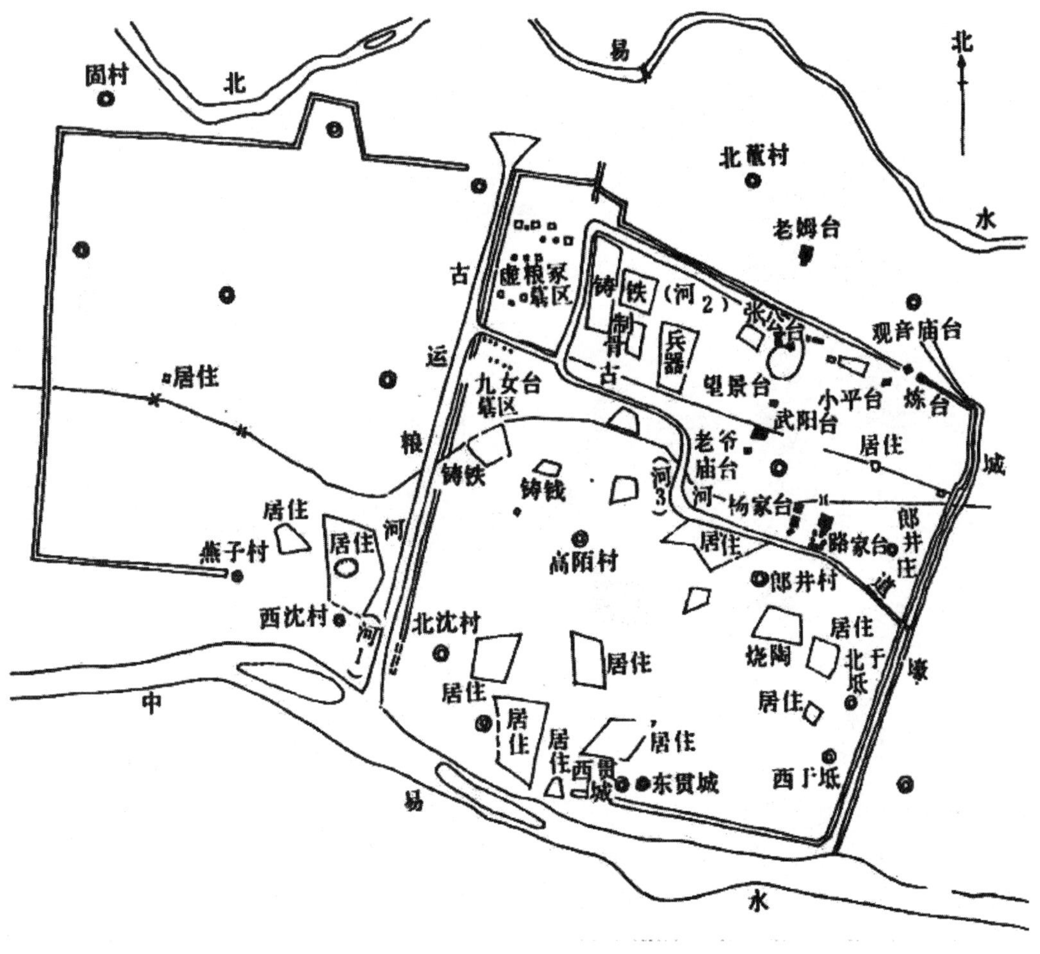

图 3-2　燕下都遗址总平面图
（引自：《北京城市历史地理》）

2. 中山灵寿故城

中山灵寿故城位于河北省石家庄市平山县境内，是战国时期中山国的都城，大约建于公元前 4 世纪。

故城遗址平面形状不规则，东西最宽处约 4000m，南北最长处约 4500m。城址中央有一道南北向的墙垣，将城址划分为东、西两大部分。宫殿区大致位于东、西城的中部，居住区位于东、西城的南部。城内还有制陶、制铜作坊等遗址，并出土了板瓦、筒瓦、空心砖等建筑构件。(图 3-3)

3. 赵邯郸故城

赵邯郸故城位于河北省邯郸市，是战国时期赵国都城遗址。

故城由宫城和郭城组成。宫城位于城址的西南部，称赵王城，由东、西、北三座呈"品"字形排列的小城组成，城内有多处夯土建筑基址；郭城在宫城东北方，主要为平民居住区，称大北城，平面呈长方形，城内有"插箭岭""梳妆台""皇姑庙"及多处手工作坊遗址。(图 3-4a、图 3-4b、图 3-4c)

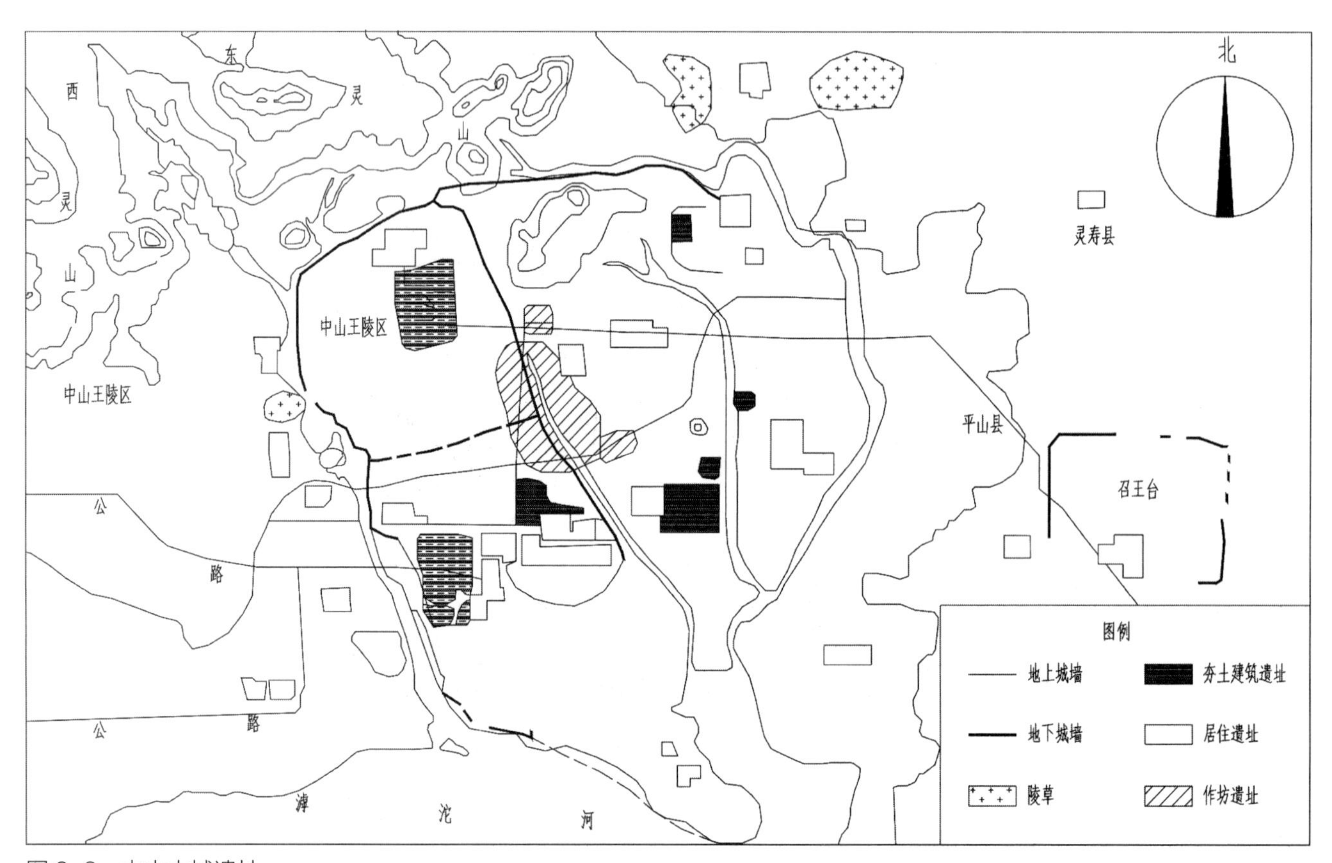

图 3-3 中山古城遗址
(引自:《中国文物地图集 · 河北分册 上》)

图 3-4a 赵王城西城南垣城墙及东城东垣排水槽
（引自：《中国文物地图集·河北分册 上》）

图 3-4b 丛台现状
（刘岩拍摄）

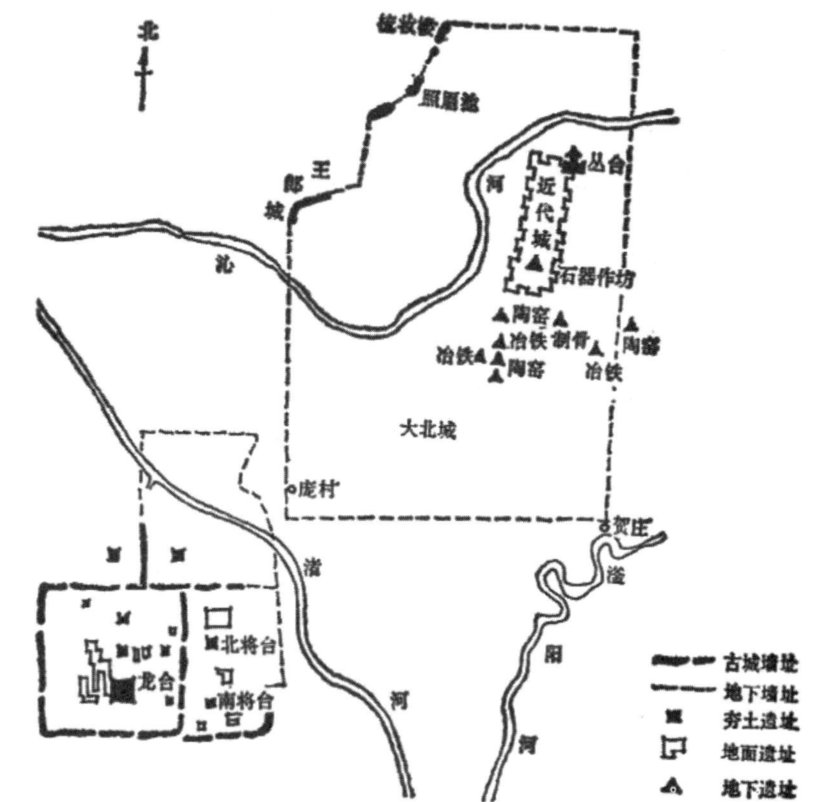

图 3-4c 赵邯郸遗址示意图
（引自：《中国城市建设史》第 2 版）

二、都城

秦统一中国后，中国的都城指国家的首都，有些朝代实行主陪都制。

1. 曹魏邺城

曹魏邺城又称邺北城，遗址位于河北省邯郸市临漳县，“是中国历史上第一座轮廓方正、分区明确、有明显中轴线的都城，对后世都城发展颇有影响” [①]，该遗址现为国家级重点文物保护单位。

邺北城平面呈长方形，东西长约 2400m，南北宽约 1700m，布局分南、北两区。北区中央为宫殿区，宫殿区东面为贵族居住区及官署区，西面为禁苑铜雀园；南区为一般衙署与居住区，有作为全城中轴线的中阳门内大道，南起中阳门，北至宫殿区。城内的建筑基址与城垣均为夯土筑成，东、北城垣有城门遗址。邺北城为曹魏都城，其规制被唐代继承。（图 3–5）

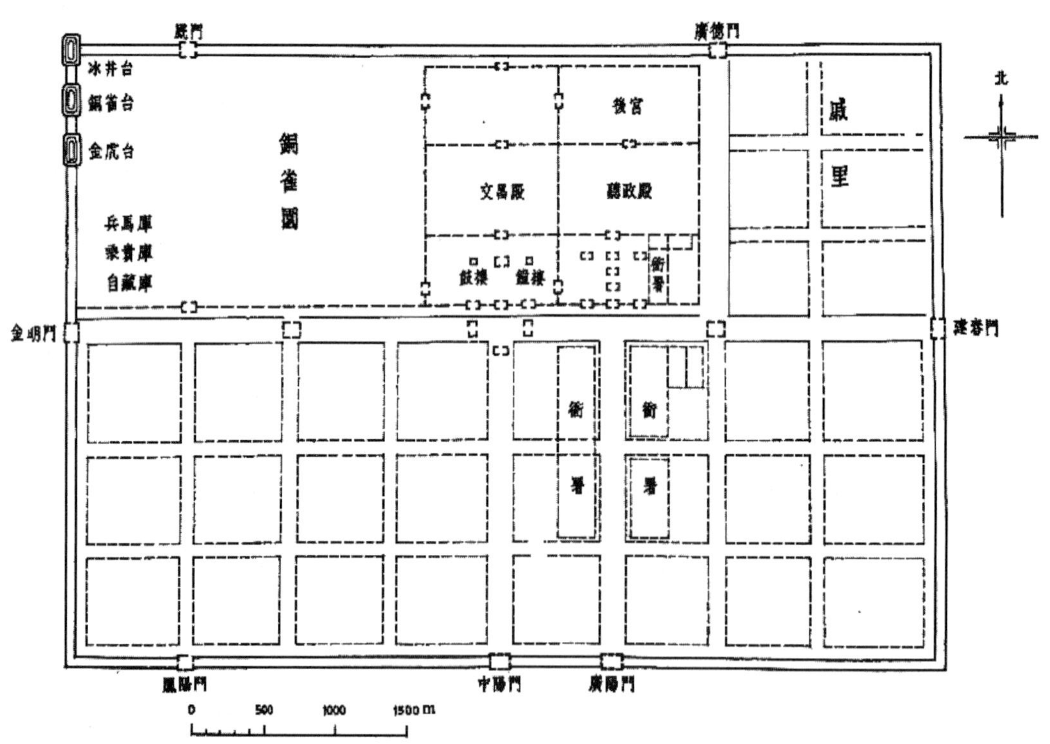

图 3–5　曹魏邺城复原想象图
（引自：《中国古代建筑史》）

2. 辽南京

辽设五京，上京临潢，东京辽阳，西京大同，中京古宁，南京为今北京市西城区广安

---

① 傅熹年. 傅熹年建筑史论文集. 北京：文物出版社，1998：9.

门附近。其中，辽南京规模大、人口多，为五京之首。公元 1123 年至 1125 年，辽南京被宋占，又称析津；后辽南京城陷入金人之手，被金定为都城。

辽南京是在唐幽州的基础上改建、增建而成。城市分为外城（罗城）和子城（皇城），呈方形，外城周长 36 里，建有城门 8 座，东为安东、迎春，南为开阳、丹凤，西为显西、清晋，北为通天、拱辰。整个城市布局为皇城、宫城居于城市西南，市场位于城北，城中有 26 个里坊，城内街巷直列，民居棋布，西城巅有凉殿，东北隅有燕角楼。（图 3-6）

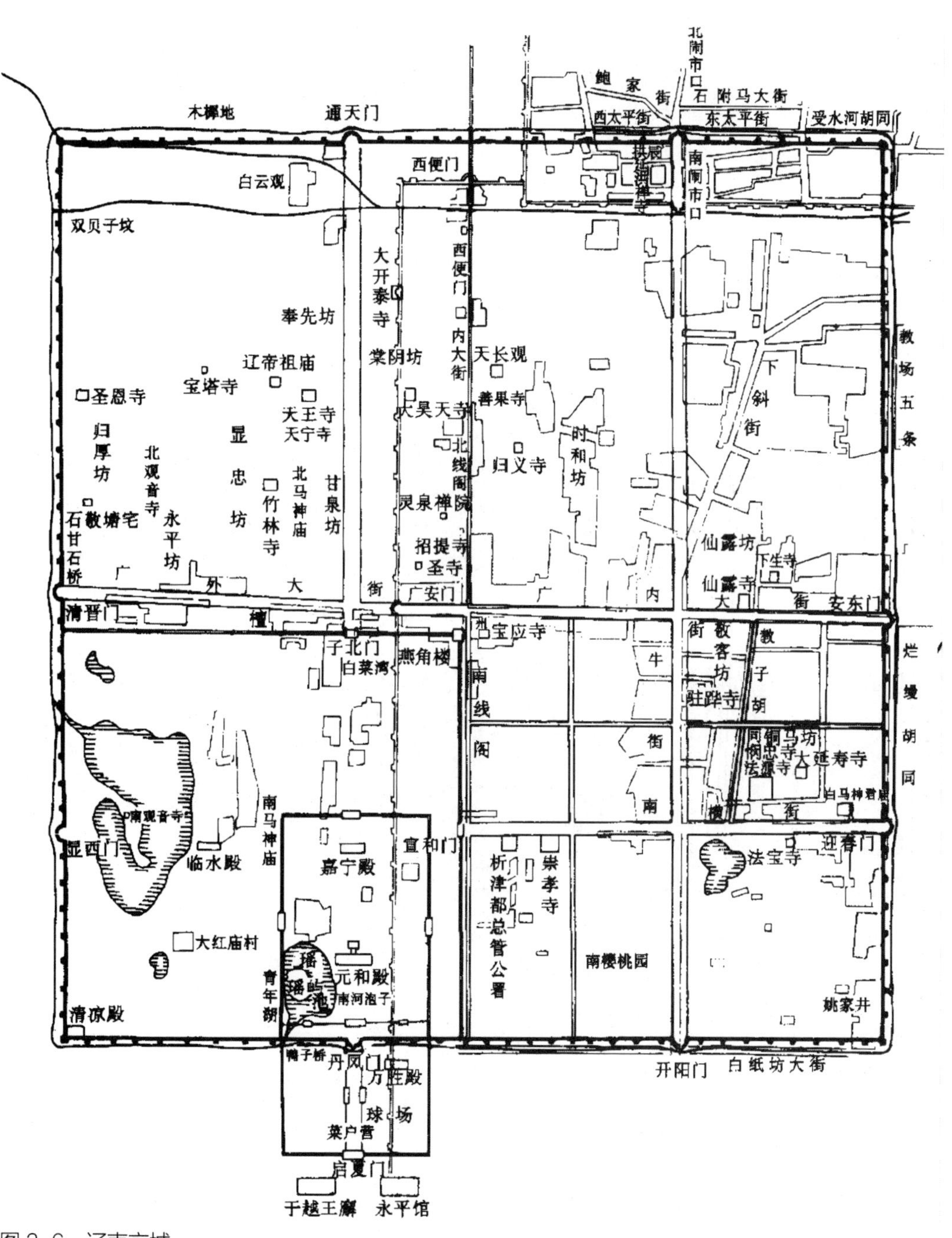

图 3-6　辽南京城

（引自：于杰，于光度. 金中都. 北京：北京出版社，1989：9. ）

3. 金中都

金中都是金代五京中最重要的都城，城址大致位于北京广安门外一带。金天德三年（1151年），金帝下令迁都，并对辽南京（唐幽州城）进行了大规模的改建、扩建，于贞元元年（1153年）建成，首都从上京会宁（今黑龙江省）迁于此，金中都成为中国北方的政治中心。

金中都规划仿北宋东京城形制，街道纵横交错，城内已知坊名62个，坊内不设坊墙，坊内街巷直通大街。外城呈方形，东西4900m，南北4530m，城外有护城河，全城东、南、西城墙上各开3门，北面开4门。皇城位于外城中央偏西，城内左为太庙，右为衙署，四门对称布置。宫城位于皇城中部，其前东西两侧为衙署建筑，中央为御道，宫内有殿堂楼阁百余所，西南部的御园（鱼藻池）为帝王、后妃游憩场所。（图3-7a、图3-7b、图3-7c）

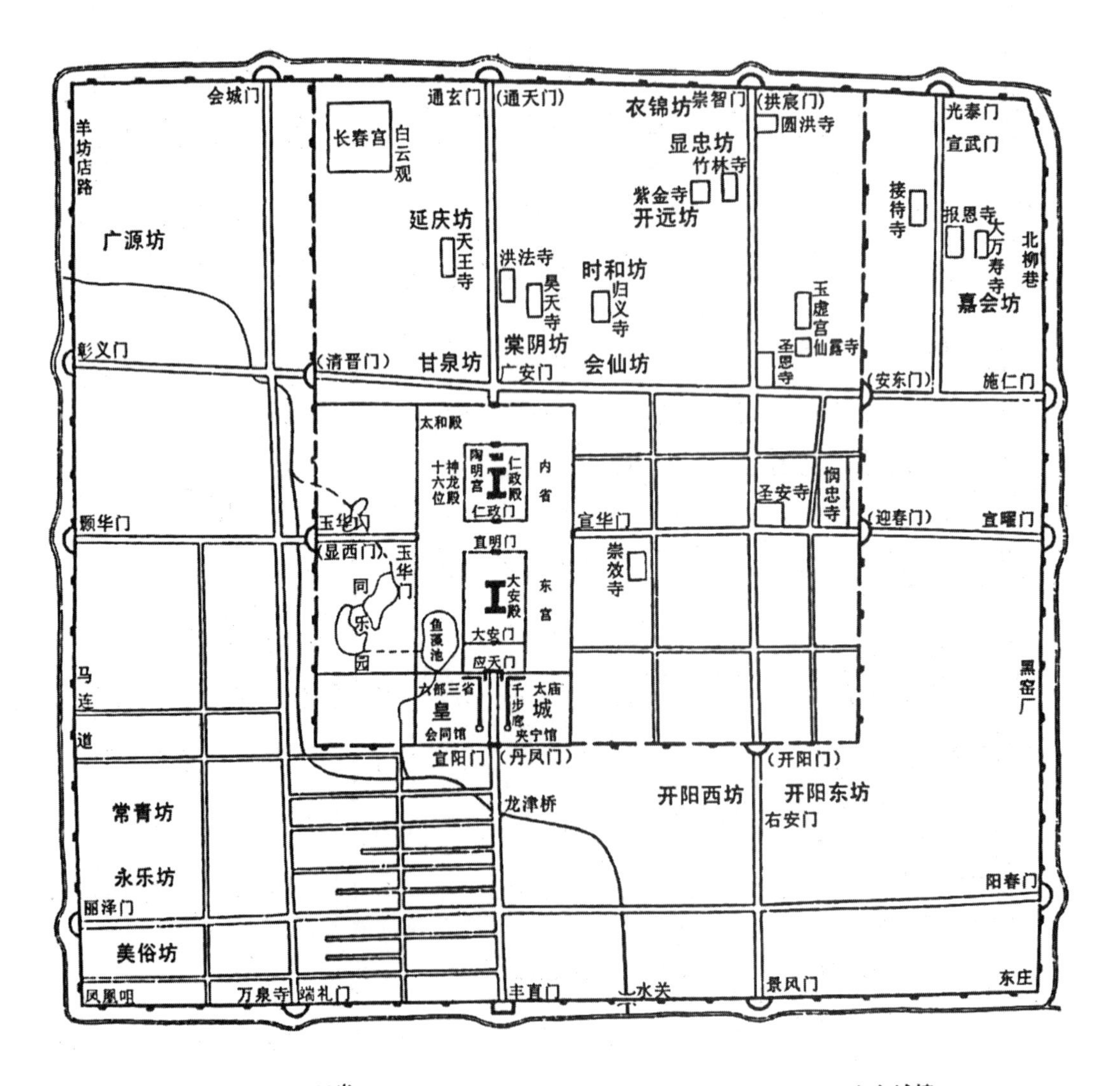

图3-7a　金中都城址平面图
（引自：《七大古都史话》）

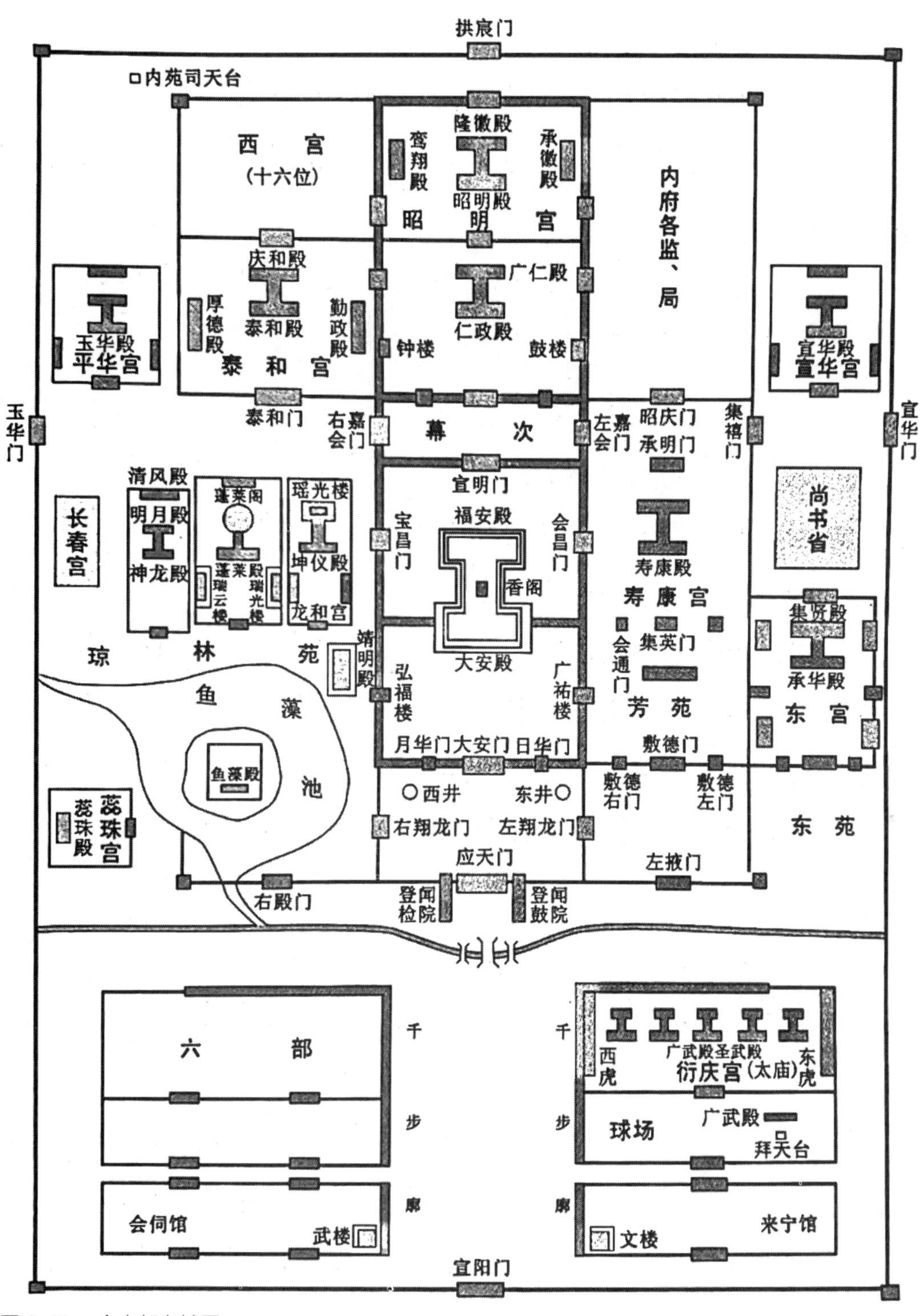

图 3-7b 金中都皇城图
(引自:《金中都》)

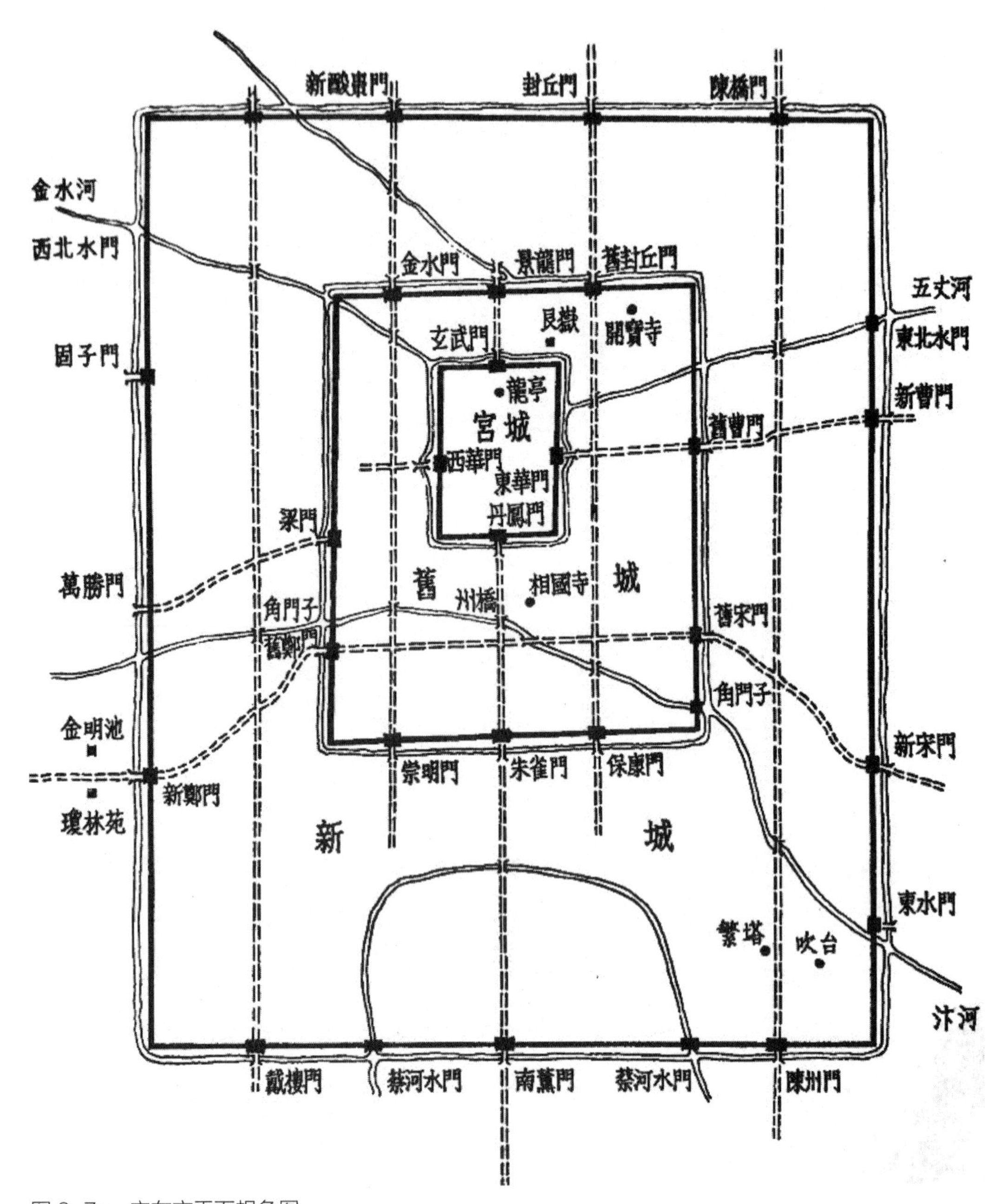

图 3-7c　宋东京平面想象图
（引自：《中国古代建筑史》）

金中都街上店铺林立，百货云集，歌舞升平，一派繁荣。城北市场有海陆货物，城东市场有百货和马市，城内市集有南城市、穷汉市、蒸饼市等。此外，金中都城外南、北、东、西建有皇家坛丘，分祀天、地、日、月，这种做法后被明北京城延续。

园林景观是金中都又一特色。相传金章宗明昌年间有“燕京八景”之说，名为“居庸叠翠”“玉泉垂虹”“太液秋风”“琼岛春阴”“蓟门飞雨”“西山积雪”“卢沟晓月”“金台夕照”，这些名胜千古流芳，永载史册。（图 3-8a、图 3-8b、图 3-8c、图 3-8d）

图 3-8a　明代王绂绘《燕京八景图》“居庸叠翠”

图 3-8b　明代王绂绘《燕京八景图》“太液秋风”（明称太液秋波）

图 3-8c　明代王绂绘《燕京八景图》“西山晴雪”（明称“西山霁雪”）

图 3-8d　明代王绂绘《燕京八景图》“卢沟晓月”
（引自：《中国美术全集 7 · 绘画编 · 明代绘画 上》）

4. 元大都

至元三年（1266 年），元世祖忽必烈决定放弃金中都旧城，并委托朝廷重臣刘秉忠负责元大都（时称燕京）的选址与规划工作。经过周密的勘察，最后确定以金中都离宫大宁宫为核心，兴建新的都城。经过多年的营建，一座宏伟繁华的城市——元大都终于建成。元时，帝王将儒家的“礼”制视为“垂世之教”，国号、官制、礼乐、朝仪等均以儒家思想作为依据，大都的规划也融入了西周时期的礼制思想。

“周礼”是一种体现等级的制度，涉及人们衣、食、住、行等各个方面。西周时农业生产采用的是“井田”制度，一井之地方一里，耕地被划分为“九宫格”的形式，中央的公田设井用于农田灌溉，周围的八块地为私田，八家田户先种公田，再种私田。“井田制”的影响是多方面的，周时天子有九军，按“九宫格”列阵，中央为天子御军，周围以八军拱卫，此种部队编制被辽、金、清所继承，如清代分为八旗，护卫帝王。在都城的规划中，西周也采用“井田制”的布局形式，据《周礼・考工记》载：“匠人营国，方九里，旁三门，国中九经九纬，经涂九轨，左祖右社，面朝后市，市朝一夫。”一般解释为：都城九里见方，每面辟三门，纵横各九条道路，南北道路宽九车轨，东面为祖庙，西面为社稷坛，前面（南）是朝廷、宫室，后面（北）为市场，市场和朝廷规模为百亩。这种规制在元大都建设中得到了充分的体现。（图 3-9a、图 3-9b）

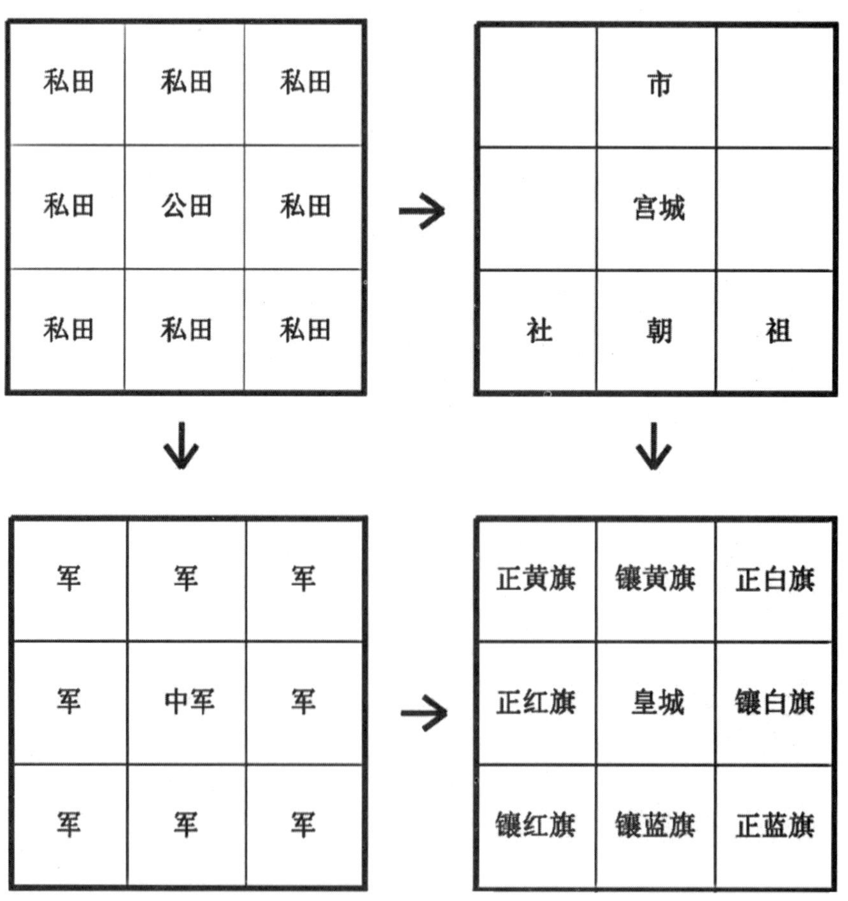

图 3-9a　井田制度图示

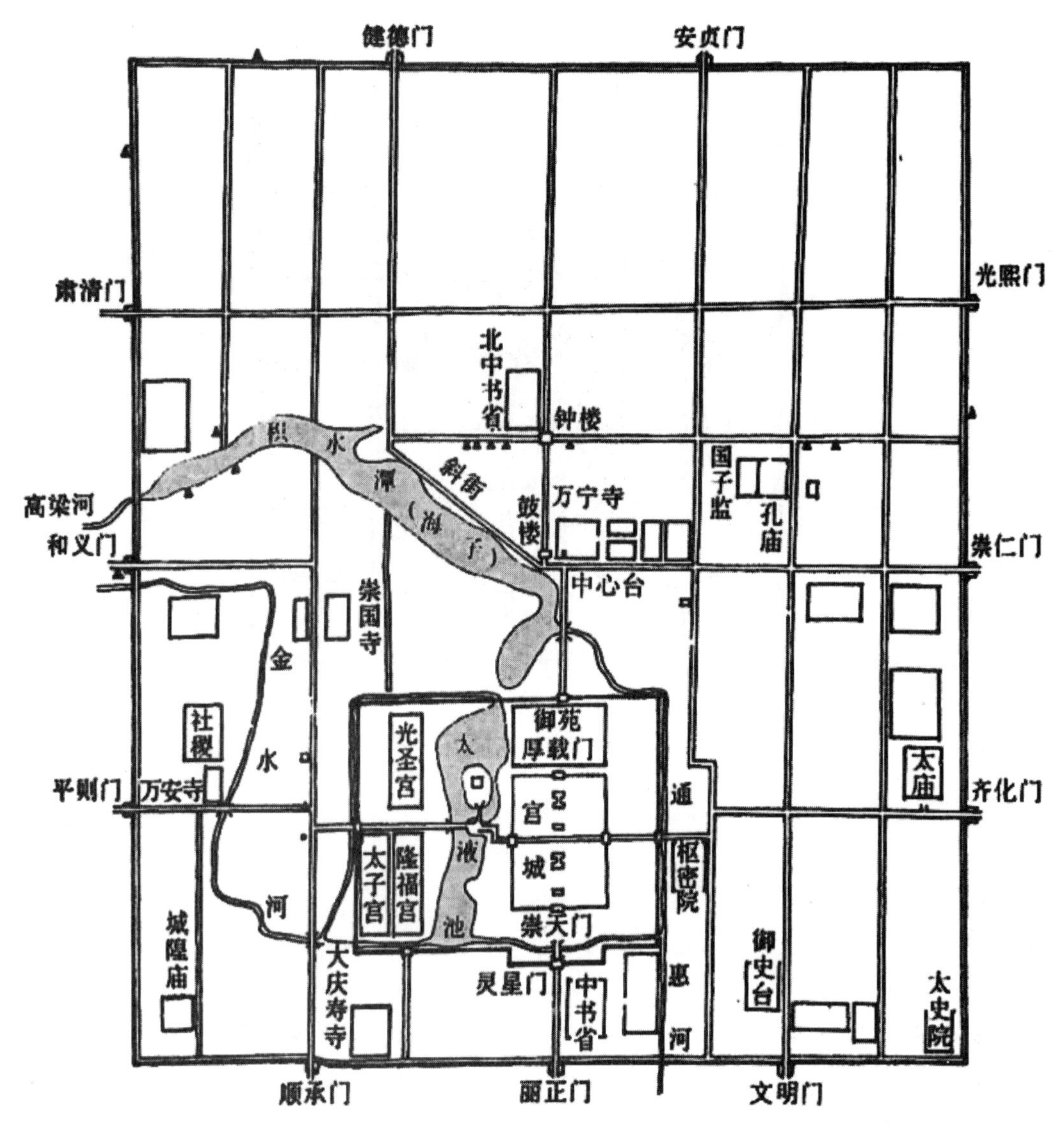

图 3-9b 元大都平面图
（引自：《中国古代城市规划史》）

元大都在保留金中都旧城的基础上另建新城，新旧两城并存，新城居民多为高官贵族，旧城居民多为平民百姓。新城采用“择中型”套城布局，由大城、皇城、宫城三部分组成。大城东西 6700m，南北 7600m，街道呈棋盘式布局，主要大街与城门相通，全城被划分为 50 个里坊，坊无坊墙，坊内胡同呈东西走向，商业网点遍布全城，尤以今什刹海地区最为繁华；皇城位于大城的南部，含太液池；宫城位于皇城偏东，在大城的中轴线上。（图 3-10，图 3-11a、图 3-11b、图 3-11c）

元大都的水利系统堪称完美。一是开挖运河至通惠河，并与京杭大运河相连；二是引昌平白浮之水，经高梁河注入积水潭，可为护城河提供水源；三是开挖金水河，即从玉泉山下引水注入太液池，以满足宫廷用水的需要。三条水系各司其职，为元大都提供了充足的水源及水运航道。

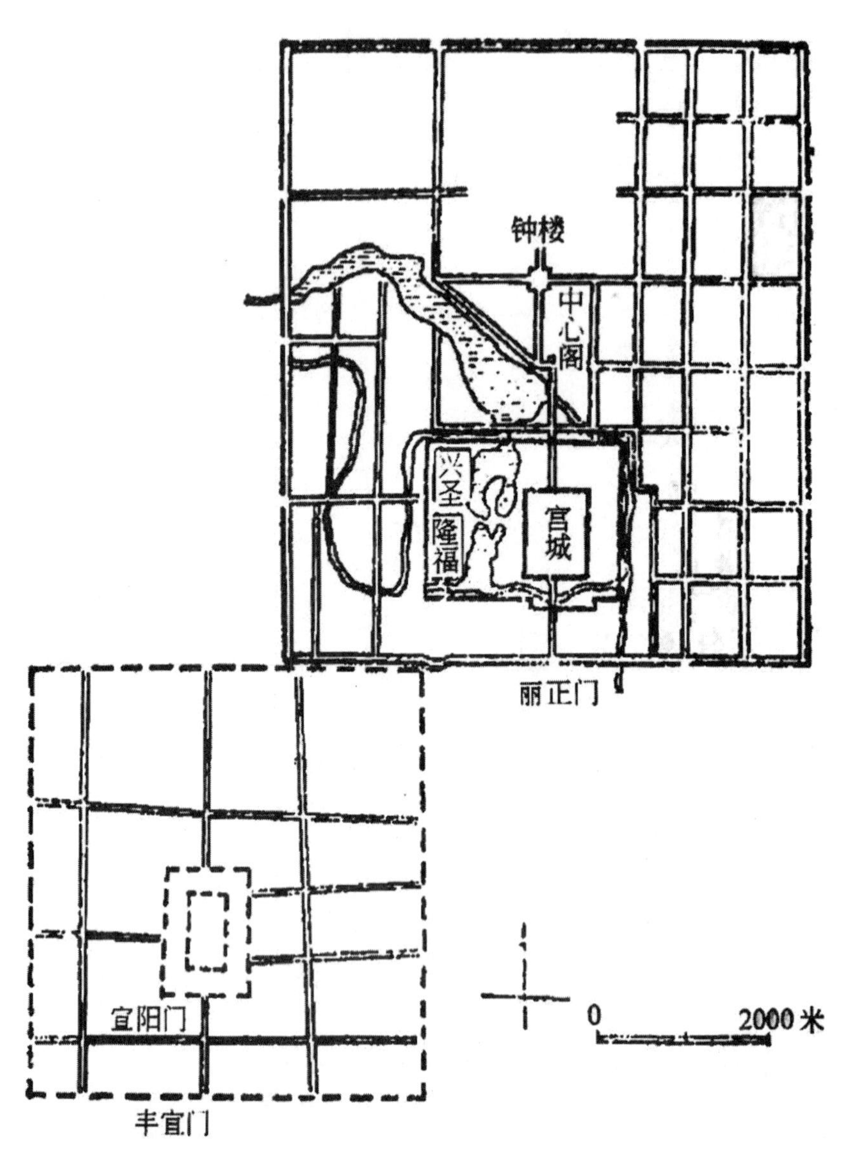

图 3-10　金中都和元大都城址图
（引自：《中国城市建设史》第 2 版）

图 3-11a　今钟楼、鼓楼

图 3-11b　钟鼓楼鸟瞰
（引自：《北京历史文化名城北京皇城保护规划》）

图 3-11c　什刹海现状

元大都城的辉煌为世人赞叹。正如《马可波罗游记》载：“城中有壮丽的宫殿，复有美丽邸舍甚多。各大街旁，皆有种种商店屋舍。……全城地面规划有如棋盘，其美善之极，未可言宣。”

5. 明北京

明北京是在元大都的基础上改建、扩建而成的。明成祖迁都前后，政府将元大都北面约五里宽的荒凉地带放弃，并向南扩展二里。嘉靖三十二年（1553 年），明廷又加筑外城。

明北京外城东西 7950m，南北 3100m，南面三座城门，东西各一座城门，北面除通往内城的三座门外，东西两角各有一座城门。内城东西 6650m，南北 5350m，城门南面三座（即外城北面三座城门），东、西、北三面各有两座。

皇城位于内城中部偏南，且内套紫禁城。紫禁城东侧建太庙，西侧建社稷坛，再加上内城外的天、地、日、月坛，形成了皇家祀拜的主要场所。明北京全城有一条贯穿南北的中轴线，它南起永定门，北止钟鼓楼，全长近 8km，至今犹存，弥足珍贵。明北京街道坊巷基本上采用了元大都的规划系统，商业区则集中在鼓楼、东四、西四、正阳门一带，城内还有许多分散的行市。（图 3-12a、图 3-12b、图 3-12c、图 3-12d、图 3-12e，图 3-13a、图 3-13b）

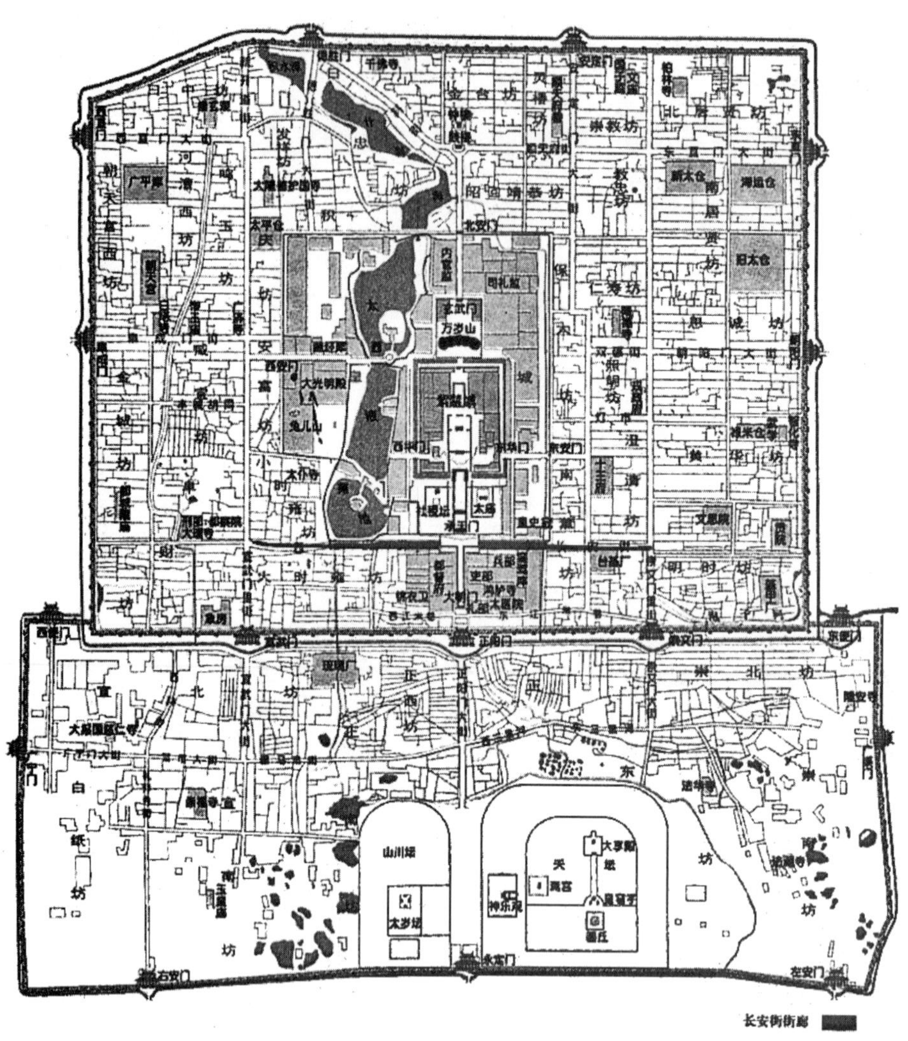

图 3-12a　明北京内外城全图
（引自：《长安街》）

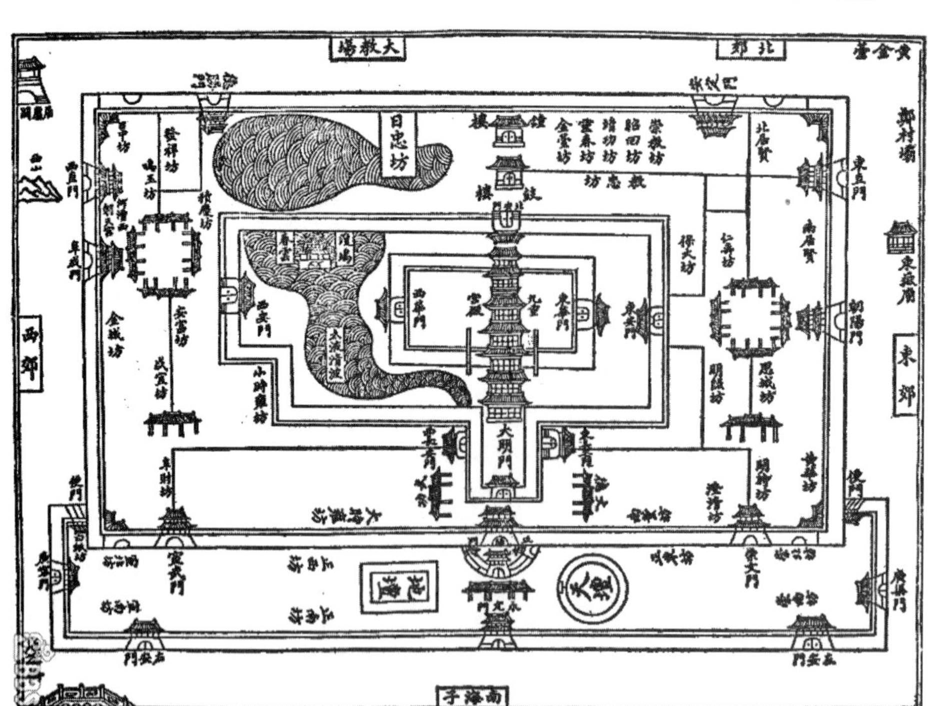

图 3-12b　明京城五城分区图
（引自：《北京四合院》）

图 3-12c　北京北中轴

图 3-12d　天坛祈年殿
（引自：《北京民居》）

图 3-12e　德胜门箭楼

图 3-13a　皇都积胜图中的明代北京市景
（引自：《中国国家博物馆馆藏文物研究丛书・绘画卷・风俗画》）

图 3-13b　前门外商业街

6. 清北京

清代定都北京以后，对明北京城的城池、宫殿、街巷均未做出重大改动，只是在居民分布、城市管理、建筑名称等方面进行了调整。居民分布方面，清初政府明确提出实施

“满、汉分城居住”的政策，使内城变为“满城”；城市管理方面，政府颁布相关禁令，涉及城市生活等方面，且内、外城有别，如禁止内城开设戏园、旅馆等；建筑名称方面，清军入关，帝王重视长治久安，北京作为国都，重要建筑名称突出“和平”与“安泰”的理念，部分城门及宫殿纷纷更名，如天安门、太和殿等。（图 3-14）

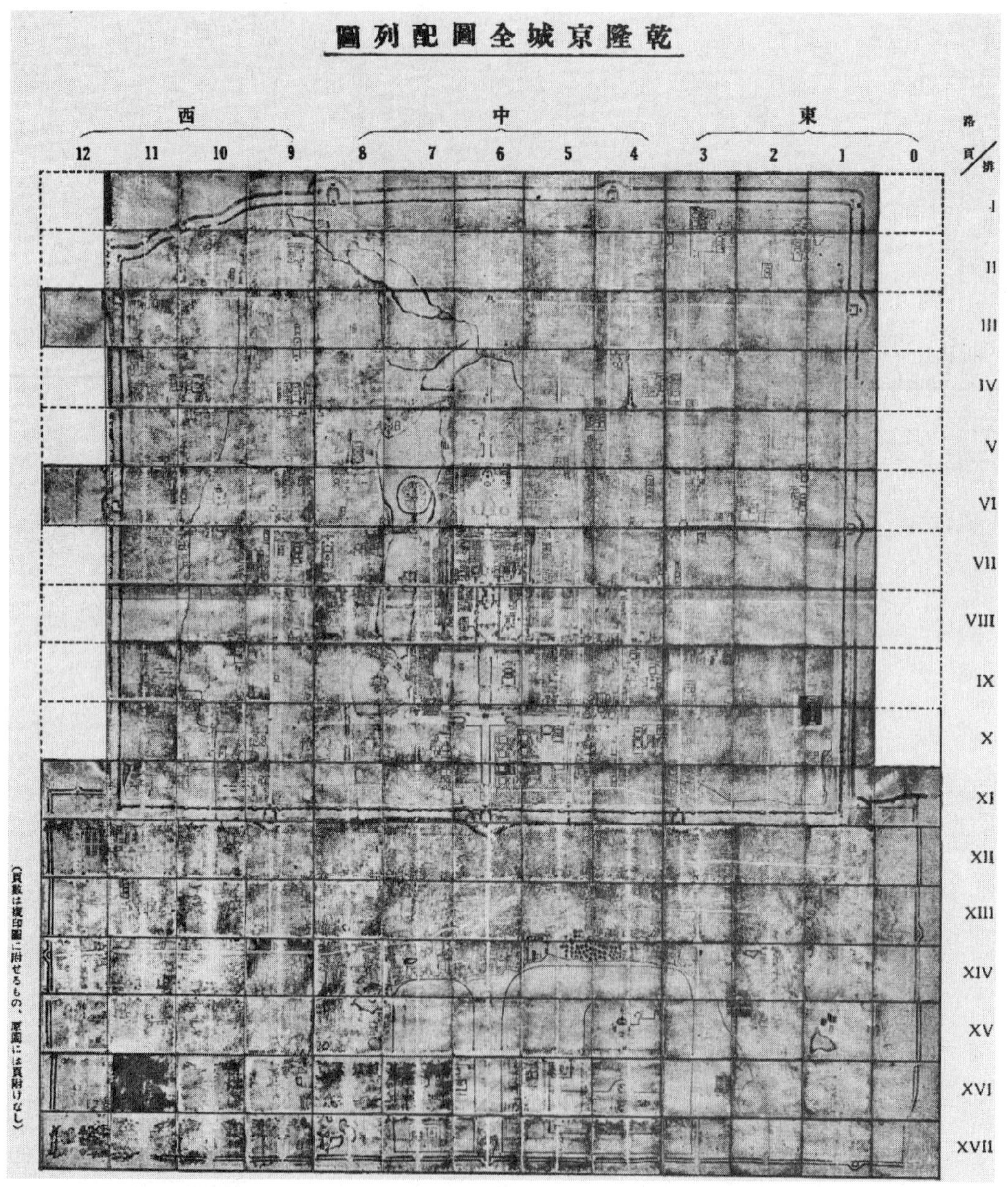

图 3-14　乾隆京城全图
（引自：日本东洋文库）

此外，清代园林建设成就卓著，在北京修建了一批举世闻名的皇家苑囿，如位于西郊的“三山五园”。（图 3-15a、图 3-15b、图 3-15c）

图 3-15a　长春园谐奇趣现状

图 3-15b　颐和园佛香阁远景（左）及排云殿（右）

图 3-15c　颐和园知春亭

第二节　传统地方城市

一、元代以前的地方城市

元代以前京津冀著名的地方城市有蓟城、幽州、保定、正定、河间等。考虑到史实、史料及代表性等方面的因素，在此仅就汉代路县、北魏蓟城、唐幽州城的情况介绍如下。

1. 汉代路县

公元前202年，刘邦建立西汉王朝，实行诸侯国制度。当时的通州隶属燕国，先后属卢绾和刘建统辖。卢绾为燕王时，燕国的建制较秦时没有改变。刘建为燕王后，对燕国旧有的区划进行了调整，在蓟城东郊设立路县，既可拱卫王城，又可牵制辽东。

路县故城位于今北京市通州区胡各庄，平面呈方形，由城墙遗址、城内外遗存和护城河组成，总占地面积约35万m^2。故城的遗存主要有保存较为完好的东、西、南、北四面城墙基址，两条南北向的道路，宽30～50m的护城河以及沟渠、房址、炉灶等。该遗址被评为2016年全国十大考古新发现。（图3-16）

图3-16　路县故城遗址考古发掘现场（左）和城内通向城壕的排水渠（右）
（引自：中国考古网）

2. 北魏蓟城

北魏时期，蓟城是幽州治所。太武帝年间，朝廷选拔幽州范阳卢玄为首的数百学者到任为官。孝文帝、孝武帝之际，幽州燕郡（治蓟）太守卢道将注重发展农业。孝明帝时期，裴延儁任幽州刺史，亲自主持修复督亢渠、戾陵堰两大水利工程，“溉田百万余亩，为利十倍”[①]，使北京地区成为当时中国北方最为富饶的地区之一。

据史料记载，北魏历朝皇帝多次巡幸幽州。由于帝王信奉佛学，蓟城内外建有许多佛寺，成为继大同、洛阳之后的北方佛学中心。同时，蓟城也是一座商贸城市，南北货物在此云集。

3. 唐幽州城

公元 618 年，李渊废隋自立，国号唐。唐代地方行政区划实行州、县二级制，幽州治所蓟城，又称幽州城，它是在隋蓟城的基础上改建、扩建而成。据《郡国志》载：幽州城南北长 9 里，东西宽 7 里，周长 32 里（1 唐里 ≈ 0.75 里）。

在城市布局上，幽州城采用了罗城（外城）套子城（内城）的布局方式：罗城为长方形，城墙外有护城河环绕；子城位于罗城的西南部，大致为正方形，城西、南城墙与罗城城墙重合，城东、南、西、北各开一门。在居住方式上，幽州城内设置了二十余坊，据推测，与唐长安类似，呈“田”字形布局，坊内“十”字街旁再设东、西小巷，小巷之间建住宅或军营。其他方面，幽州城内的大街与城门相通，商业市集位于城北，军署、官署位于子城之内，东南角还有北京现存最古老的寺庙之一——法源寺。（图 3-17，图 3-18）

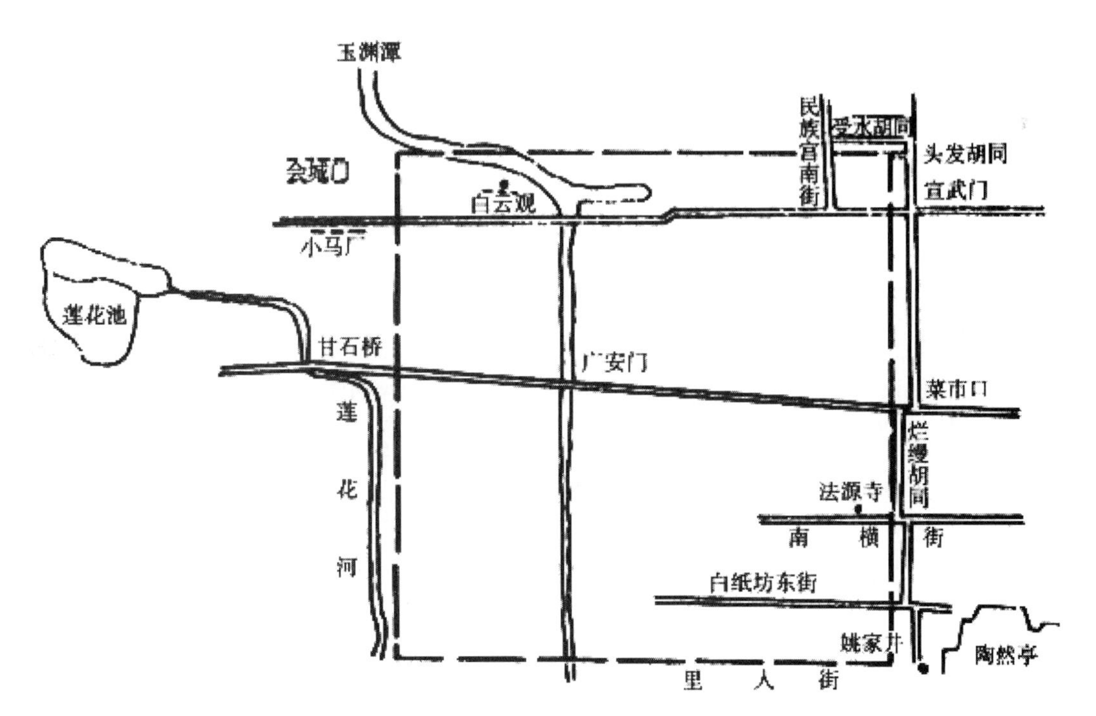

图 3-17　唐幽州城示意图
（引自：《北京城市发展史·先秦 - 辽金卷》）

① 《魏书》卷六十九《裴延儁传》

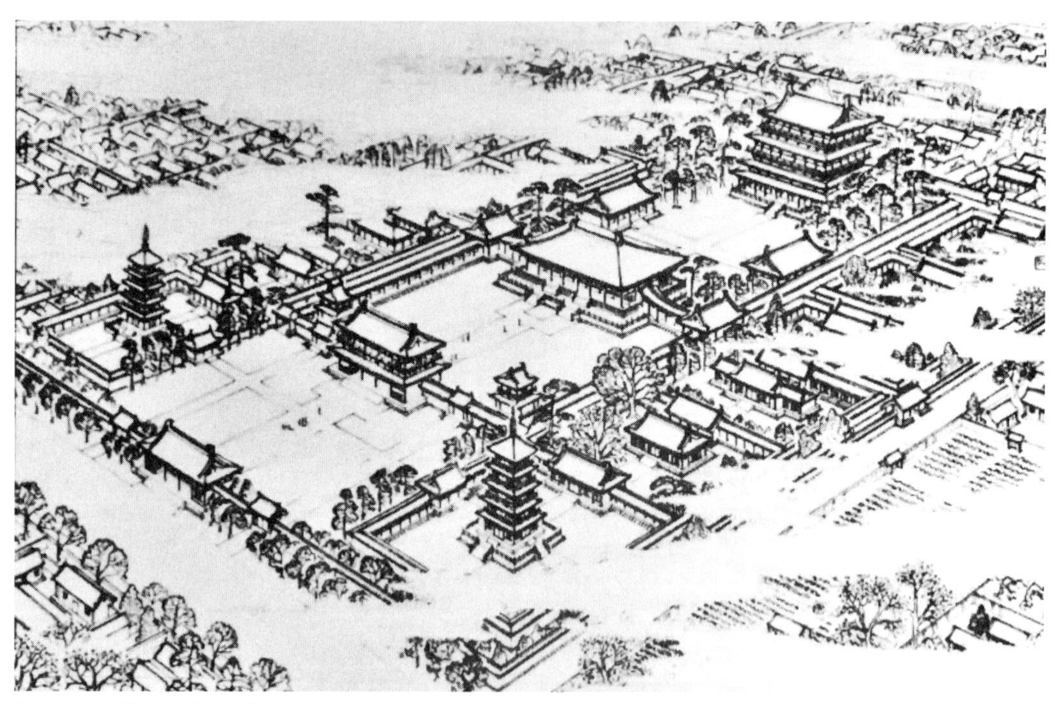

图 3-18 悯忠寺复原图
（摄于首都博物馆）

二、元、明、清地方城市

元明清京津冀地方城市以通州张家湾（运河码头）、天津（商业城市）、保定（省会）、正定（郡、州、府治所）、宣化（军事重镇）具有代表性。

1. 通州张家湾

元世祖定都大都后，为了方便南粮北运，满足首都需要，将大运河改道。最初大运河通州至大都段的河道没有开通，漕运船只均汇集于通州张家湾码头，然后靠陆路转运至大都。后元朝廷耗时十年，将北起大都、南抵杭州的京杭大运河全线贯通，张家湾仍然盛况不衰，百货云集，店铺林立，时为京东漕运重镇。（图 3-19）

为防止外敌的骚扰，明嘉靖三十一年（1552 年）政府在张家湾建起了一座周长约 3km 的城池。城池四面辟门，城墙坚固厚实，城内仓储、防御、办公设施一应俱全。张家湾城不仅是重要的屯兵、屯粮之所，更成为南来北往的重要检查站。1860 年，英法联军攻破张家湾，通州随之陷落，北运河的航运业也彻底萧条。如今张家湾城仍有部分遗址。

2. 天津

天津是中国著名的历史文化名城。相传在距今约 5000 年前，黄帝在今蓟州区一带建城。明成祖朱棣在南京即位后，考虑到政治、军事等方面因素，决定迁都北平（今北京），天津因其重要的地理位置，于永乐二年设天津卫，此可谓天津建城史的起点。

图 3-19　通州张家湾
（引自：《图说大运河——古运回望》）

天津城建城之初，城墙是用黄土夯成，四面开门，平面东西长，南北短，像一把算盘，有“算盘城”之称。明弘治年间，政府将天津城墙用砖包砌加固，并增建了瓮城和城楼，城的四至范围略有拓展。明末清初，天津城因大水而部分坍塌，清代顺治到康熙年间，政府多次修缮，城池得以保存、发展。清雍正三年（1725 年），清政府将天津从“卫”变为“州”，后又升为“府”，并设立天津县，天津城再次得到重建，重建后的天津城不仅具有防御功能，还兼有防洪、抗洪的作用。（图 3-20）

3. 保定府城

保定位于河北省冀中平原，历史悠久，早在新石器时代就有人类定居，元时因“保卫大都，安定天下”而得名，与京、津三足鼎立，是首都“南大门”。保定地处京畿要地，北控三关，南通九省，宣化、大同为之屏障，倒马、紫荆、龙泉三关为之阻隘，联络表里，翊卫京师。

保定府城平面为正方形，西南部依护城河走向略为突出，全城四面各开一门，由于地形原因，南北两门不正对，南北大街也错落交接，但东西大街横贯城中。全城建筑制高点是位于城中心的大慈阁和鼓楼，两组建筑在东西大街上形成对景。保定城内有 42 个坊，城中心街坊整齐，建筑布局也较为规整。（图 3-21，图 3-22，图 3-23）

4. 正定古城

正定古城位于河北省石家庄市滹沱河北，原为东晋永和八年（352 年）修筑的军事堡垒，名安乐垒。北魏时期为常山郡治，一跃成为河朔重镇，历代均有修葺，到明代扩建为周长 24 里的砖城，清代改称正定。

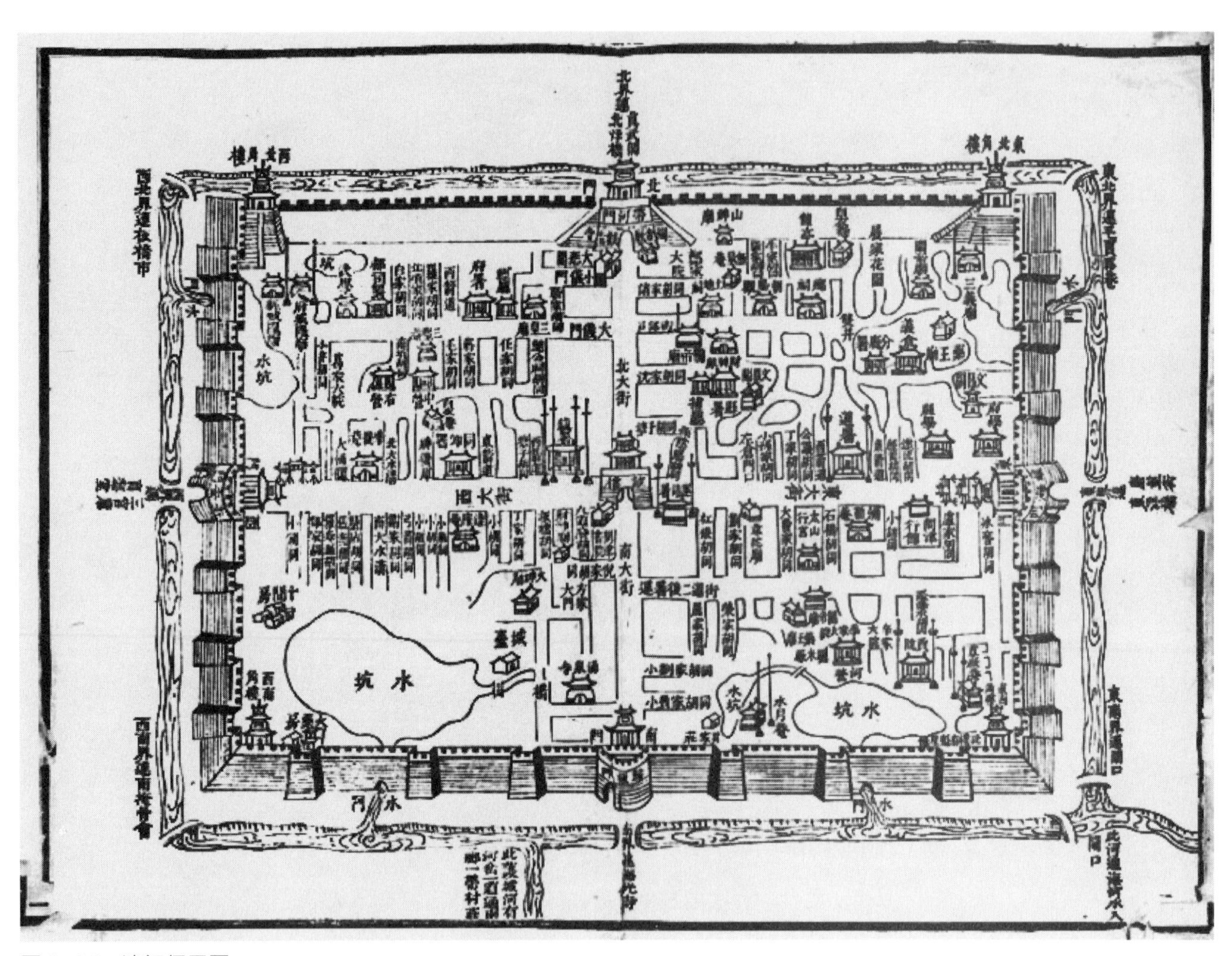

图 3-20　津门保甲图
（引自：《津门保甲图说》）

图 3-21　保定护城河

图 3-22　保定老城墙现状
（廖苗苗、刘岩、李凯茜拍摄）

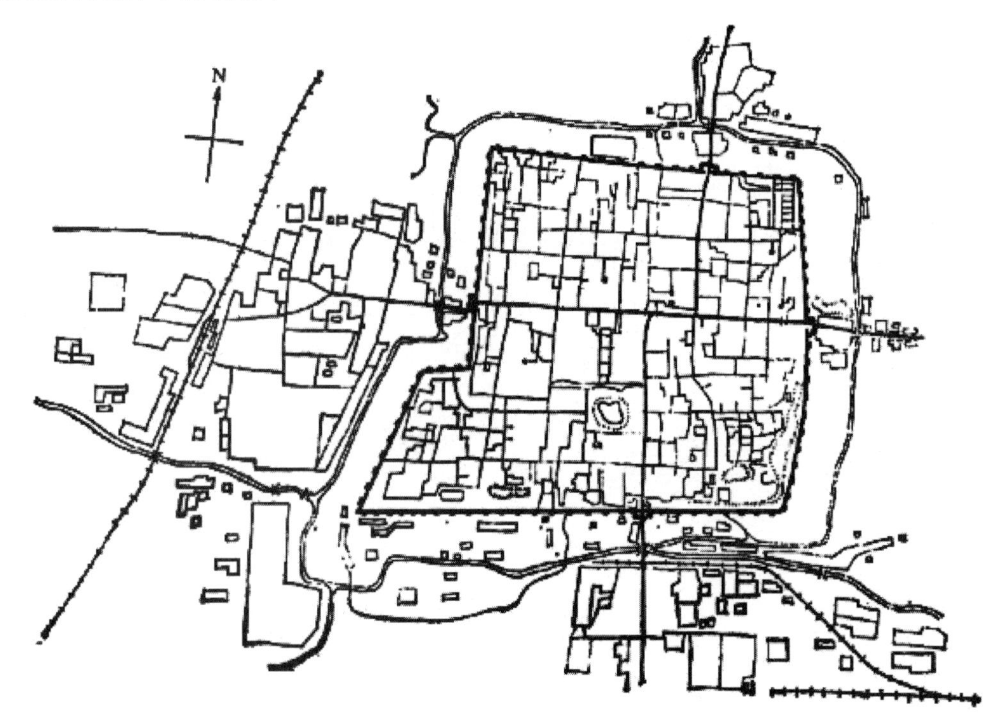

图 3-23　保定城平面
（引自：《中国城市建设史》）

正定古城历史源远流长，自西晋以来一直是郡、州、府、路的治所，曾与北京、保定并称“三关雄镇”。城内有以大十字街为中心向四方延伸的街道，并保留着隆兴寺、广惠寺、开元寺、天宁寺、凌霄塔、华塔等众多重要的历史建筑。现存古城墙为明万历四年（1576 年）扩建，墙外为三十余米宽的护城河，城墙平面为“官帽”形，取“天满西北，地缺东南”[①]之意，城墙上有更铺和旗台，四角分别建有角楼。古城有四座城门，东为迎旭门，南为长乐门，西为镇远门，北为永安门，每座城门都有月城和瓮城，门上为城楼。正定古城的府城格局清晰可辨，现存部分老城门及城墙，南城门及城墙于 2001 年修复完成。（图 3-24，图 3-25a、图 3-25b）

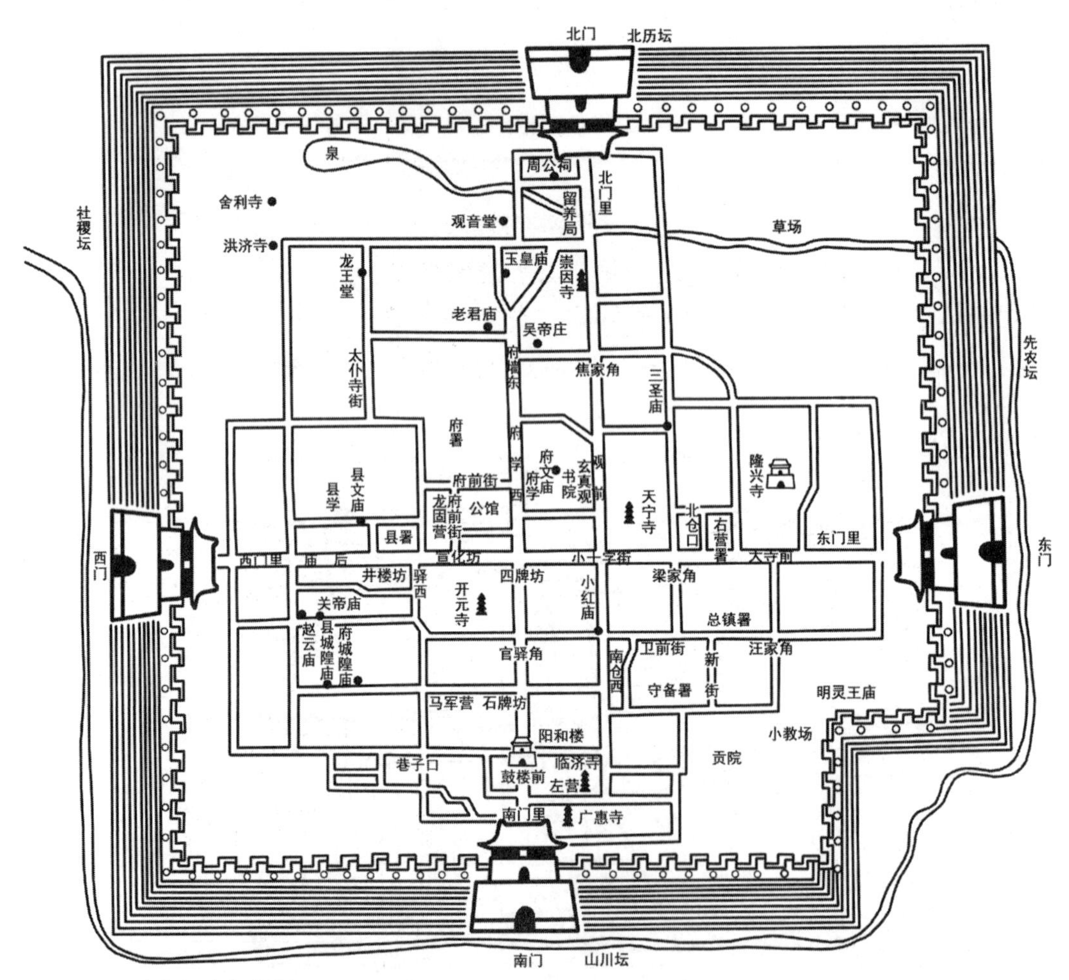

图 3-24　清代正定街市图
（引自：《正定县志》）

① 河北省正定县地方志编纂委员会编纂．正定县志．北京：中国城市出版社，1992：3.

图 3-25a　正定城现状
（王菲拍摄）

图 3-25b　正定西城门现状
（王菲拍摄）

5. 宣化城

宣化位于河北省张家口市，元代为宣德府，明代为九边重镇之一，军户居多，是京师北部的重要屏障。《宣化县志》记载："北门西城街又东至李镇抚街，南至朝元观、观音寺、马神庙后，皆系宣府左卫地方，其内街巷房屋皆有兽脊，半属故明左卫指挥千百户所居。"

今宣化城为洪武年间扩展加筑，周 24 里，另有南关方 4 里，开 7 门。南北门之间设主干道，中部偏北为谷王府。永乐时谷王被贬长沙，城市规模缩减。明正统五年（1440 年），全城包砖，四门外加瓮城。明末受驻军减少和灾荒的影响，城市逐渐衰落。清代虽然仍作为府级驻所，但其地位逐渐被张家口取代。（图 3-26a、图 3-26b）

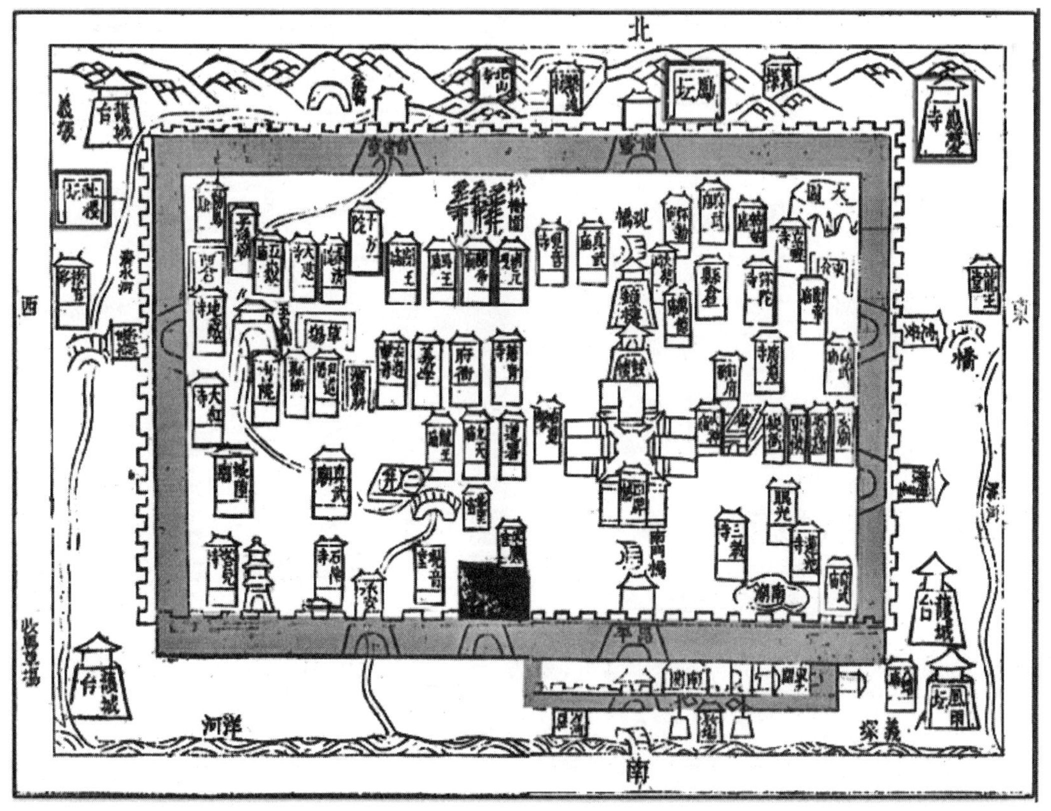

图 3-26a　宣化县城图
（引自：《清・康熙・宣化县志》）

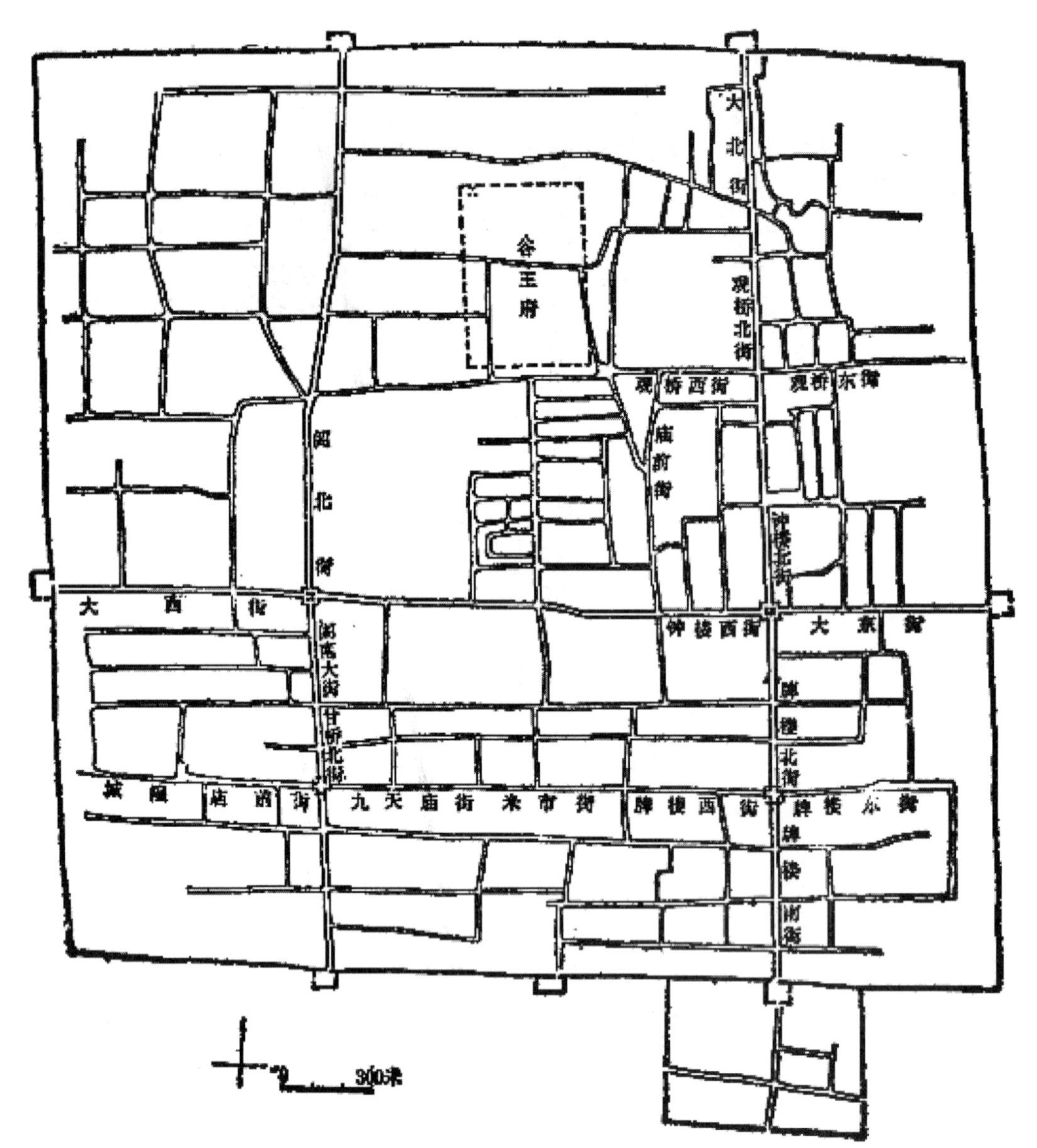

图 3-26b　宣化城图
（引自：《中国城市建设史》）

第三节　近代城市

一、北京

第二次鸦片战争以后，洋务运动兴起，朝野上下改革呼声不断，当时的清廷内忧外患，被迫推行“新政”，包括调机构、废科举、兴学堂、办银行、修铁路、建工厂等各个方面，并扩建了东交民巷使馆区。

近代，北京出现了一批新的建筑类型，如军政办公建筑、教育建筑、商业建筑、工业建筑、铁路建筑等。1911 年的辛亥革命推翻了清王朝的封建统治，政府在旧城改造和新市区建设等方面加大了力度。旧城改造方面，主要为开放皇家禁区，改造正阳门地区，加强城内道路交通联系；新市区建设方面，修建了永安路、万明路、香厂路等 14 条道路，推动了香厂新市区的建设，兴建了王府井、西单商业区，并在北京西郊建设燕京大学等高校区。至 20 世纪 30 年代中期，北京已初步从封建帝都转变为近现代化的城市。（图 3-27a、图 3-27b、图 3-27c、图 3-27d、图 3-27e）

图 3-27a 1890 年的正阳门城楼和瓮城（左）、1906 年的正阳门地区（右）（引自：《城记》）

图 3-27b 南池子（作者拍摄）及由地坛改建的京兆公园（熊炜提供）

图 3-27c 正阳门

图 3-27d　新市区（永安路现街景）及虎坊路现街景

图 3-27e　新市区（香厂路现街景）

二、天津

1860 年，天津被迫开埠。英、美、法、德、日、俄、意、奥、比先后在天津划定了租界，天津沦为了有九国租界的殖民地城市。

作为开埠城市，天津的城市建设、建筑风貌、交通设施等方面都逐渐发生了变化。城市方面，自租界划定后城市用地逐渐扩大，到 1934 年，天津的城区面积比之清末增加了一倍有余；建筑方面，列强在天津设领事馆，驻扎军队，控制海关，兴建了教堂、洋行、学校、医院、俱乐部、小洋楼住宅等；交通方面，天津开埠后，各国对租界内的道路交通进行了全面规划，沥青路、混凝土路随之出现，并增建桥梁，疏通航道。（图 3-28a、图 3-28b、图 3-28c、图 3-28d）

图 3-28a　天津近代小洋楼现状
（廖苗苗、刘岩、李凯茜拍摄）

图 3-28b　改造后的金刚桥
（廖苗苗、刘岩、李凯茜拍摄）

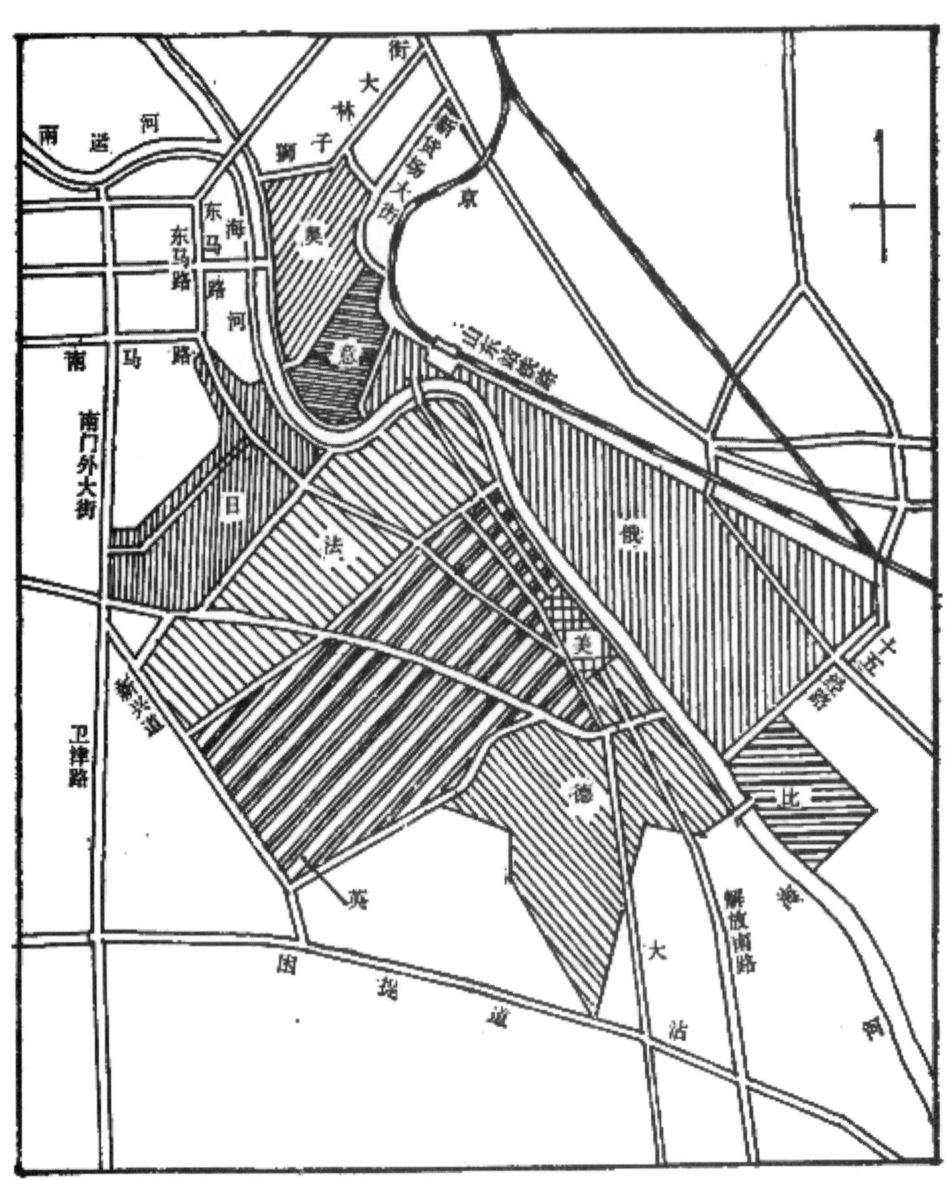

图 3-28c 天津租界示意图
（引自：《中国城市建设史》第 2 版）

图 3-28d 英租界码头
（引自：《天津的九国租界》）

三、河北部分城市

1860 年后，河北的部分城市跨入了近代化的进程。唐山、秦皇岛、石家庄、保定、邯郸、张家口、承德等城市，由于矿业、港口、铁路的兴起而迅速发展。

唐山是因煤矿而崛起的城市。在唐山，矿山的开采和铁路的开通，促进了工业的发展，还形成了一些具有地域特色的商业街，如广东街、山东街、东局子街、老车站街、兴隆街等，城市规模逐渐扩大。(图 3-29)

秦皇岛的发展与秦皇岛港的建设密不可分。建港初期，清政府在海港区规划了口岸、街市，建立了津海关秦皇岛分关，兴建了邮局、饭店、住宅、医院、公司、货栈等建筑，城市迅速扩大。同时，秦皇岛北戴河海滨也有所发展，兴建了许多别墅、饭店、旅馆等建筑，时为著名的避暑休闲之地。(图 3-30a、图 3-30b)

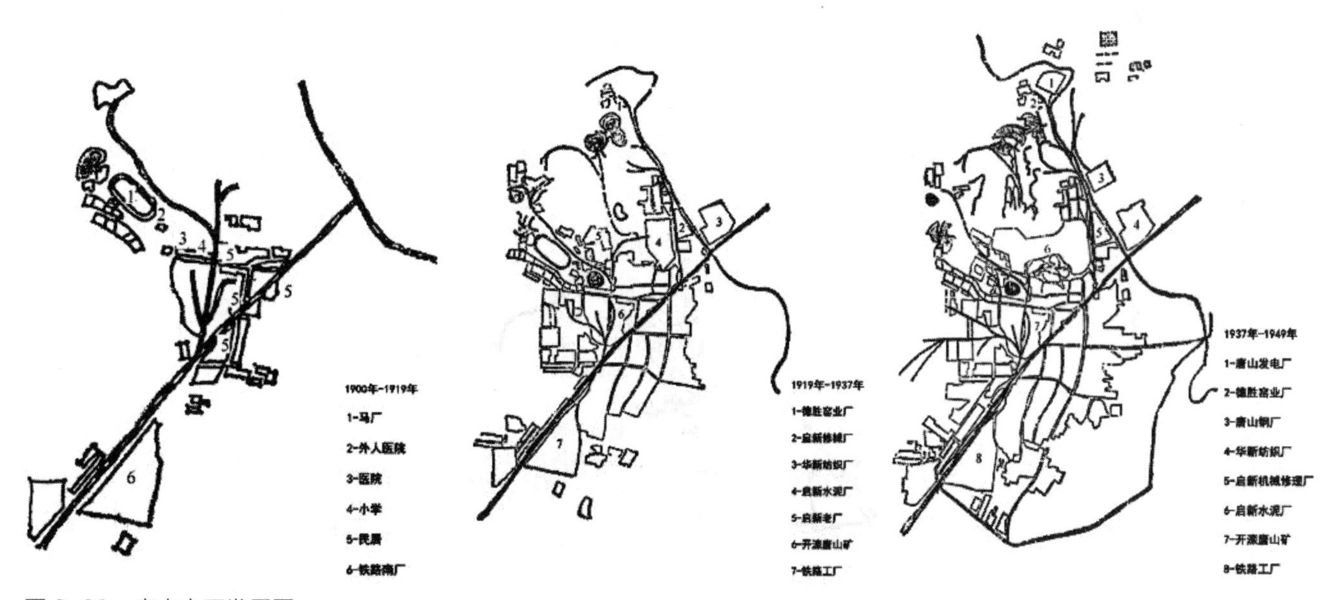

图 3-29　唐山市区发展图
(引自:《中国城市建设史》)

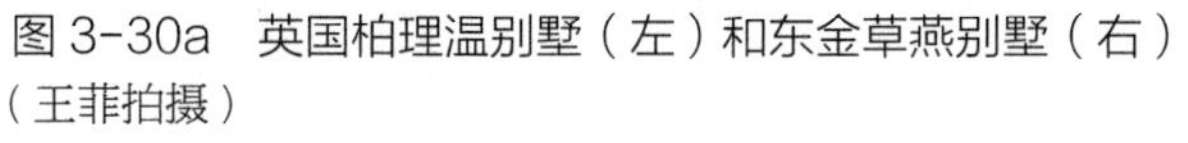

图 3-30a　英国柏理温别墅(左)和东金草燕别墅(右)
(王菲拍摄)

图 3-30b　沈钧儒别墅
(王菲拍摄)

石家庄的发展与修建铁路相关。1902 年（光绪二十八年），京汉铁路修至石家庄，并在石家庄设“振头站”，城市逐渐发展起来。1907 年（光绪三十三年），正太铁路开通，并在振头站旁设立了石家庄站。京汉铁路和正太铁路的修建，使石家庄成为两条铁路的交汇点，并逐步发展为华北地区的重要交通枢纽和中等城市。（图 3-31）

张家口古称“张亘”，因明代守备张珍在北城墙开门，后称张家口，是冀西北的军事交通重镇。第二次鸦片战争以后，张家口逐渐演变为半殖民地城市。1909 年京张铁路开通，张家口迎来了新的发展机遇，至 20 世纪 30 年代，成为京津冀地区重要的工商业城市，并曾作为察哈尔省会。

承德避暑山庄清时是帝王的“夏宫”。1929 年，民国政府设立热河省，承德为热河省会。1933 年承德被日军侵占，成为伪满特别行政区，至 1945 年得到解放。自民国以后，承德在城市建设、市政设施、房屋建造等方面较清代有了进一步的发展，成为京津冀东北部的重要城市。

此外，近代河北的保定、邯郸、邢台、衡水、沧州等城市逐渐走向了现代化进程。抗日战争至解放战争时期，红色革命根据地——河北省平山县西柏坡也得到了迅速发展。西柏坡曾是中共中央所在地，党中央和毛主席在此指挥了决定解放战争走向的辽沈、淮海、平津三大战役，召开了具有伟大历史意义的中共七届二中全会和全国土地会议，并有“中国命运定于此村”的美誉。（图 3-32）

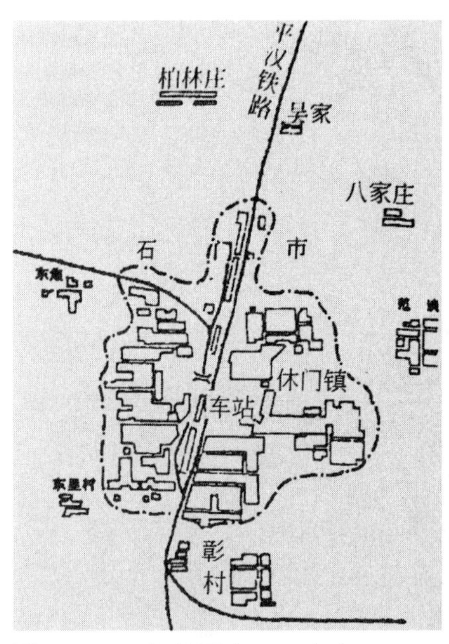

图 3-31　石门简图（1934 年）
（引自：《中国城市建设史》）

图 3-32　西柏坡景区导览图
（引自：西柏坡纪念馆官网）

第四章 宫殿、坛庙与官署

第一节 宫殿
第二节 坛庙
第三节 官署建筑

宫殿、坛庙是中国古代皇家建筑中等级最高的建筑。宫殿为帝王朝政与生活的场所，按周制，宫殿坐北朝南，由南至北分别为外朝、治朝、燕朝，并设皋门、库门、雉门、应门、路门，即“三朝五门”制。汉后宫殿布局有大朝位中、常朝位于两侧的“东西堂制”，隋以后被弃用，重新采用“三朝五门”制，并延续至明清。坛庙是祈求天顺国安的祀拜场所，按规制，天地、社稷、宗祖、孔圣均属于大祀，皇帝亲自参加，其他祀拜可遣官员代理，明以后这种做法更加完善。

官署是中国古代官员行政办公的场所。元仿汉制，中央官署主要有中书省、枢密院、御史台等机构。明清时期官署分为三类：一是中央官署，按吏部、礼部、户部、工部、刑部、兵部划分，统称六部；二是地方官署，下辖府、州、县等；三是内务官署，为内宫服务。其中，中央和内务官署位于都城，建筑规模较大。

第一节　宫殿

一、王城宫殿

京津冀地区代表性的王城宫殿遗址有燕下都、赵王城、曹魏邺城宫殿遗址。

1. 燕下都宫殿遗址

燕下都宫殿遗址位于河北省易县，建于战国中晚期，是京津冀地区已发现的较早、规模较大的战国宫殿遗址。整个建筑群体由一条南北向的中轴线控制，轴线上的建筑由南至北有武阳台、望景台、张公台和老姆台，气势恢宏。其中，武阳台是燕下都的主体宫殿，在宫殿建筑群中面积最大，平面呈长方形，东西面阔约 140m，南北进深约 110m。其他宫殿建筑围绕着武阳台而建，均为高台建筑。

据文献记载，燕昭王曾在此地筑金台，以招纳天下贤士，并合五国之兵伐齐，下城七十余座。另一个故事也曾发生在此地，战国末年燕太子丹迫于战败形势，在宫内派刺客荆轲刺秦王，荆轲应允，后演变为“风萧萧兮易水寒，壮士一去兮不复还”的慷慨之歌，至今仍然被人们所传颂。（图 4-1a、图 4-1b）

2. 赵王城宫殿遗址

赵王城宫殿区位于河北省邯郸市赵邯郸故城遗址内，现存多处宫殿建筑基址，如“龙台”等。

“龙台”是宫殿区遗址中规模最大的夯土台基址，位于宫城的中偏南部，平面略呈方形，东西 265m，南北 285m，高 16m，是赵王城中最主要的宫殿建筑。“龙台”以北还有两座夯土台，平面均呈方形，规模稍小。三座夯土台位于南北中轴线上，属宫殿区主要的

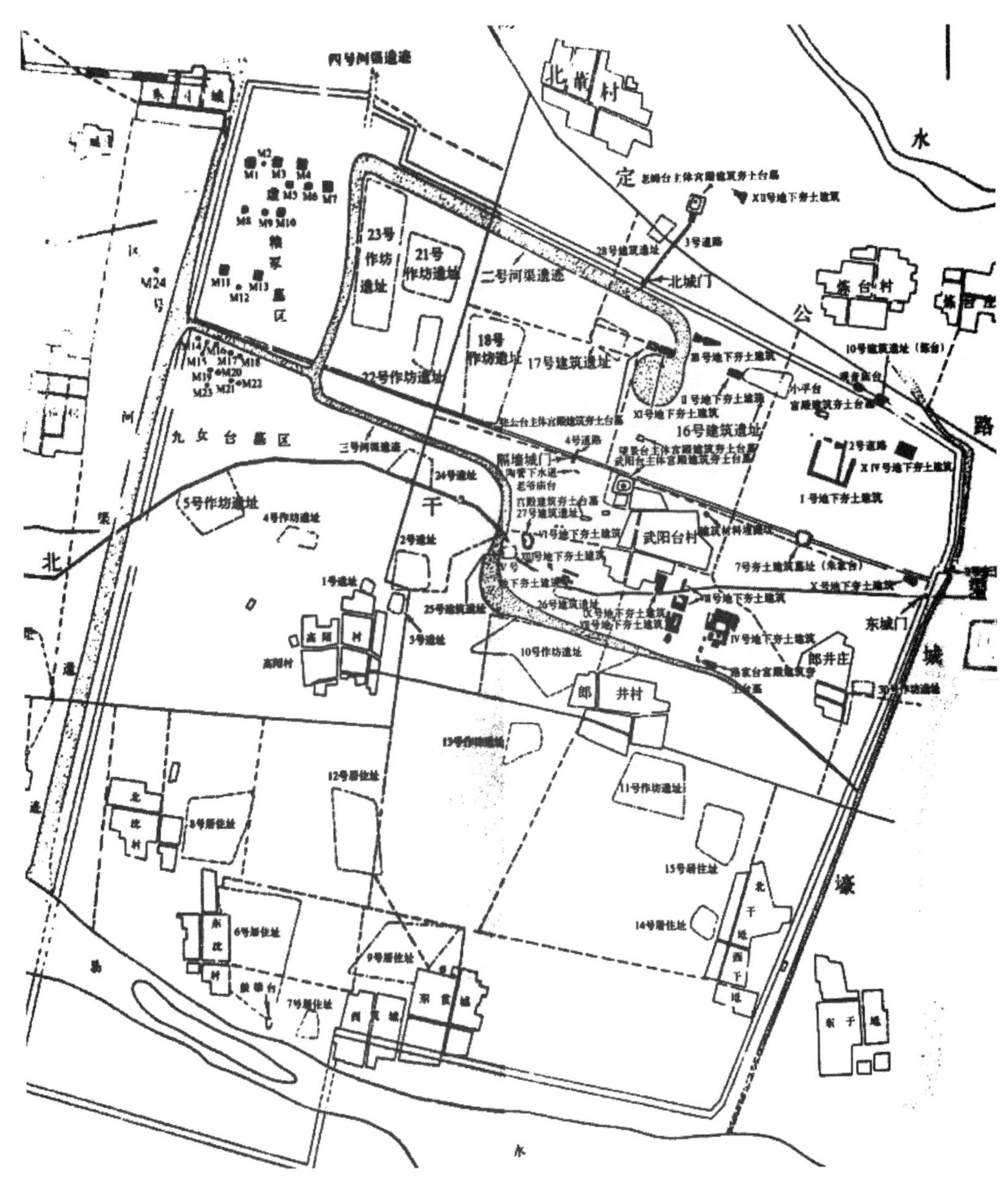

图 4-1a　燕下都宫殿分布
（引自：《中国文物地图集》）

图 4-1b　武阳台宫殿建筑夯土台基
（摄于：西周燕都遗址博物馆）

遗址。（图 4-2）

图 4-2 赵王城龙台
（引自：《中国文物地图集》）

3. 曹魏邺城宫殿建筑

曹魏邺城位于河北省临漳县，始建于东汉末年，仿《周礼·考工记》“营国之制”而建，分为南城和北城。北城为宫殿、御苑区，正中偏北为宫城，内有宫殿建筑及大型广场，是举行重大朝政、典礼活动的场所。宫城东为一组大型建筑，为后宫、戚里，是王室贵族的居住区；西部为铜雀苑，是王室专用的御苑，现存铜雀台、金虎台和冰井台遗址。（图 4-3a、图 4-3b）

图 4-3a 邺城三台遗址
（引自：《中国文物地图集》）

图 4-3b 金虎台现状
（刘岩拍摄）

二、都城宫殿

1. 金中都宫殿

金中都遗址位于北京市西城区，其宫殿在皇城中部偏西南。建筑分为三路，院落层层递进。中路大安殿是宫殿建筑的核心，也是内宫规制等级最高的建筑，用于各项重大政治活动。建筑坐落于三层露台之上，周围曲水环绕，石阶层层而上，大殿面阔十一间，殿中设宝座，顶有金龙藻井。东路分为南北两大区域，南区为皇太子、皇太后生活的区域，北区是管理内宫事务的行政场所。西路分为三大区域，南区为各种园林建筑，中区是皇帝日常办公之处，北区为妃嫔起居生活的院落。（图 4-4）

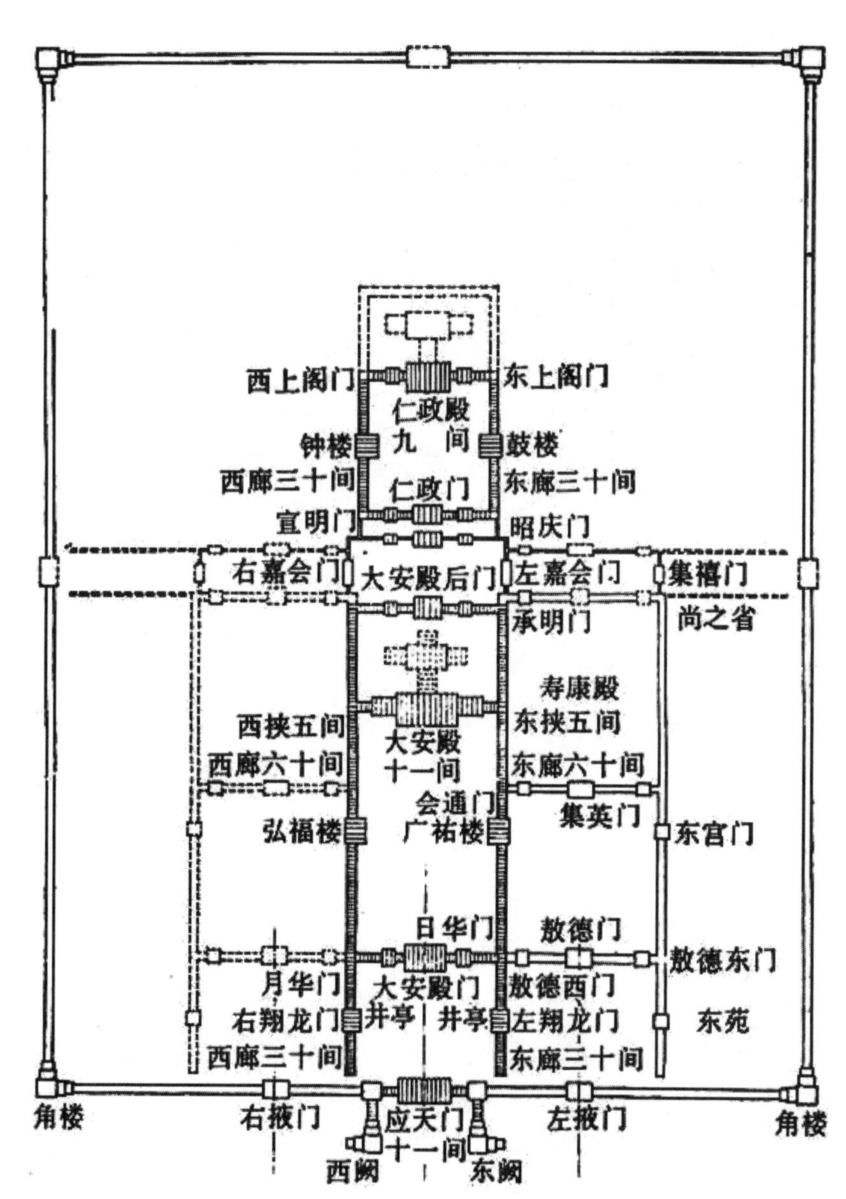

图 4-4　金中都宫殿平面示意图
（熊炜提供）

公元 1225 年，蒙古军队攻破金中都，焚毁了宫内建筑，现有大内部分遗址，为研究金中都宫殿建筑提供了实证依据。

2. 元大都宫殿

元大都宫殿建筑大致位于今北京故宫，分为前宫和后宫。前宫以大明殿为主殿，起于大明门，周围用廊庑相连，正中为大明殿。大明殿是帝王登极、庆寿、会朝的正殿，主殿后部出廊，连接寝殿，三个建筑形成工字形布置，并置于大台阶之上；后宫延春阁为主殿，阁后亦连柱廊、寝殿，仍为工字形格局，但规模略小于前宫。两组宫殿形制大体相同，反映出元代“帝后并尊”的特点。据史料记载，明军攻占大都，宫殿建筑被毁。（图 4–5）

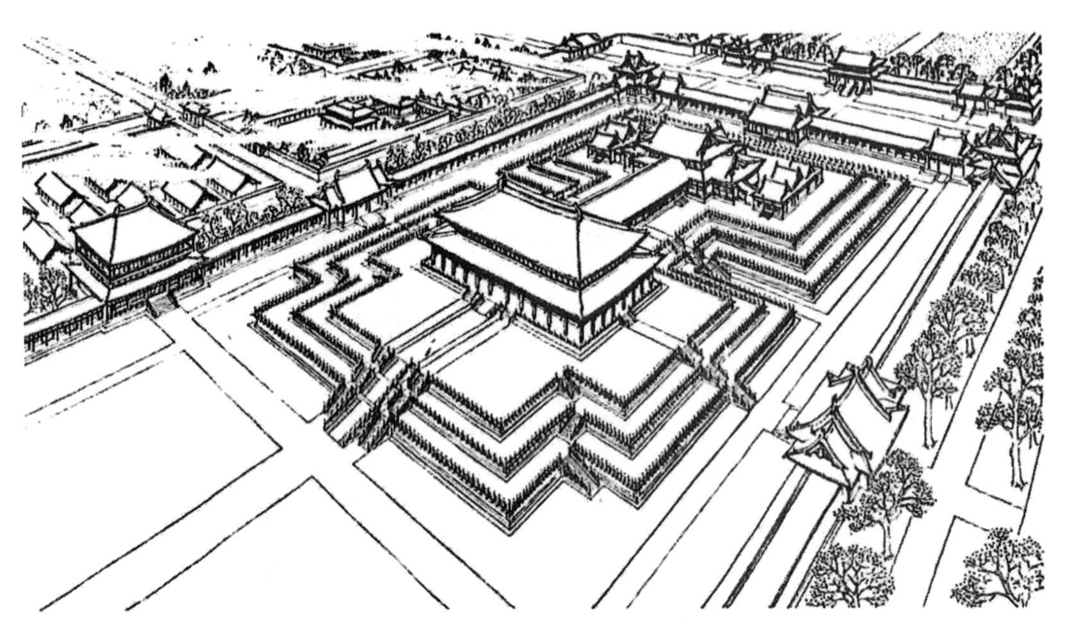

图 4–5　元大都大明殿建筑群复原图
（引自：《傅熹年建筑史论文集》）

3. 明、清故宫

故宫又称紫禁城，是明清两朝的宫城，明永乐四年（1406 年）始建，仿明南京宫殿规制，后有部分建筑重建、增建，总体上仍保持明代布局。

故宫位于北京市东城区，建筑群大体分为外朝、内廷两大区域：外朝位于南部，是举行典礼、处理朝政的场所；内廷位于北部，是皇家及家族居住的后宫。整个故宫分中、东、西三路布局，中轴线上的重要建筑有皇极殿（太和殿）、中极殿（中和殿）、建极殿（保和殿）前三殿与乾清宫、交泰殿、坤宁宫后三宫，此轴线与城市的中轴线重合。故宫的布局遵循周代“三朝五门”与“前朝后寝”的宫殿规制，堪称中国古代大型建筑的典范。（图 4–6，图 4–7a、图 4–7b、图 4–7c，图 4–8）

图 4-6　故宫远景

图 4-7a　故宫太和殿

图 4-7b　乾清宫

图 4-7c　御花园

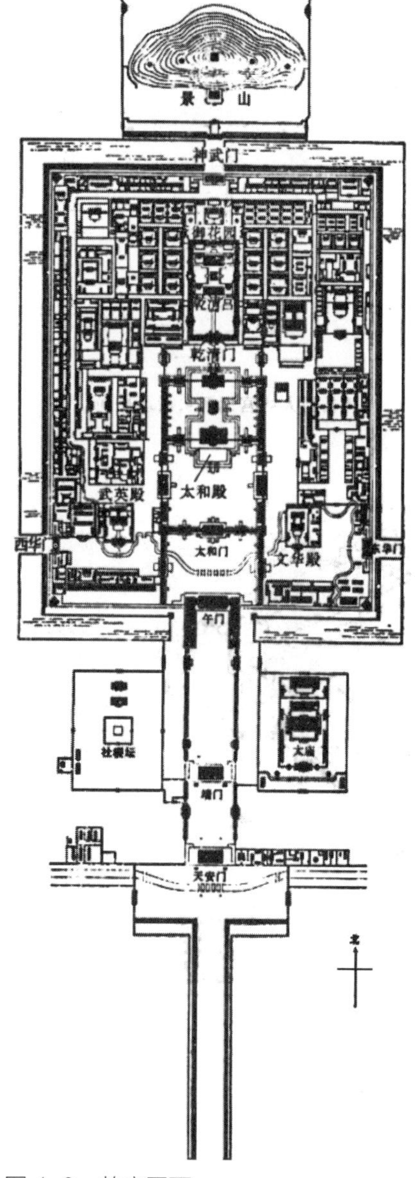

图 4-8　故宫平面
（转引自：潘谷西《中国建筑史》）

第二节　坛庙

一、皇家坛庙

天坛、社稷坛、太庙是皇家最重要的大祀建筑，现以保存完好的明北京三大坛庙为例介绍如下。

1. 天坛

天坛位于北京市永定门内大街路东，始建于明永乐十八年（1420 年）。初为天地坛，嘉靖年间改为天坛，平面北圆南方，寓意“天圆地方”，主要建筑有圜丘、祈年殿、皇穹宇、皇乾殿、斋宫等。（图 4-9）

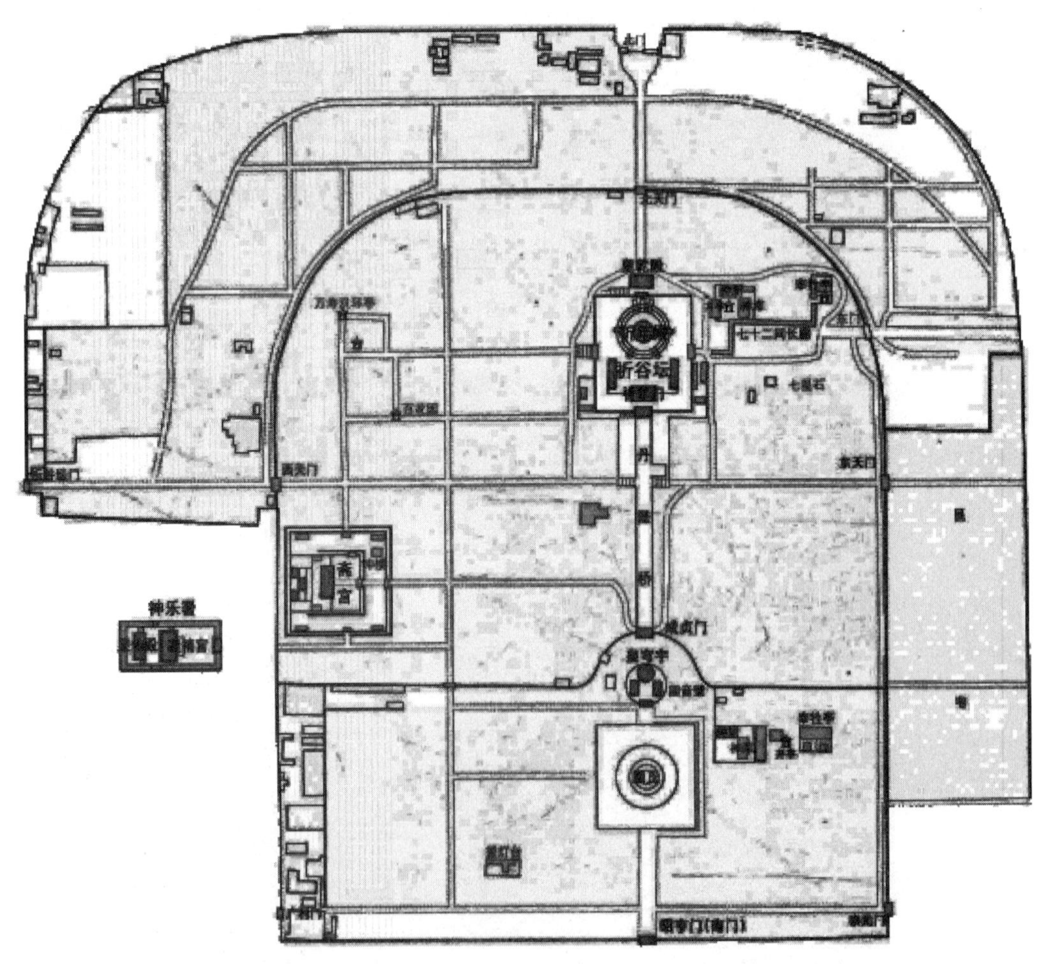

图 4-9　天坛总平面图
（引自：《北京文物地图集》）

圜丘位于天坛南部，为皇帝祭天之处，原为三层蓝色琉璃台，清乾隆年间改为汉白玉三层圆形台，其栏板、望柱、台阶等均为九的倍数，寓意天有九重，坛周围用墙围合，四边各设门一座。

祈年殿位于天坛北部，明称大享殿，清乾隆年间改为祈年殿。殿高九丈九尺，三重圆檐攒尖屋顶，蓝色琉璃瓦覆顶，以象征蓝天。殿内内圈四柱代表四季，外圈两圈各 12 柱，分别代表 12 个月和 12 时辰，帝王在此祈祷风调雨顺、五谷丰登。祈年殿周围有大门及其他辅助建筑。

皇穹宇位于祈年殿之南，是存放圜丘祀物的建筑，正殿圆形，以象天宇，始建于明嘉靖年间。清乾隆十七年（1752 年）重建，将殿顶改为鎏金宝顶。正殿东西各有一座方形配殿，三座建筑用圆墙环绕，由于内侧墙面平整光洁，声音可沿内弧墙壁传递，俗称回音壁。（图 4-10a、图 4-10b、图 4-10c）

图 4-10a　圜丘入口

图 4-10b　祈年殿

图 4-10c　皇穹宇

2. 社稷坛

社稷坛位于北京市长安街天安门西侧，是祭祀土地和五谷的坛庙，明初所建，现为中山公园。（图 4-11a、图 4-11b、图 4-11c）

图 4-11a 保卫和平坊（建于民国）

图 4-11b 公园内景

图 4-11c 社稷坛现状

社稷坛坐北朝南，坛为三层方台，每层用汉白玉栏杆围栏，下层两坛中填三合土，最上面一层铺设五色土。传说古代黄帝是天下的统治者，五色土中为黄土，东为青土，西为白土，南为红土，北为黑土，它代表着国家统治的范围。按规制，每逢夏至、冬至，皇帝亲临主祀。（图 4-12）

3. 太庙

太庙位于北京市长安街天安门东侧，是明代帝王祀拜先祖的宗庙。始建于明初永乐十八年（1420 年），嘉靖年间重建，后经清代增修。主体建筑位于三重围墙之内，由正殿、寝殿、祧殿组成。

正殿原为九间，清乾隆年间改为十一间，上覆黄琉璃瓦重檐庑殿顶，下承三重汉白玉须弥座台基，属最高规制建筑。寝殿与祧殿分别位于正殿之北，两侧有庑殿、配殿等建筑。正殿主祀帝王祖先，其他殿祀帝后、诸王、功臣。（图 4-13，图 4-14a、图 4-14b、图 4-14c）

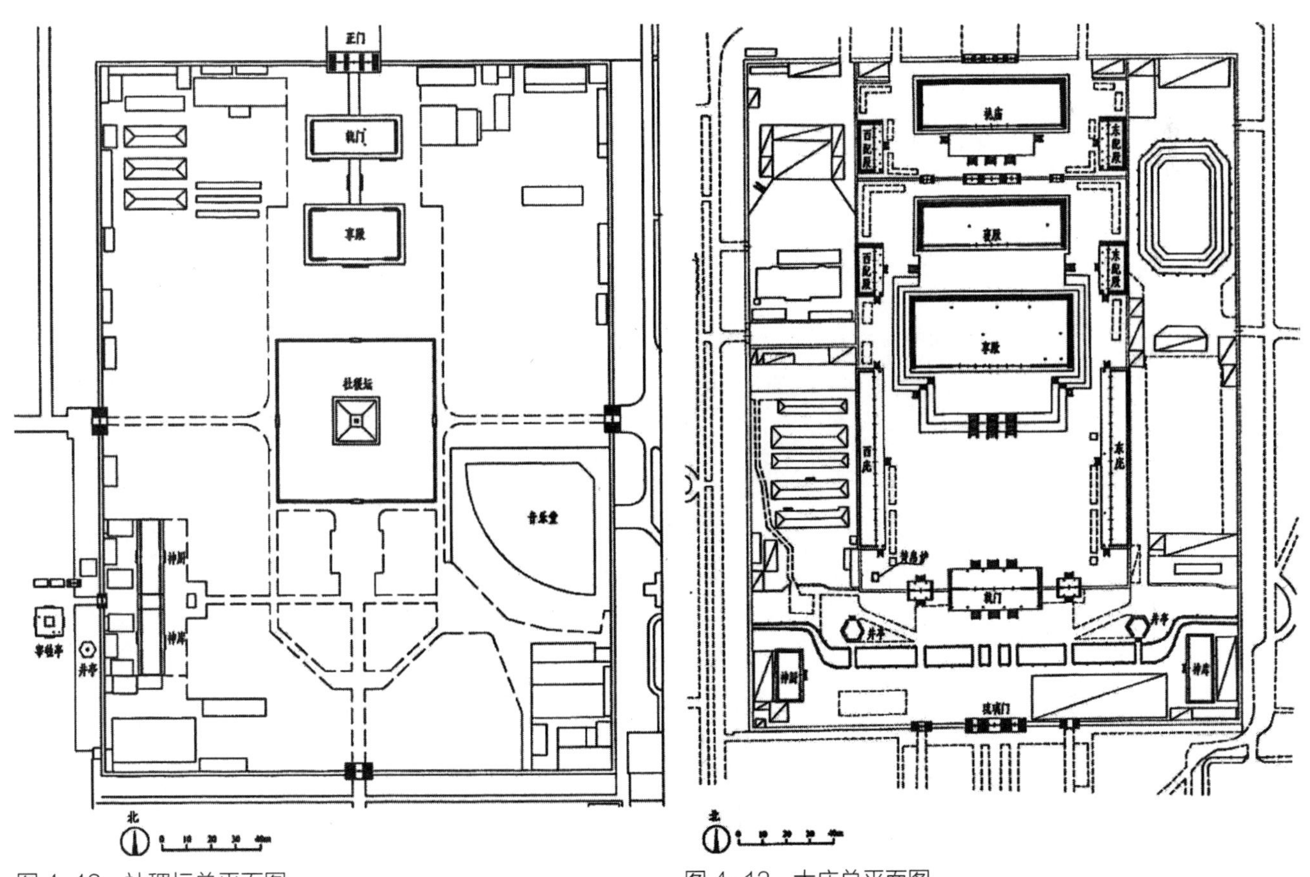

图 4-12　社稷坛总平面图
（引自：《东华图志》）

图 4-13　太庙总平面图
（引自：《东华图志》）

图 4-14a　太庙大殿 1

图 4-14b　太庙大殿 2

图 4-14c　太庙大殿内景

二、孔庙

孔庙是中国封建社会中后期国家与地方政府重要的祀拜建筑。

1. 北京孔庙

北京孔庙又称宣圣庙，位于北京市东城区成贤街北侧，始建于元代，明清两代多次修建、扩建，占地约 2.2 万 m^2。

孔庙主殿大成殿是纪念孔子的主要场所，内置孔子及诸儒像。除大成殿外，孔庙还有许多配套建筑，总建筑面积约 7000m^2。明永乐年间，孔庙重建，院落三进，现前院保留着元、明、清历朝进士题名碑198块，为全国第二大孔庙①。（图4-15，图4-16a、图4-16b）

2. 天津文庙

天津文庙又称孔庙、夫子庙，位于天津市南开区东门里大街，始建于明代，明清两代多次修缮增建，占地面积约 1.3 万 m^2。

① 全国第一大孔庙为山东省曲阜孔庙。

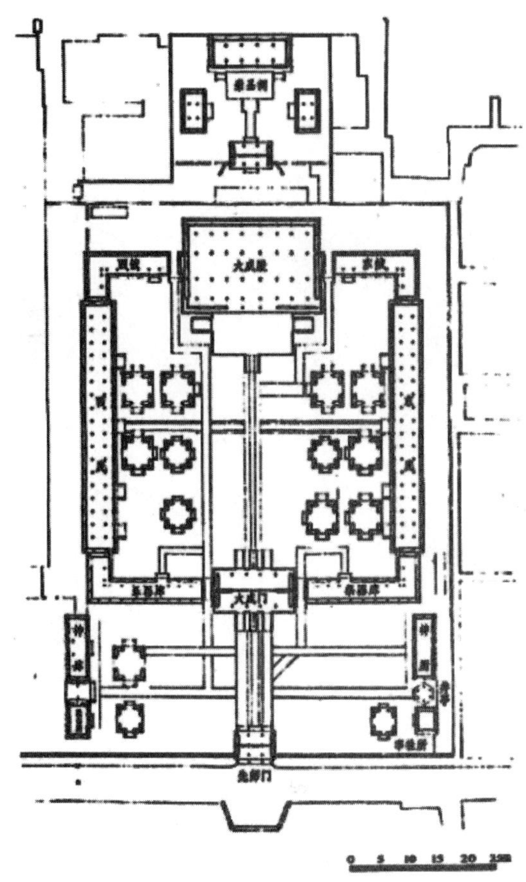

图 4-15　孔庙平面图
（引自：《东华图志》）

图 4-16a　孔庙大门

图 4-16b　孔庙大成殿

天津文庙整体分为三个部分，中央为府学文庙，西侧为县学文庙，东侧为明伦堂。其中府学文庙建筑体量大，屋面用黄琉璃瓦，规格等级高，从南至北由万仞宫墙（照壁）、泮池、棂星门、大成门、大成殿和崇圣祠以及东、西配殿组成；县学文庙在布局上与府学文庙基本相同，但建筑体量小，屋面用青砖青瓦。（图 4-17a、图 4-17b、图 4-17c、图 4-17d、图 4-17e，图 4-18a、图 4-18b）

3. 正定文庙

正定文庙位于河北省石家庄市正定县城内。据史料记载，该文庙宋代已有。明洪武年间改建，后又有多次重修，是中国十大孔庙之一。

文庙坐北朝南，现存建筑有照壁、戟门、东西庑和大成殿等。大成殿面阔五间，进深三间，单檐歇山顶。梁思成先生曾根据其梁柱、斗栱处的做法痕迹，鉴定其为五代时期遗存，是我国现存最早的文庙大成殿。据清代《正定县志》记载，当时正定文庙中轴线上的建筑，由南至北依次有照壁、棂星门、泮池、大成殿、崇圣祠、文昌阁等，规模宏大。（图 4-19，图 4-20）

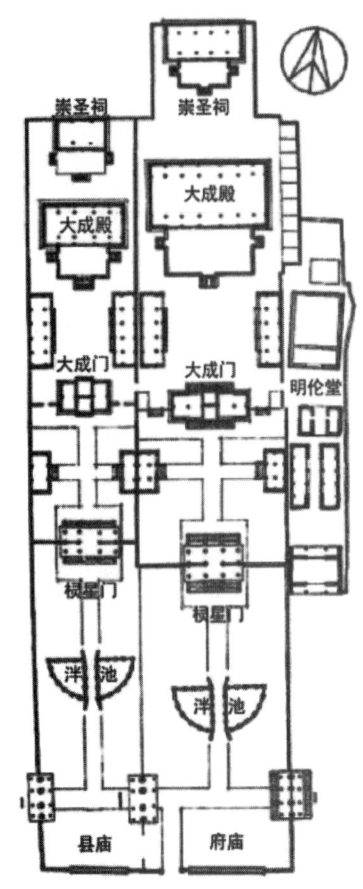

图 4-17a　天津文庙平面
（引自：《中国古代建筑史》）

图 4-17b　天津文庙主入口

图 4-17c　天津文庙礼门

图 4-17d　府庙棂星门和大成门

图 4-17e　府庙大成殿和崇圣祠

图 4-18a　县庙大成门

图 4-18b　县庙大成殿

图 4-19　正定文庙入口（上左）、棂星门（上右）、大成殿
（王菲拍摄）

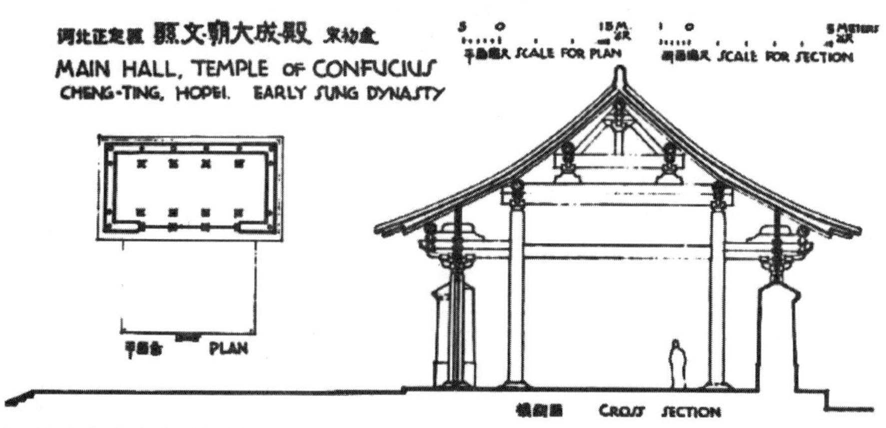

图 4-20　正定文庙大成殿平剖面
（引自：梁思成《中国建筑史》）

第三节　官署建筑

一、中央官署

1. 元大都官署

元大都城内中央官署主要有中书省、枢密院、御史台及其下属机构。中书省为行政办公机构，位于皇城南五云坊内，俗称南省，有省堂、穿廊、正堂、耳房、东西配房及辅助用房；枢密院是执掌军机要务的机构，位于东华门附近，外仪门内设有诸卫的衙署，其他用房规制与中书省大致相同；御史台位于皇城东南部澄清坊内，外仪门内有察院、廉访司用房，规制与上述官署基本一致。现元大都官署无存。

2. 升平署

北京升平署旧址位于南长街南口路西，与中央官署六部隔长安街相望，是清代掌管宫廷戏曲演出的机构。始于康熙年间，隶属内务府，称南府。道光年间扩建，改南府为升平署。升平署旧址曾为北京 161 中学校舍，四合院布局，内有戏楼一座，现保存完好。（图 4-21，图 4-22，图 4-23）

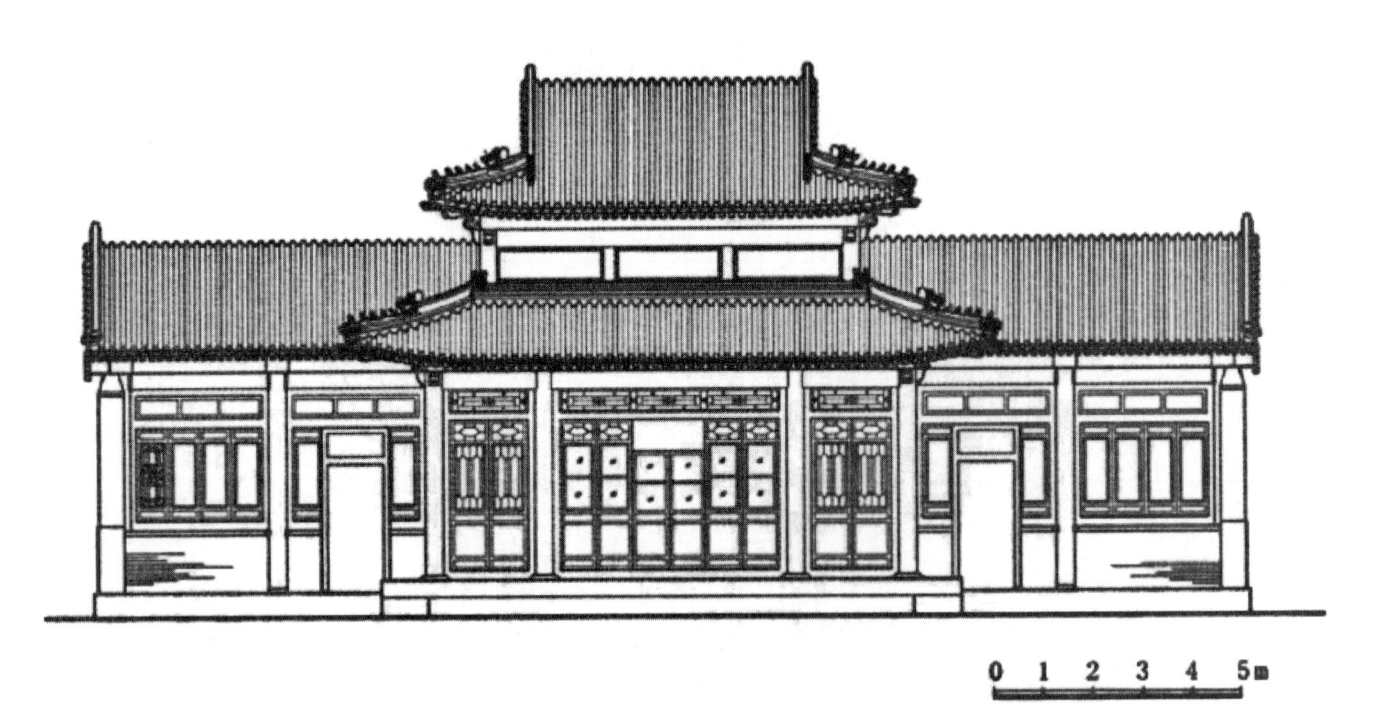

图 4-21　升平署戏楼北立面
（引自：《其他文物建筑》）

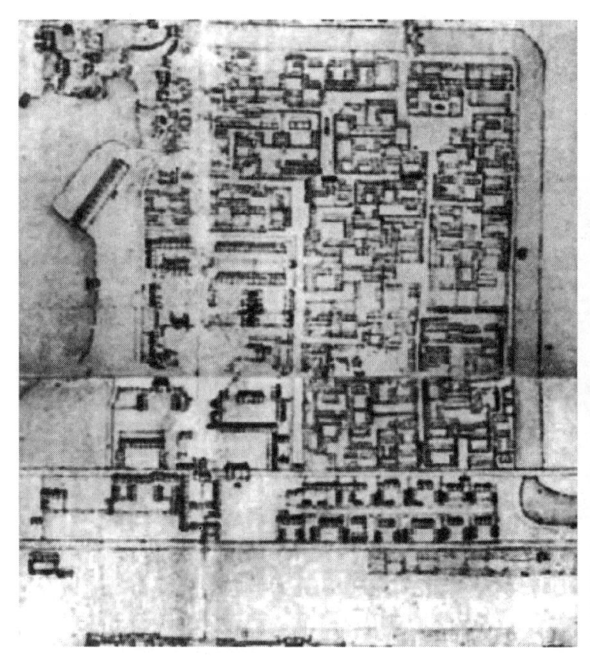

图 4-22　南府平面（左）
（引自：乾隆京城全图）

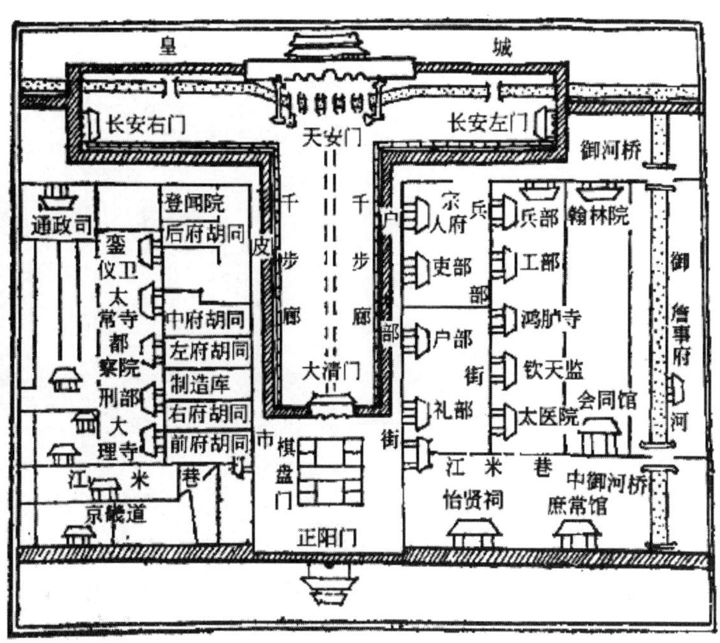

图 4-23　清代中央官署分布（右）
（引自：《中国城市建设史》第 2 版）

二、地方官署

1. 直隶总督署

直隶总督署位于河北省保定市，明初为保定府衙，清雍正八年（1730 年）设总督署。

直隶总督署坐北朝南，分为东、中、西三路。中路建筑保存完整，现存建筑由南至北有大门、仪门、大堂、二堂、厅房、官邸等。其他辅助建筑如花厅、幕府院等分列在东西两路。（图 4-24，图 4-25a、图 4-25b、图 4-25c、图 4-25d、图 4-25e）

2. 察哈尔都统署

察哈尔都统署位于河北省张家口市区，始建于乾隆二十七年（1762 年），民国年间为察哈尔省政府驻地。

都统署坐北向南，为一座四进院式建筑群，轴线上的建筑从南至北分别是大门（府门）、二门、正厅、后厅、寝室和东西配房。正厅为前邸，单檐悬山顶，是都统署的主体建筑，位于中轴线的中部，左右各有东、西配房三间。后厅是中邸，前出单步廊，硬山顶。该建筑群为全国重点文物保护单位。（图 4-26a、图 4-26b）

3. 热河都统署

热河都统署位于河北省承德市，清初为热河总管衙门，后扩建为都统署，民国期间为热河省政府驻地。

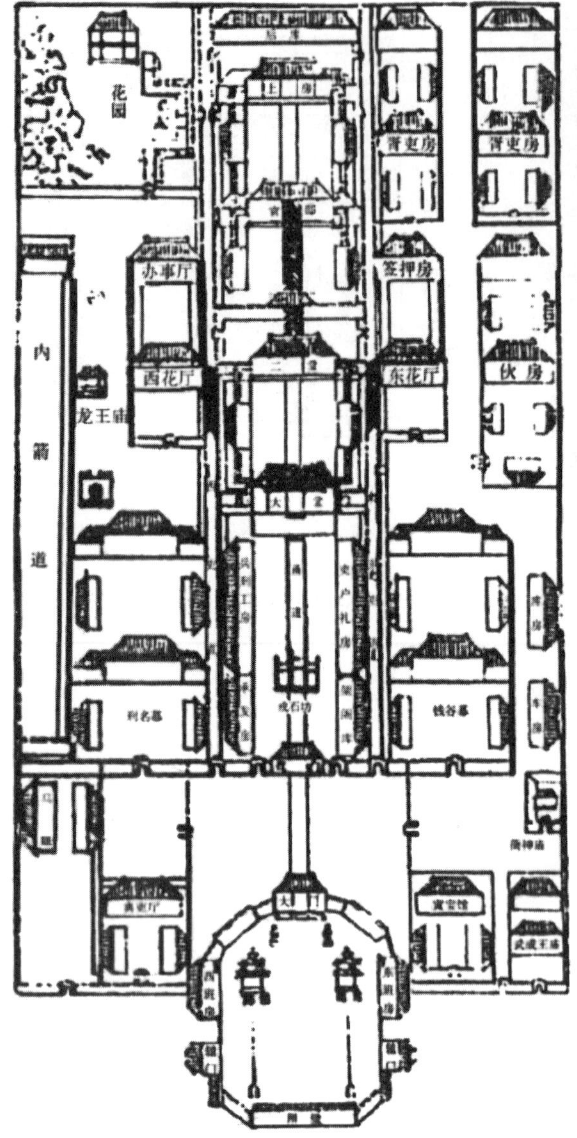

图 4-24　直隶总督署平面
（引自：《中国文物地图集》）

图 4-25a　直隶总督署大门
（廖苗苗、刘岩、李凯茜拍摄）

图 4-25b　直隶总督署大堂
（廖苗苗、刘岩、李凯茜拍摄）

图 4-25c　直隶总督署二堂
（廖苗苗、刘岩、李凯茜拍摄）

图 4-25d　直隶总督署仪门和内宅门
（廖苗苗、刘岩、李凯茜拍摄）

图 4-25e 直隶总督署厅房和官邸
（廖苗苗、刘岩、李凯茜拍摄）

图 4-26a 察哈尔都统署旧址府门
（引自:《河北文化遗产》）

图 4-26b 察哈尔都统署旧址正厅和东配房
（引自:《河北文化遗产》）

都统署坐北朝南，建筑规模宏大，功能齐全，均为砖木结构的清式建筑。据记载原有大门、东西辕门、仪门、大堂、二堂、三堂、东西配房、花园等建筑。现署内建筑整体保存完好。（图 4-27）

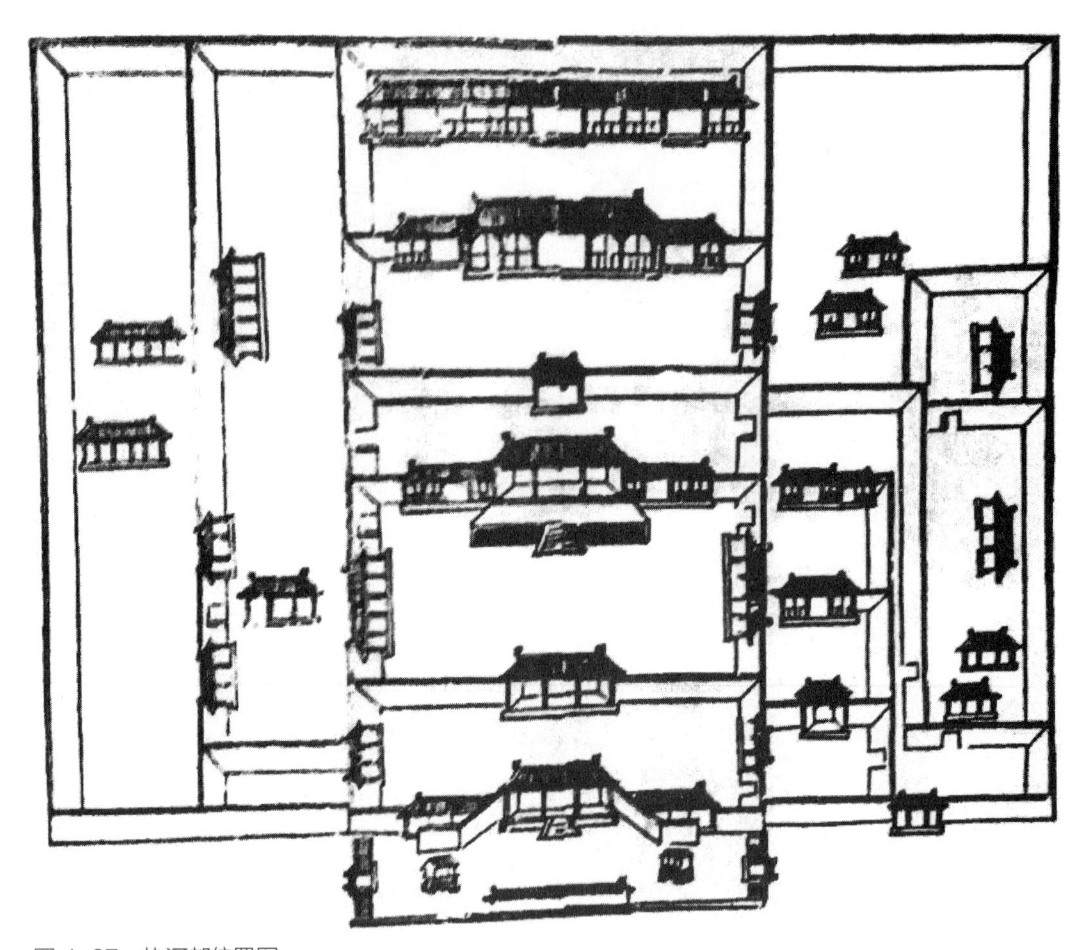

图 4-27 热河都统署图
（引自：《解读·承德老街》）

第五章 宗教建筑

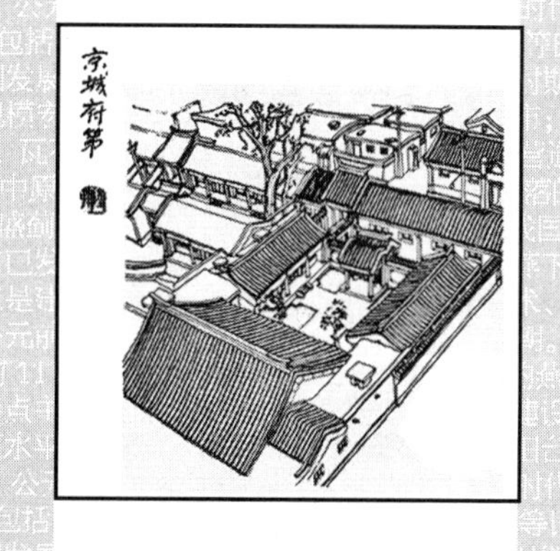

第一节 佛教建筑
第二节 道教建筑
第三节 其他宗教建筑

中国的宗教建筑类型多样，主要有佛寺、道观、清真寺以及教堂等，其中佛寺和道观历史悠久、数量众多、影响最广。

京津冀宗教建筑也大致如此。现存部分重要佛教建筑有潭柘寺、法源寺、戒台寺、妙应寺、雍和宫、独乐寺、隆兴寺、外八庙、天宁寺塔、开元寺料敌塔以及一些石窟、石刻等；部分重要道教建筑有白云观、东岳庙、北岳庙、真武庙、玉皇阁、天后宫等；其他重要宗教建筑有牛街清真寺、西什库教堂（北堂）、天津望海楼教堂等。

第一节　佛教建筑

佛教大约在汉代传入中国，最早见于史籍记载的佛教建筑，是东汉洛阳白马寺。现将京津冀代表性的佛寺、佛塔、石窟介绍如下。

一、佛寺

1. 潭柘寺

潭柘寺位于京西太行山脉宝珠峰南麓，始建于西晋，称嘉福寺，是北京现存最古老的佛寺，距今已有1700多年历史。清乾隆年间，寺庙得到大规模修建，因寺后有龙潭，寺内有柘树，俗称潭柘寺。

潭柘寺坐北朝南，依山而建，主要建筑有山门、天王殿、钟鼓楼、大雄宝殿、毗卢阁等。寺内有一株硕大的古银杏树，乾隆皇帝御封“帝王树”，山门外设木牌楼一座，额前后两面书有“翠嶂丹泉”和“香林净土”题字，为康熙皇帝御笔。（图5-1，图5-2，图5-3）

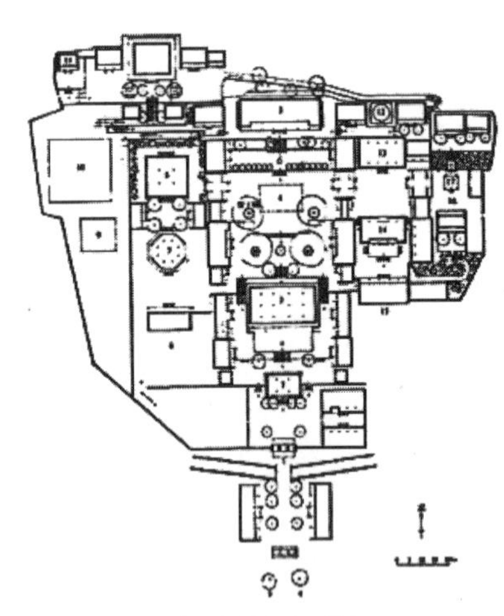

图5-1　潭柘寺总平面图
（引自：《中国古典园林史》）

图5-2　潭柘寺
（熊炜拍摄）

图 5-3　《鸿雪因缘图记》中的潭柘寺全景
（引自：《北京古建筑》）

2. 法源寺

法源寺位于北京市西城区法源寺前街，始建于唐代，原称悯忠寺。现寺为清雍正年间改建、扩建而成，称法源寺。

法源寺坐北朝南，五进院，主要建筑有山门、钟鼓楼、天王殿、大雄宝殿、观音阁、大遍觉堂、藏经楼、东西配殿等。大雄宝殿是寺庙的主殿，面阔五间，进深三间，殿内供奉三世佛，东西两侧为十八罗汉像。观音阁又称悯忠阁，阁内有唐及历代碑刻，十分珍贵。（图 5-4，图 5-5，图 5-6）

3. 独乐寺

独乐寺又称大佛寺，位于天津市蓟州区，是中国仅存的三大辽代寺院之一，相传始建于唐，后经辽统合二年（984 年）重建，现存辽代建筑尚有山门及观音阁二处。（图 5-7）

山门面阔三间，进深二间四椽，单檐四阿顶，建在石砌台基上。平面有中柱一列，如

宋《营造法式》所谓的“分心槽”式样。山门屋檐出挑深远，造型稳重。（图 5-8a）

观音阁位于山门以北，木结构阁楼，平面为“金厢斗底槽”，面阔五间，进深四间八椽。外观二层，有腰檐、平坐。内部三层（中间有一夹层）。屋顶用九脊殿式样。（图 5-8b，图 5-9，图 5-10）

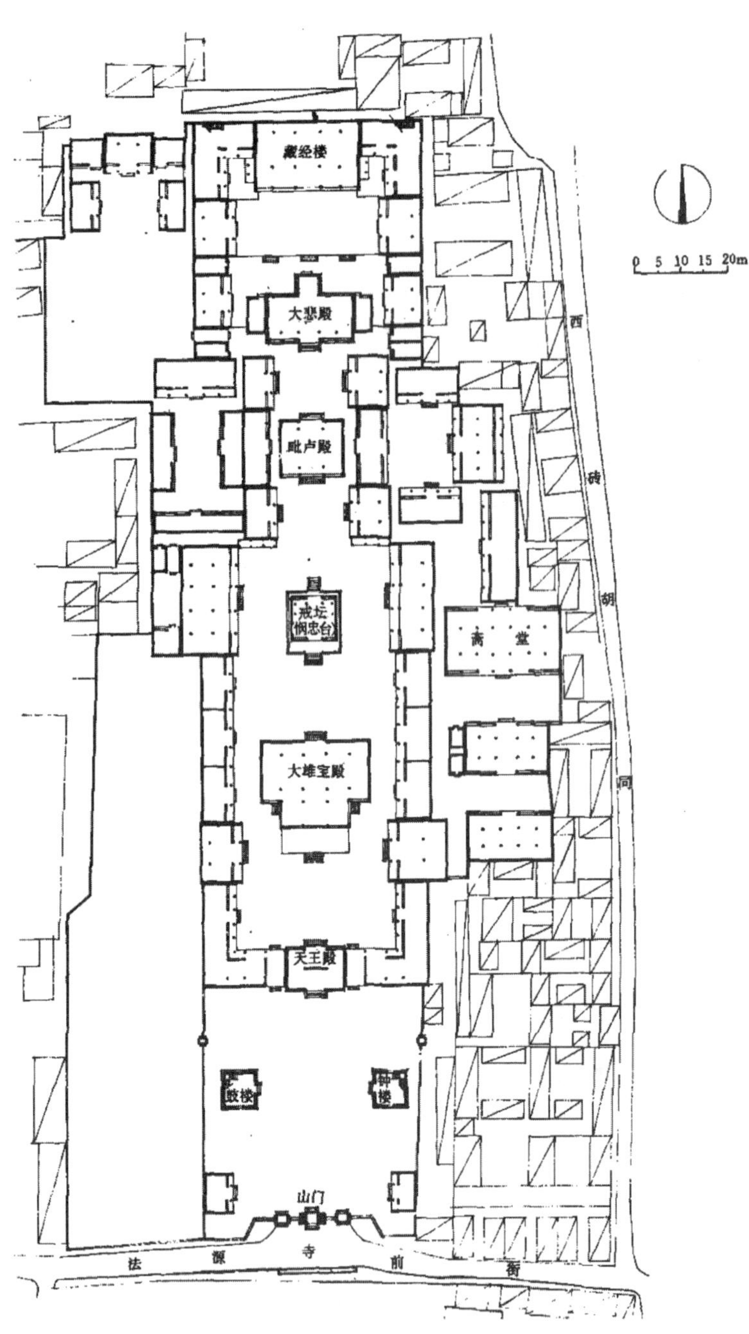

图 5-4 法源寺总平面
（引自：《宣南鸿雪图志》）

图 5-5 法源寺大雄宝殿

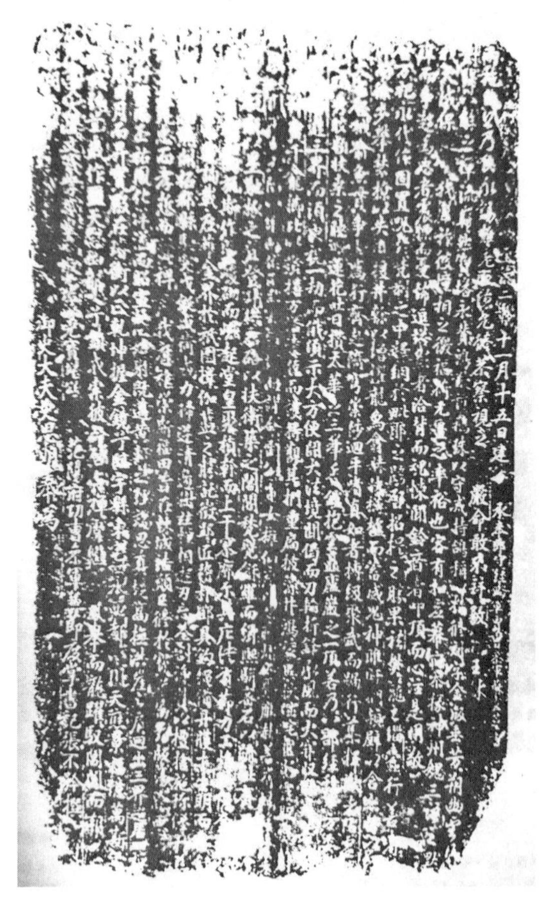

图 5-6 悯忠寺宝塔颂，唐至德二年（757 年）十一月十五日刻
（引自：《北京宣南寺庙文化通考・下》）

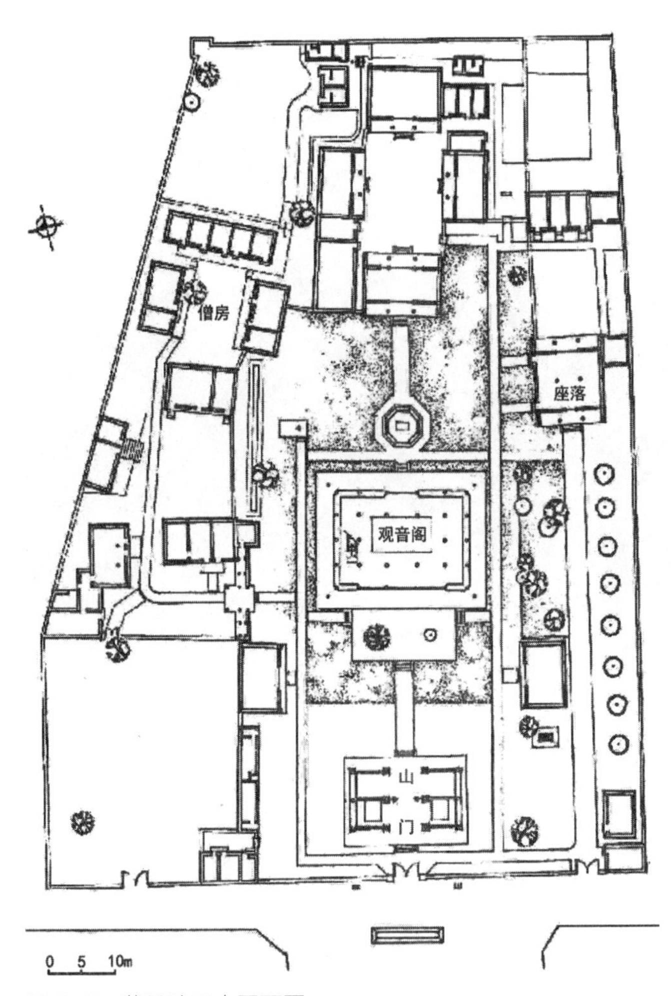

图 5-7　蓟县独乐寺平面图
（引自：《中国古代建筑史·第 3 卷·宋、辽、金、西夏建筑》）

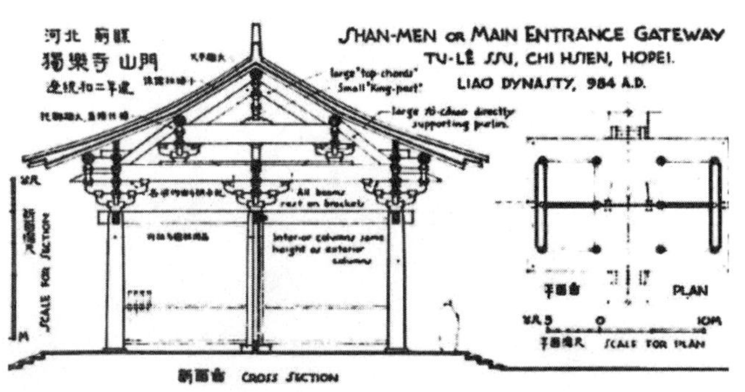

图 5-8a　独乐寺山门平剖面
（引自：梁思成《中国建筑史》）

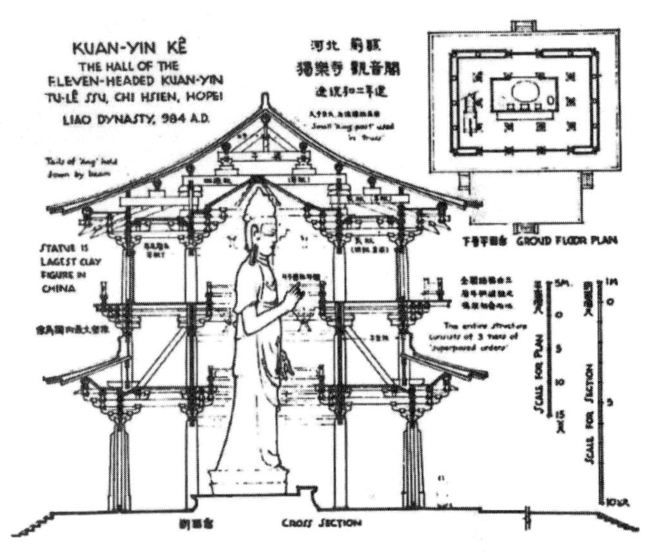

图 5-8b　独乐寺观音阁平剖面
（引自：梁思成《中国建筑史》）

图 5-9　独乐寺观音阁
（引自：《天津古代建筑》）

图 5-10　观音阁十一面观音像和独乐寺山门
（引自：《天津古代建筑》）

4. 隆兴寺

隆兴寺位于河北省正定县城，原名龙藏寺，始建于隋，北宋年间扩建，清初定名为隆兴寺，寺院大体还保留了北宋时期的风格。

寺院主要建筑沿南北轴线布置。山门内的大觉六师殿和钟鼓楼已毁，仅存遗址，以北是东西配殿和摩尼殿，殿后有慈氏阁、转轮藏殿、佛香阁，并有清代重建的戒坛和东西碑亭，最后是弥陀殿。全寺院落层层递进，空间气势恢宏。（图 5-11a、图 5-11b、图 5-11c、图 5-11d）

5. 承德外八庙

承德外八庙位于河北省承德市避暑山庄的东北部，始建于清康乾盛世，包括溥仁寺、普宁寺、普佑寺、安远庙、普乐寺、普陀宗乘庙、殊像寺、须弥福寿庙，俗称“外八庙”。（图 5-12，图 5-13，）

外八庙的建筑风格有藏式、蒙式、汉式，现以普陀宗乘庙为例。该庙位于避暑山庄北面，始建于清乾隆年间，总占地面积达 22 万 m^2，规模为“外八庙”之最，仿拉萨的布达拉宫，又称为“小布达拉宫”。（图 5-14，图 5-15）

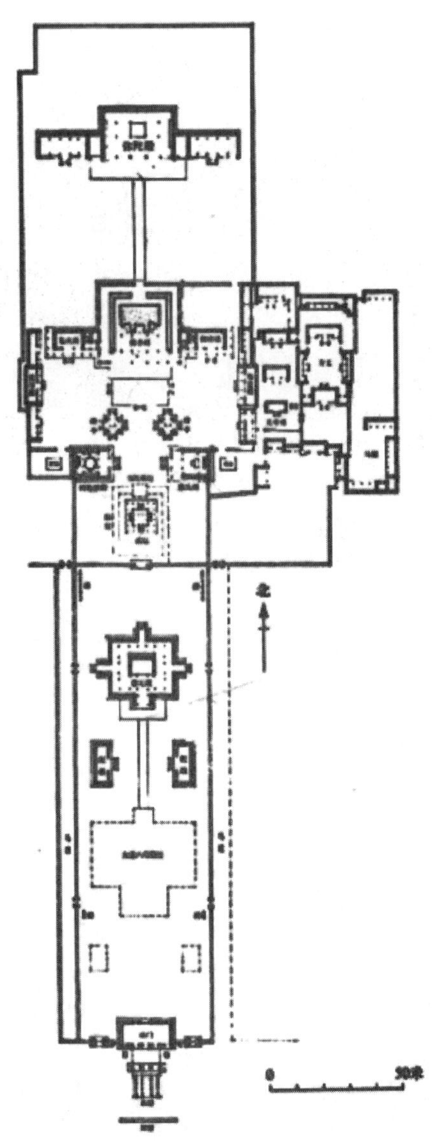
图 5-11a　隆兴寺平面（左）
（引自：《中国文物地图集》）

图 5-11b　隆兴寺大悲阁
（引自：《中国文物地图集》）

图 5-11c　天王殿山门

图 5-11d　隆兴寺摩尼殿
（王菲拍摄）

图 5-12　普宁寺全景
（引自：《中国文物地图集》）

图 5-13　普乐寺全景（左）及须弥福寿之庙全景（右）
（引自：《中国文物地图集》）

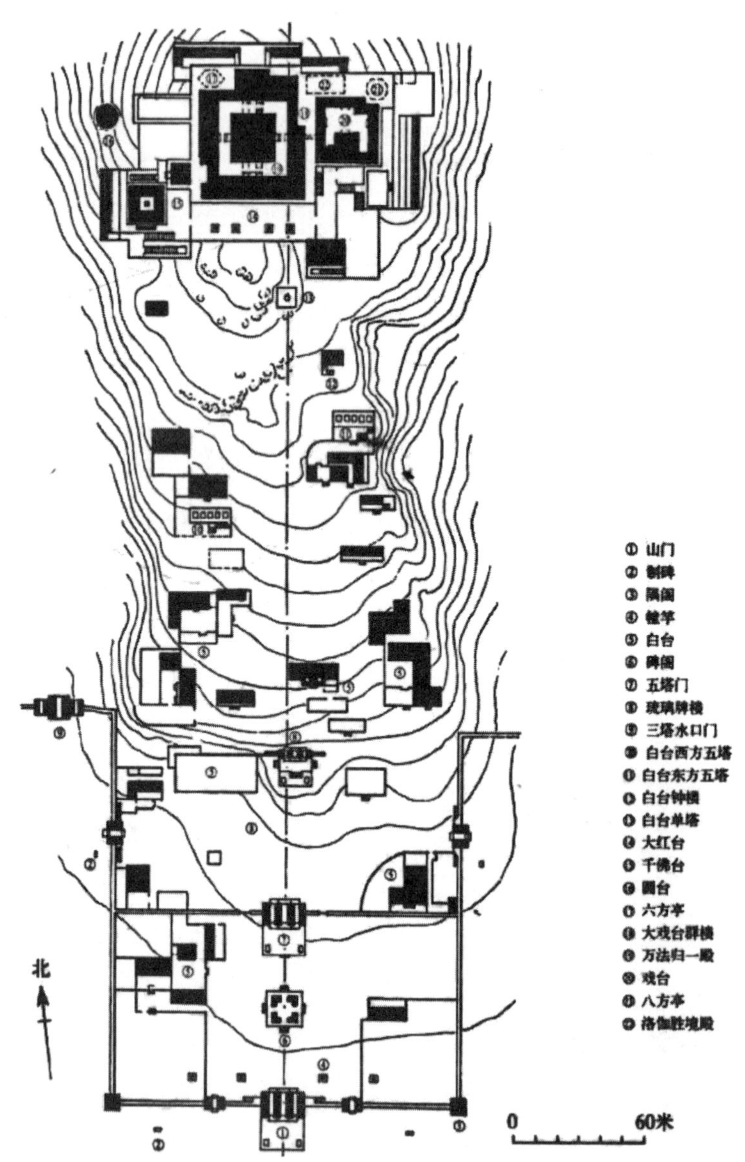

图 5-14　普陀宗乘之庙平面图
（引自：《中国文物地图集・河北分册・上》）

图 5-15　普陀宗乘之庙全景
（引自：《中国文物地图集·河北分册·上》）

二、佛塔

1. 下寺石塔

下寺石塔位于北京市房山区下寺村，始建于唐代，是北京现存最为古老的佛塔，造型优美，刻工细腻，保存完好。

该塔坐北朝南，为方形七层密檐式汉白玉石塔，通高 3.7m。塔基高 0.8m，边长 1.2m，汉白玉石基座；塔身高 1m，内部为空心方形佛龛，南面辟有券门，门内可见释迦牟尼坐像和左右佛家弟子，门外两侧刻有金刚力士浮雕；塔身上方为七层塔檐，叠涩收分而上，檐间线刻缠枝花纹，塔顶置宝珠塔刹。（图 5-16）

2. 天宁寺塔

天宁寺位于北京市西城区广安门外，始建于北魏，初称光林寺，元末毁于战火，明复建，称天宁寺。

天宁寺塔为辽代所建，是八角形仿木结构密檐式佛塔。塔通高 57.8m，共有 13 层，塔基为砖砌平台，塔身密檐收分，塔顶为八角形塔刹。整个佛塔构图稳重，线条流畅，是不可多得的艺术佳作。（图 5-17）

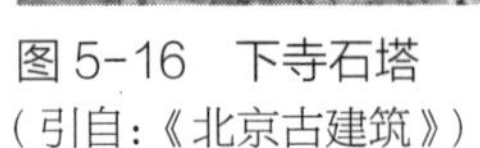

图 5-16　下寺石塔
（引自：《北京古建筑》）

图 5-17　天宁寺塔

3. 银山塔林

银山塔林位于北京市昌平区银山山麓。银山素以风景优美、寺多僧众而闻名天下。唐初建有佛严寺，金时又建大延圣寺，金大定年间，这里僧尼已达 500 余人。自唐高僧邓隐峰来此讲经说法之后，历代名僧接踵而至，该寺与江苏镇江金山寺齐名，谓“南金北银”。

现银山塔有辽金时期大塔 5 座，元、明、清时期小塔 10 余座。其中 5 座辽金塔颜色黄白相间，有八角、六角两种，全部为砖石密檐塔。银山塔林对研究我国北方地区佛教史和佛塔建筑，具有重要的历史价值。（图 5-18）

图 5-18　银山塔林
（摄于首都博物馆）

4. 开福寺舍利塔

开福寺舍利塔原名“释迦文舍利宝塔”，俗称“景州塔”，位于河北省景县旧城内，始建于北魏年间，后历代修缮，高度仅次于定州开元寺塔，为河北第二高塔。

该塔为砖砌密檐楼阁式塔，塔高 63.85m，共 13 层。塔下部为砖砌须弥座，以仰莲承托塔身；塔身由青砖砌成，呈八棱锥形，塔内为穿心式构造；塔顶饰有铜葫芦，下用铁网罩托。该塔有“古塔风涛”之美誉。（图 5-19，图 5-20a、图 5-20b）

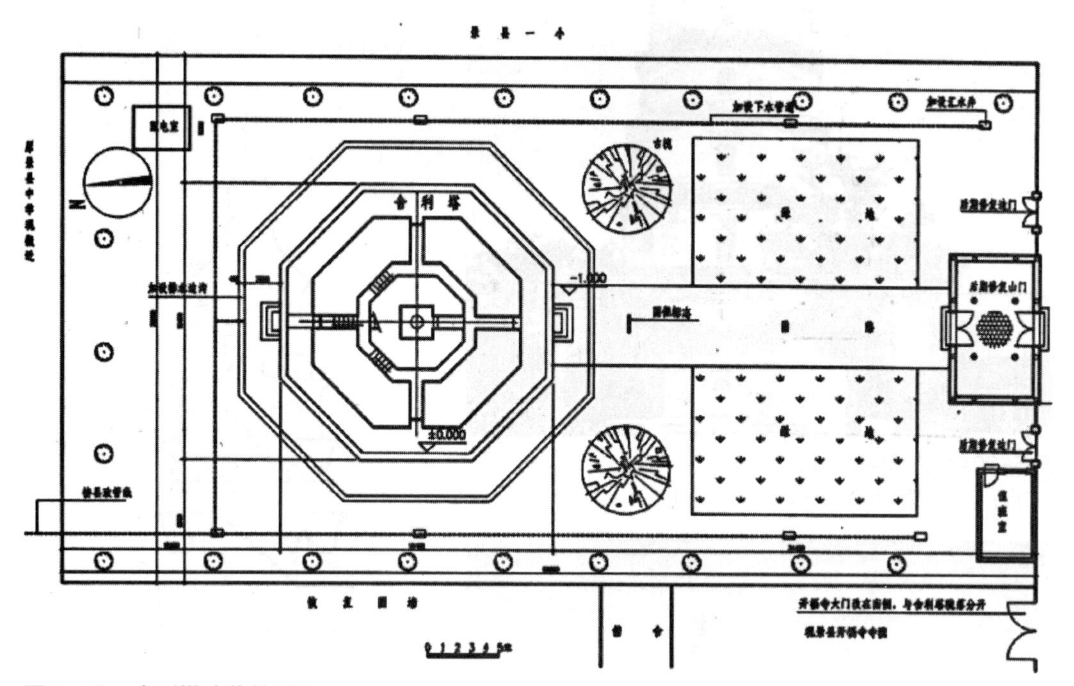

图 5-19　舍利塔院落总平面
（引自：《文物保护工程设计方案集》）

5. 开元寺塔

开元寺塔位于河北省定州市城内，始建于北宋咸平四年（1001 年）。宋朝为了防御契丹，利用此塔瞭望敌情，俗称“料敌塔”。

该塔为楼阁式砖塔，八角十一层，塔高 83.7m，是我国现存较高的古塔。塔底层高大，直径约 25m，施腰檐平坐；塔身高度和直径逐层递减，整塔外轮廓呈柔和弧线；塔顶雕饰忍冬草覆钵，上为铁制承露盘及青铜塔刹。全塔比例均匀，挺拔秀丽。（图 5-21a、图 5-21b）

图 5-20a　开福寺舍利塔
（引自：《中国文物地图集·河北分册·上》）

图 5-20b　修复中的开福寺舍利塔
（王菲拍摄）

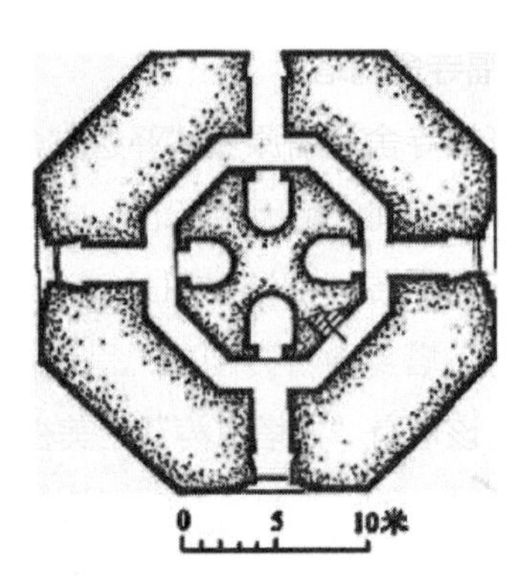

图 5-21a　料敌塔平面
（引自：《中国古代建筑史·第3卷》）

图 5-21b　料敌塔剖面
（引自：《中国文物地图集·河北分册·上》）

三、石窟

1. 云居寺石窟

云居寺石窟位于北京市房山区水头村白带山上，始建于隋代，后经历代修建，共有上、下石窟 9 处，如华严堂（雷音洞）等。

北周时期，朝廷“灭佛”，为了保护佛经，众僧开始了开凿石窟、刻写佛经的活动。隋灭北周，佛教重兴，隋僧静琬便到此刻经，后得到隋、唐两代朝廷资助，历经 30 余年，共刻有《涅槃经》《华严经》《金刚经》等多部，并开凿石窟用于藏经。贞观五年（639 年），静琬于白带山下创建云居寺。后历代僧侣继续刻经，共刻有佛经 1100 多种，15000 余石，所刻经石板藏于石窟洞内。第五窟华严堂是最早开凿的石窟，洞内四周壁面镶嵌经板，中央矗立四根八棱柱石，上雕佛像 1000 余尊。（图 5-22）

2. 响堂山石窟

响堂山石窟位于河北省邯郸市，始建于北齐，隋、唐、宋、元、明各代均有增凿，分为南北两部分，属全国重点文物保护单位。

北响堂石窟位于天宫峰西麓半山处，始凿于北齐天保年间，后在隋、唐、明代都进行过扩凿，其中最为著名的石窟是大佛洞。大佛洞又称大业洞，平面略成方形，进深 12m，宽 13m，高 12m，为居中方柱三壁三龛式布局，正中为释迦牟尼坐像，周边凿有列龛，造型生动，线条流畅，堪称南北响堂石窟雕刻艺术的杰作。（图 5-23，图 5-24a、图 5-24b、图 5-24c）

图 5-22　房山石经山雷音洞
（摄于：首都博物馆）

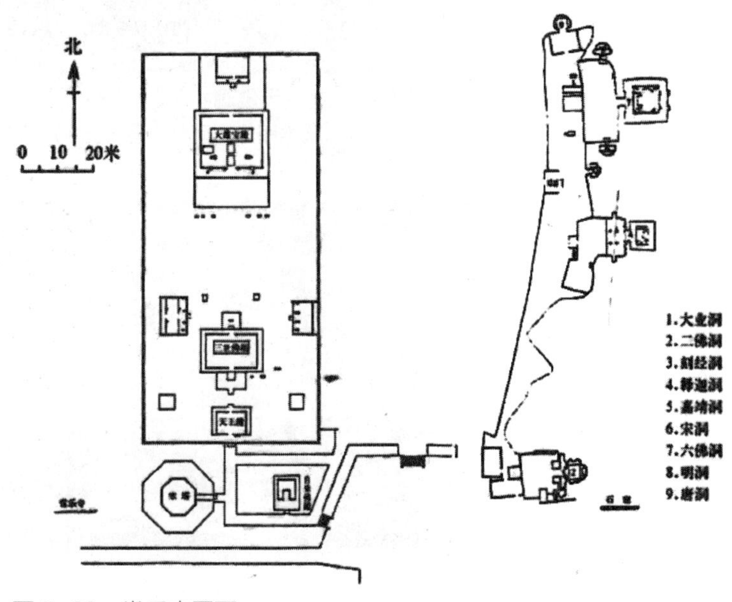

图 5-23　常乐寺平面
（引自：《中国文物地图集 · 河北分册 · 上》）

图 5-24a　北响堂石窟
（引自：《中国文物地图集・河北分册・上》）

图 5-24b　北响堂大佛洞
（引自：《中国文物地图集・河北分册・上》）

图 5-24c　北响堂释迦洞和刻经洞
（引自：《中国文物地图集・河北分册・上》）

南响堂石窟位于鼓山南端，北齐年间开始凿建，现存7座石窟，随山势营造，分为上下两层，其中以千佛寺最为壮观，洞内有石佛1000余尊，称“千佛洞”。（图5-25a、图5-25b、图5-25c）

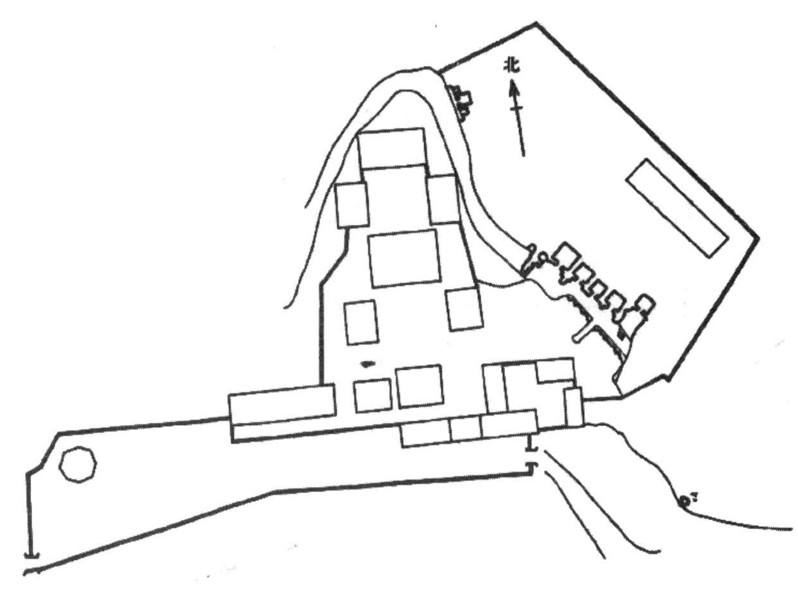

图5-25a　南响堂石窟平面示意图
（引自：《中国文物地图集·河北分册·上》）

图5-25b　南响堂石窟佛像
（引自：《中国文物地图集·河北分册·上》）

图5-25c　南响堂石窟飞天壁画
（引自：《中国文物地图集·河北分册·上》）

第二节 道教建筑

一、概述

道教建筑是用于祀拜、修道、传教的场所。汉时称“治”，唐宋以后，规模大者称宫或观，小者民间道教建筑称庙。

唐宋两代，道教兴盛。据《旧唐书·高宗本纪》载，乾封元年（666 年）尊老子为太上玄元皇帝，下诏各州设一观一寺。据《唐六典·祠部》统计，当时全国道观达 1687 处。至宋代，仍存唐道观 8000 余间。明中叶以后，官方对道教建筑资助减少，民间集资兴建者仍多。

京津冀地区道教建筑发展的高潮期为唐宋至金元时期。

二、实例

1. 白云观

白云观位于北京市西城区西便门外，相传建于唐开元年间，金元时期香火鼎盛，是中国北方地区最大的道观建筑，也是道教全真派的第一丛林、龙门派的祖庭。现白云观为清时重建。

白云观建筑布局分为三路，附带后院。中路建筑为山门、灵官殿、玉皇殿、老律堂、邱祖殿、三清阁；东路有南极殿、斗姥阁、罗公塔；西路有吕祖殿、八仙殿、元君殿、无辰殿、祠堂院，祠堂院石壁上嵌有元代著名书法家赵孟頫所书的《道德经》石刻，为难得的佳品；白云观后院为云集院，又名小蓬莱，清新幽静。（图 5–26，图 5–27a、图 5–27b）

2. 东岳庙

东岳庙位于北京市朝阳门外大街，始建于元延祐六年（1319 年），因主祀泰山东岳帝得赐名，称东岳仁圣宫，占地约百亩，有殿宇 600 余间，是京东著名的大庙。东岳庙虽为道观，但所祀对象多与老百姓日常生活相关，自建庙起，历经 700 余年，香火旺盛。

东岳庙由三路多进跨院组成。中路轴线上的建筑有山门、戟门、岱宗宝殿、育德殿、玉皇殿，两侧配有庑殿、太子殿、阜财殿等。庙东跨院有江东殿、娘娘殿，庙西跨院有祠堂、玉皇阁、三宝殿、药王殿、显化殿、马王殿等。（图 5–28，图 5–29a、图 5–29b、图 5–29c）

3. 天后宫

天后宫位于天津市南开区古文化街，俗称“娘娘宫”，始建于元泰定三年（1326 年），明清两代多次重修，是天津现存最古老的建筑之一。

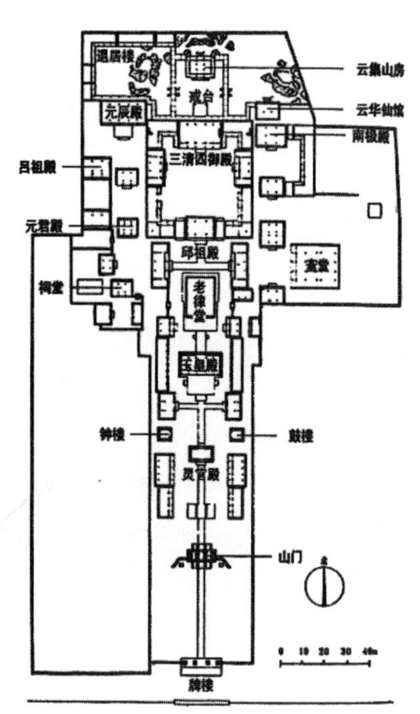

图 5-26　白云观总平面图
（引自：《傅熹年建筑史论文集》）

图 5-27a　白云观山门

图 5-27b　白云观老律堂

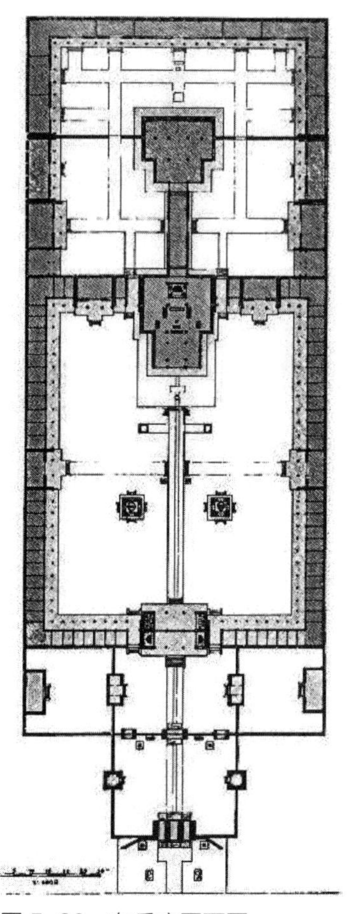

图 5-28　东岳庙平面图
（引自：《CHINA · I.BAND》）

图 5-29a　东岳庙瞻岱门

图 5-29b　岱岳殿

图 5-29c　东岳庙鼓楼

天后宫坐西朝东，面向海河，主要建筑包括戏楼、山门、牌坊、前殿、大殿、藏经阁、启圣祠以及钟鼓楼、配殿等。其中大殿建造在高大的台基之上，中间面阔三间，进深三间，七檩单檐庑殿顶，前接卷棚顶抱厦，后连悬山顶凤尾殿，反映了明代中晚期木结构建筑风格。（图 5-30a、图 5-30b、图 5-30c）

图 5-30a　天后宫牌楼

图 5-30b　天后宫正殿

图 5-30c　天后宫戏楼和前殿

4. 北岳庙

北岳庙位于河北省保定市曲阳县，始建于北魏年间，唐代有所增建，北宋时被焚毁后重修，元、明两代多次重修。

北岳庙坐北朝南，院落式布局，其中德宁之殿是建筑群的主体建筑，面阔九间，进深六间，重檐庑殿顶，四面出廊，位于石砌的台阶上，雄伟壮观，其内部的《天宫图》《云行雨施》《万国显宁》三幅巨型壁画更是工艺精湛，堪称元代上乘之作。（图 5-31a、图 5-31b）

5. 玉皇阁

玉皇阁位于河北省张家口市蔚县，始建于明洪武十年（1377 年），明、清、民国时期多次修缮，因其还有城防作用，又叫“靖边楼”。

玉皇阁坐北向南，分上、下两院。下院的建筑有天王殿和东、西配殿等，硬山式建筑。上院的建筑有玉皇阁大殿、钟鼓楼。玉皇阁大殿为二层楼阁，底层四周有回廊，三重檐歇山顶，铺有琉璃瓦；钟楼和鼓楼位于玉皇阁前院内两侧，歇山式二层楼阁。（图 5-32a、图 5-32b）

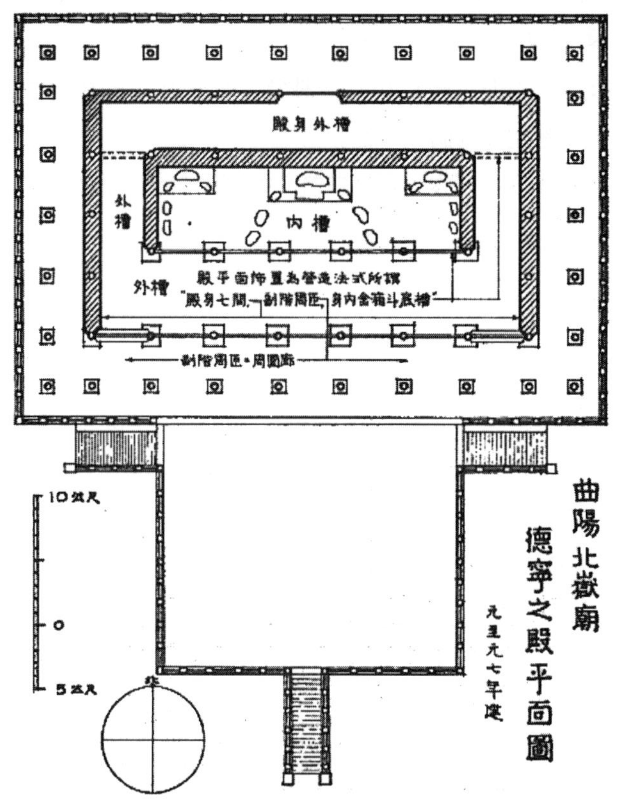

图 5-31a　北岳庙德宁之殿平面
（引自：《中国古建筑图典・第一卷》）

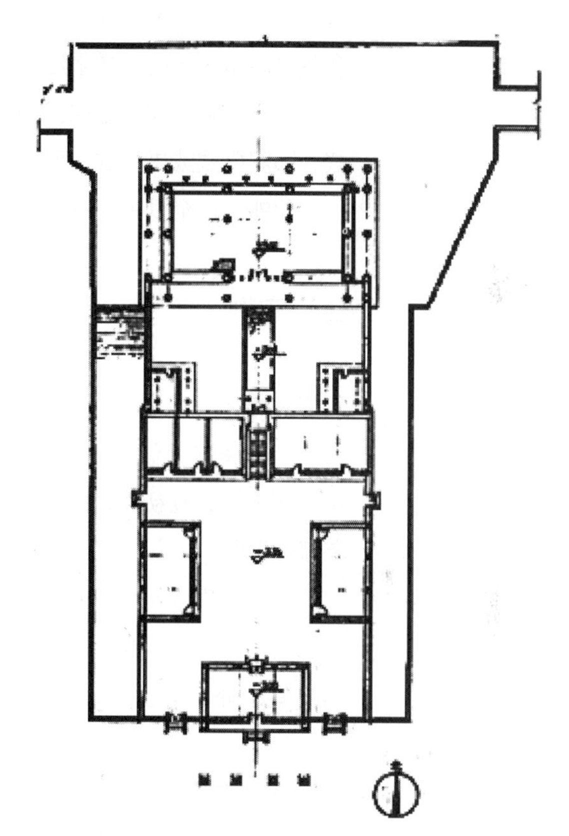

图 5-32a　蔚县玉皇阁总平面
（引自：《山西园林古建筑》）

图 5-31b　北岳庙德宁殿
（引自：《中国文物地图集・河北分册・上》）

图 5-32b　玉皇阁
（引自：《河北文化遗产》）

第三节　其他宗教建筑

一、概述

在中国，伊斯兰教清真寺的建筑形制大致有两种：一是以木结构为主，四合院布局，具有中国传统建筑风格的清真寺；二是以砖石结构为主，伊斯兰建筑风格，适当结合地方特色。前者以中原地区为多，后者主要分布在新疆及东南沿海等地。目前，中国的清真寺多数为明清时期创建或重建的，京津冀地区的情况也大致如此。

中国的西方教堂主要也有两种形式，即天主教堂和基督教堂，教堂建筑的风格为欧式，即罗马式或哥特式。现京津冀地区的教堂多为清代所建。

此外，辽金以来，京津冀地区还有一些少数民族的宗教建筑，如清代在京所建的堂子。

二、实例

1. 牛街清真寺

牛街清真寺位于北京市西城区牛街，始建于辽代，是北京现存最为古老的著名清真寺。据传说，辽初回族人来到南京，住在榴街，他们信奉伊斯兰教，吃牛羊肉，后当地人谐音叫牛街。

牛街清真寺坐西朝东，礼拜时面向西方麦加圣地。全寺轴线式布局，主要建筑有礼拜殿、邦克楼、望月楼、碑亭、入口牌楼等。其中礼拜殿为全寺的中心，三跨殿顶相连，可容纳千人同时做礼拜。（图 5-33，图 5-34a、图 5-34b、图 5-34c）

2. 西什库教堂

西什库教堂又称北堂，位于北京市西城区西什库大街，清康熙四十二年（1703 年）开堂，后经多次拆建改建，至清末建成，是北京最大的一座天主教堂。

教堂为哥特式建筑，坐北朝南，高 31m，顶部由 11 座挺拔秀丽的尖塔组成。教堂内有 36 根明柱和数十组尖形拱肋，正面为传教主台，大堂后有一座可供数百人活动的唱经楼，1985 年政府拨款修缮，并于同年对外开放。（图 5-35）

3. 望海楼教堂

望海楼教堂位于天津市河北区狮子林大街，始建于清同治八年（1869 年），现教堂为清光绪三十年（1904 年）重建，是天主教传入天津后建造的第一座大教堂。

该教堂坐北朝南，巴西利卡式建筑平面，砖木结构，青砖墙面，青瓦屋顶。教堂内部并列两排立柱，为三通廊式，内窗券作尖顶拱形，窗面由五彩玻璃组成几何图案，地面砌瓷质花砖，装饰华丽。（图 5-36，图 5-37a、图 5-37b）

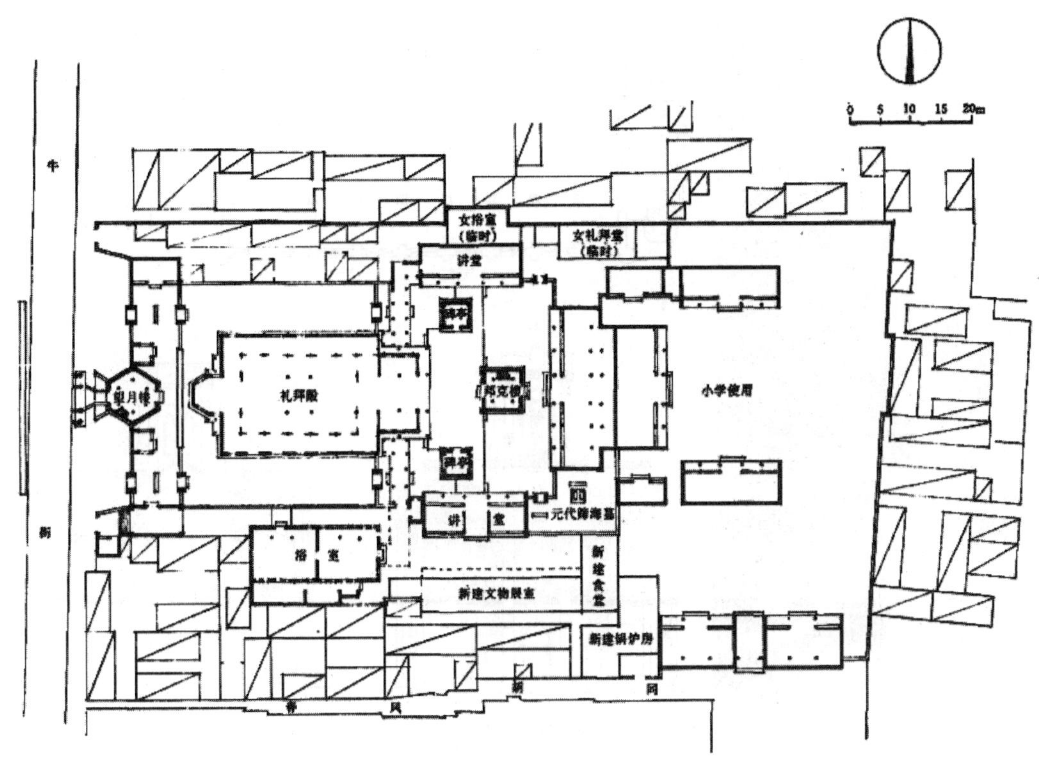

图 5-33　牛街清真寺总平面
（引自：《宣南鸿雪图志》）

图 5-34a　清真寺正门

图 5-34b　清真寺大殿前院

图 5-34c　清真寺邦克楼

图 5-35　西什库教堂

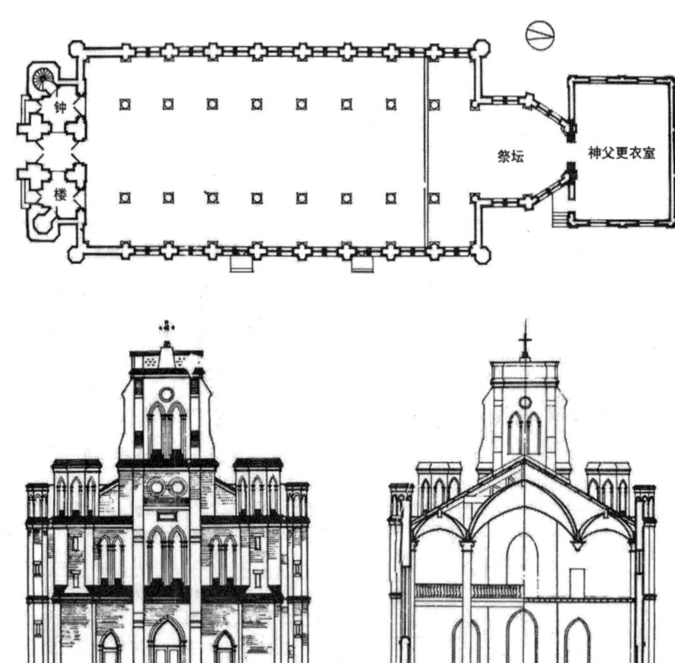

图 5-36　望海楼教堂平面、正立面、剖面
（引自：《天津近代建筑》）

图 5-37a　望海楼教堂现状
（廖苗苗、刘岩、李凯茜拍摄）

图 5-37b　教堂细部
（廖苗苗、刘岩、李凯茜拍摄）

4. 保定天主教堂

保定天主教堂位于河北省保定市裕华路，建于清光绪二十七年（1901 年），清宣统三年（1910 年）扩建，至今保存较为完好。

教堂坐北朝南，平面呈长方形，高约 20m，正面有两座高耸的塔楼，拱券形窗，青砖饰面，整体建筑立面凹凸变化，典型的罗马式建筑风格。教堂内并列两排高大圆柱，柱子上方为尖形拱顶，左右对称，内部装饰华美。（图 5-38a、图 5-38b、图 5-38c）

图 5-38a　保定天主教堂现状
（廖苗苗、刘岩、李凯茜拍摄）

图 5-38b　教堂入口与侧窗

图 5-38c　保定天主教堂内景
（廖苗苗、刘岩、李凯茜拍摄）

图 5-39　堂子旧影
（熊炜提供）

5. 堂子

堂子位于北京市东城区长安街与台基厂交汇口，始建于顺治元年（1644 年），为满族特有的寺庙，是皇室祀满族诸神及如来、观音、关帝的场所。

据史料记载，堂子内主要建筑有飨殿、圆殿。飨殿位于堂子北端，春秋大祀及浴佛节时，王公贵族纷纷来此朝拜。圆殿位于堂子正中，内有如来、观音、关帝像，皇帝诸王于正月初一在此参拜，圆殿正南杆座 73 个，中央是帝后杆座，左右两翼依爵位排座，春秋大祀在此举行拜天仪式。（图 5-39）

第六章 居住建筑

第一节 王府
第二节 会馆
第三节 传统民居

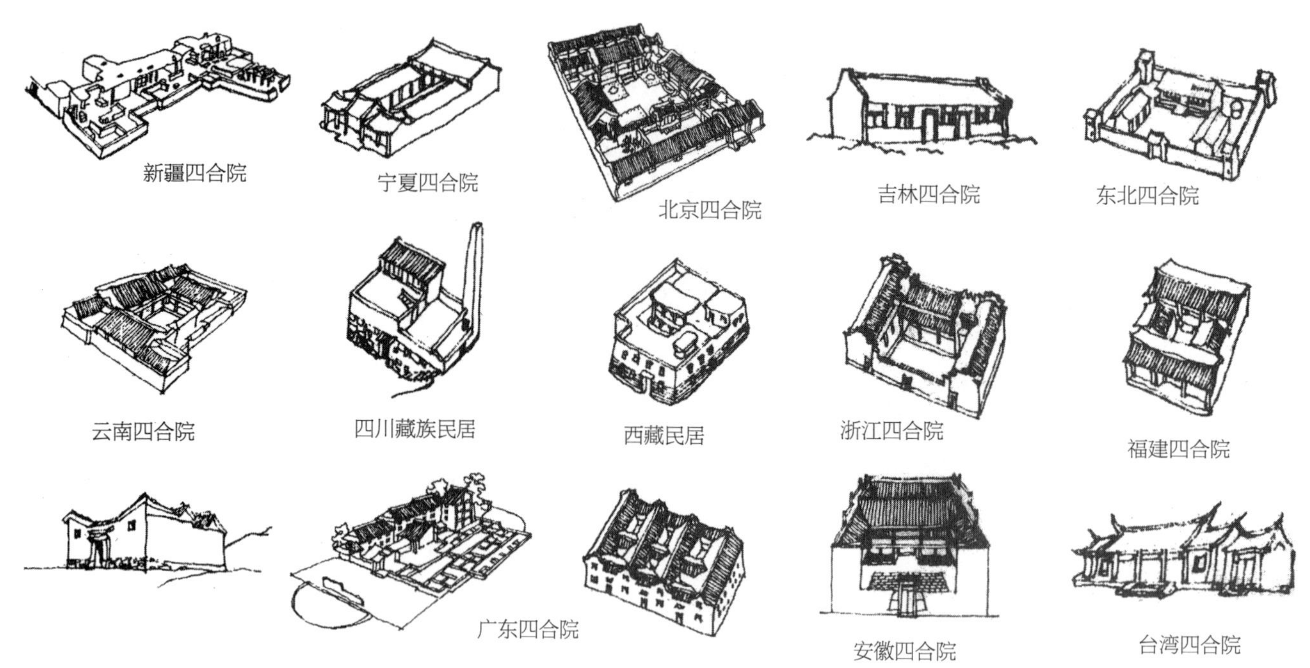

图 6-1　明清中国各地区四合院住宅
（引自：《北京四合院人居环境》）

居住建筑泛指以住宅为主体的建筑类型。京津冀地区居住建筑拥有 70 万年历史，早在旧石器时期，北京人就居住在北京周口店龙骨山山洞内；新石器时期，人们多采用半穴居的居住形式，包括已发现的河北磁山文化、北京上宅文化的建筑遗址。现该地区传统居住建筑多为明、清所建，明以前的居住建筑可通过考古、文字、绘画了解。

中国幅员辽阔，民族众多，各地居住建筑形式因地制宜，诸如江浙民居、福建土楼、西北窑洞等，其中最主要的居住形式是四合院。京津冀的情况也大致如此。由于地处华北，为了抵御严寒，该地区四合院的墙体和屋顶较为厚重，同时为了获得充足的日照，院落较为宽敞。（图 6-1）

从建筑的使用属性上看，京津冀地区传统的居住建筑可分为王府、会馆和民居三大类，前两者属于居住兼办公性质的建筑，后者为住宅。

第一节　王府

一、概述

北京的王府源于元代，据《析津志》载：“文明门，即哈达门，哈达门大王府在门内，因名之。”明初，明太祖朱元璋封其子朱棣为燕王，建燕王府，地点位于今中南海。清入关后，统治者吸取历代封藩的教训，只封爵而不赐土，把诸王留在京城内，赐建府邸，形成了清代王府汇聚于北京的局面。

清初北京的王府主要集中在东城，许多王府利用明代旧的府邸。据《天咫偶闻》记载："内城诸宅，多明代勋亲之所。"清代中后期王府多集中在西城，西城前三海常有皇室活动，又有许多八旗贵族学校，诸王在西四北和什刹海地区建造了许多王府。

按清制：亲王、郡王的居住建筑称为"王府"，贝勒、贝子、公、将军等贵族住宅只能称府。亲王府规模最大，郡王府次之，其他府邸按等级依次递减。

王府有"潜龙邸"和一般王府之分。按规定，一旦王府有王子登基即位为皇，此府就称"潜龙邸"，应将该府改为寺庙、御苑等，如北京的雍和宫和圆明园。

顺治九年(1652 年)，清廷公布条例，对王府的规格、布局、建筑、装饰、色彩、尺度等方面进行了详细的规定，后被严格效法。在使用方面，居住者一旦被撤销王位，就要相应撤府，以备将来再分配给他人使用。(图 6-2)

目前，京津冀地区现存清代王府建筑主要集中在北京，也有个别王府在其他区域。

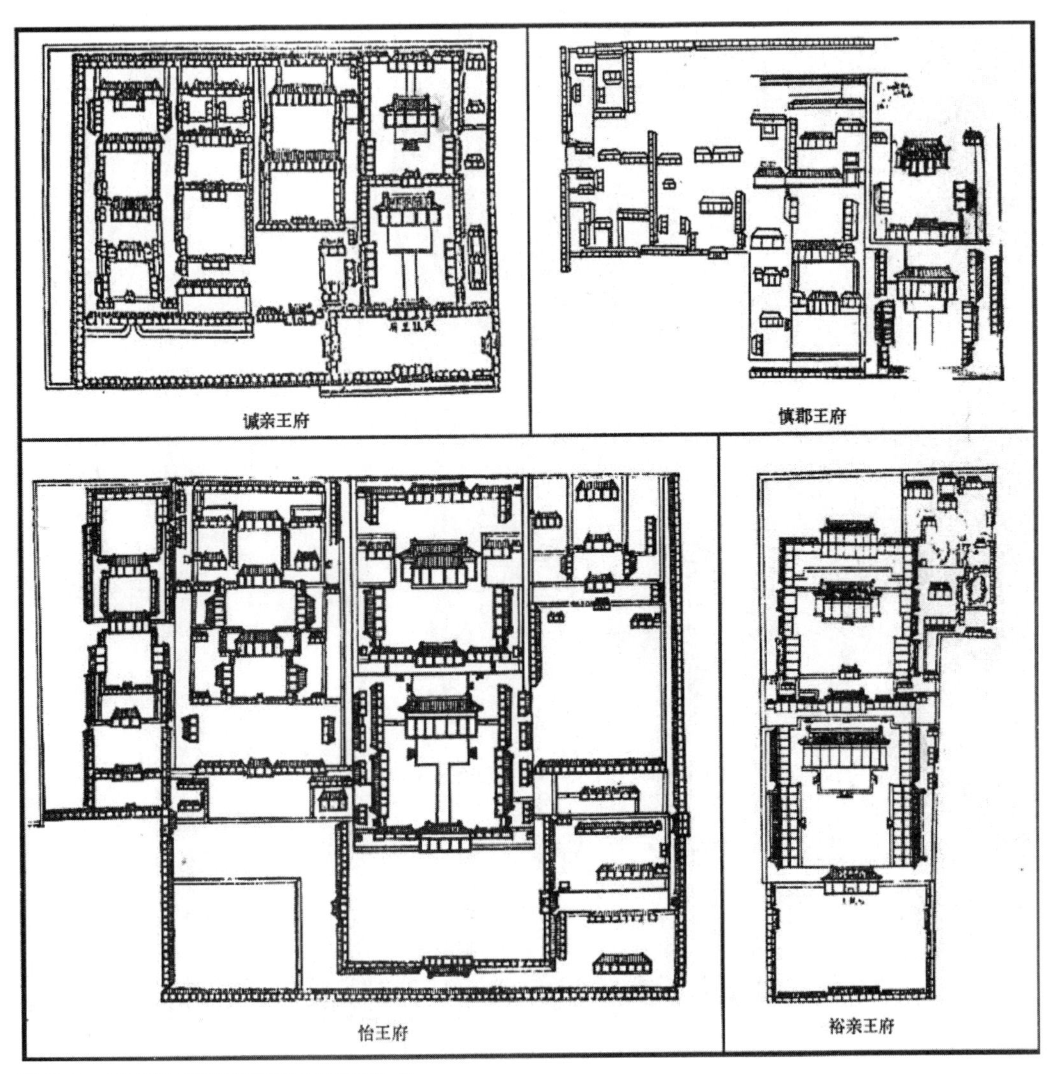

图 6-2　不同等级王府总平面布局形式
(引自：《北京民居》)

二、实例

1. 恭王府

恭王府位于北京市西城区前海西沿，由府邸和花园两部分组成，总占地面积 6 万 m^2，原为恭亲王奕䜣的府园，是北京城内现存规模最大的一座清代王府。

恭王府的建筑分为中、东、西三路。中路建筑按规制营建，为五进院落，东西路也由多进四合院组成，北部环抱着长达 160m 的通脊二层后罩楼；楼后为花园部分，名称萃锦园，园中叠山置水，种花植木，建有多处景点，亭台楼阁与山水相融，集于一园之中。（图 6-3，图 6-4a、图 6-4b、图 6-4c、图 6-4d）

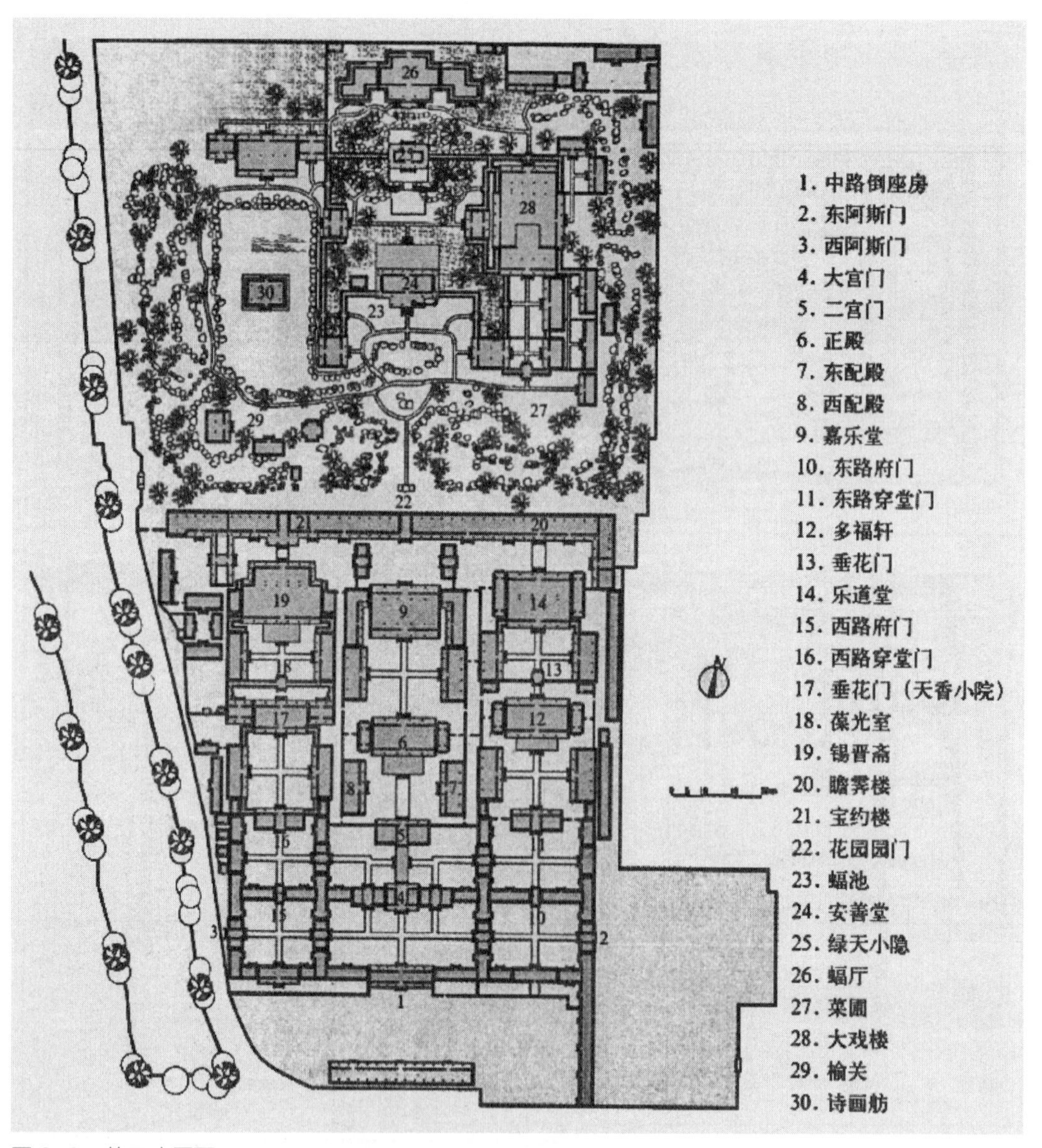

图 6-3　恭王府平面
（引自：《北京民居》）

图 6-4a　恭王府大门

图 6-4b　恭王府正殿

图 6-4c　恭王府后殿

图 6-4d　恭王府后罩楼

2. 醇亲王府

醇亲王府位于北京西城区后海北沿，又称摄政王府，始建于光绪年间。该府规模宏大，造价昂贵，为北京著名王府之一。

府分三路，中路按清制营造，从南至北依次为大门、狮子院、宫门、银安殿、后宫门、后殿、后罩楼，两侧置配楼、配殿、配房等建筑。西路为生活区，为多进四合院，其中前院原为载沣的大书房，后部为居住院落。东路南部为马号，不在府垣之内，北部为两进四合院。王府的西部为府园，前湖后山，细水环绕，山上建有观景厅，另有亭台楼阁、廊榭轩馆置于园中，新中国成立以后，宋庆龄先生居于此处，现王府部分为国家机关所使用。（图 6-5，图 6-6）

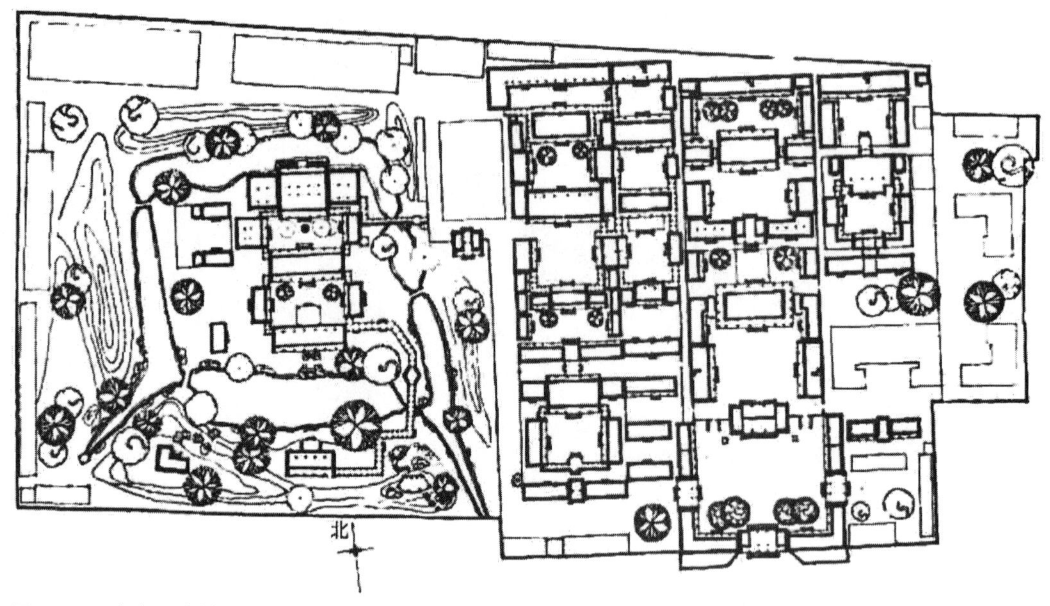

图 6-5　醇亲王府总平面图
（引自：《北京王府建筑》）

图 6-6　醇亲王府花园
（引自：《北京建筑史》）

3. 天津庄王府

庄王府位于天津市南开区白堤路，原为清代庄亲王的府邸，旧址位于北京市西城区平安里。清末民初，军阀李纯买下庄王府，并将它全部搬迁到天津重组，历时 10 年落成，而其功能也由宅院变为了祠堂，后又多次变更用途。

庄王府坐北朝南，院落式布局，轴线上由南向北依次有花园、祠堂、正殿、后殿，后院，规模宏大，布局严谨。（图 6-7a、图 6-7b）

图 6-7a　庄王府影壁和原大门

图 6-7b　庄王府建筑现状

第二节　会馆

一、概述

明永乐年间，安徽人在北京创建了芜湖会馆，后北京会馆逐渐发展起来。明时北京内外城均有会馆，到了清代，由于政府实施“满汉分居”政策，会馆全部被迫迁到外城，并大量集中在宣南地区。会馆起初是同乡、仕宦、公卿聚会的场所，后在政治、经济、文化等社会因素的影响下，大体衍生出同乡会馆、商业会馆、文人试馆三种类型。

同乡会馆是为各地客居北京的同乡人而建造的。据《帝京景物略》记载：明代“内城馆者，绅为主”。由此可见，当时同乡会馆多建在内城。同乡会馆的用途主要是为外省官员入京提供住宿，供同乡士绅联谊，为上任新官暂居之用。清代，全国各省及发达地区的府、州、县均在京设立会馆，会馆所需经费由同乡集资或个人捐赠，属同乡公产。

商业会馆是为各地商人在京聚集、联谊同乡京官所建。商业会馆功能有三：一是供奉行业的始祖，祈求福禄平安；二是同乡联谊，为商贸活动疏通关系；三是行会管理，商业行会为外省进京商人提供食宿，调解同行纠纷。清光绪年间，清京师商务总会成立，各行会归政府统一管理，此后北京商业会馆数量逐渐减少。

文人试馆是为各地举子赴京赶考住宿而修建的，其用途以住宿为主，兼有同乡聚会、备考学习之用。明清时期，会馆服务于科举蔚然成风，各地官员希望同乡子弟登科入朝，以壮大地方势力，并提供资金资助，有些会馆甚至允许落榜者留京备考，以便三年后东山再起。清末，科举制度废除，文人试馆逐渐萧条，但仍有一批文人学子在此集会、居住。(图6-8)

图6-8　北京各式会馆建筑
(引自：《北京民居》)

会馆是以居住为主，兼有其他用途的建筑，具有综合性和多功能性。明中后期，中国部分地区相继开设了商业会馆，现仅就北京、天津几所著名的会馆建筑简述如下。

二、实例

1. 安徽会馆

安徽会馆位于北京市西城区后孙公园胡同，是现存清代规模最大、形制最为规范的会馆。

安徽会馆为中、东、西三路多进院落，各路建筑以夹道相隔，北部为一座大型园林。中路主体建筑为文聚堂和戏楼，东路为乡贤祠，西路为居住用房。其中戏楼是中路规模最大的建筑，坐北朝南，面阔五间，双卷勾连搭悬山顶，现保存完好。（图 6-9a、图 6-9b，图 6-10）

2. 湖广会馆

湖广会馆位于北京西城区虎坊路，原为明代张居正宅邸，清嘉庆十二年（1807 年）改为湖广会馆，道光十年（1830 年）修建大戏楼，是近代名人荟萃之地。

湖广会馆平面为三路多进院布局，会馆中路南为馆门、戏楼，中部为文昌阁，北部有宝善堂及假山花园；会馆东路有两进院，南院为现湖广会馆入口；西路北部建有楚畹堂。大戏楼是馆内最宏伟的建筑，戏楼面阔五间，进深九间，戏台位于南部，抬梁式木构架建筑，双卷重檐悬山顶，规制严谨，气势宏大。（图 6-11，图 6-12a、图 6-12b、图 6-12c）

图 6-9a　安徽会馆入口现状一角

图 6-9b　安徽会馆戏楼一角

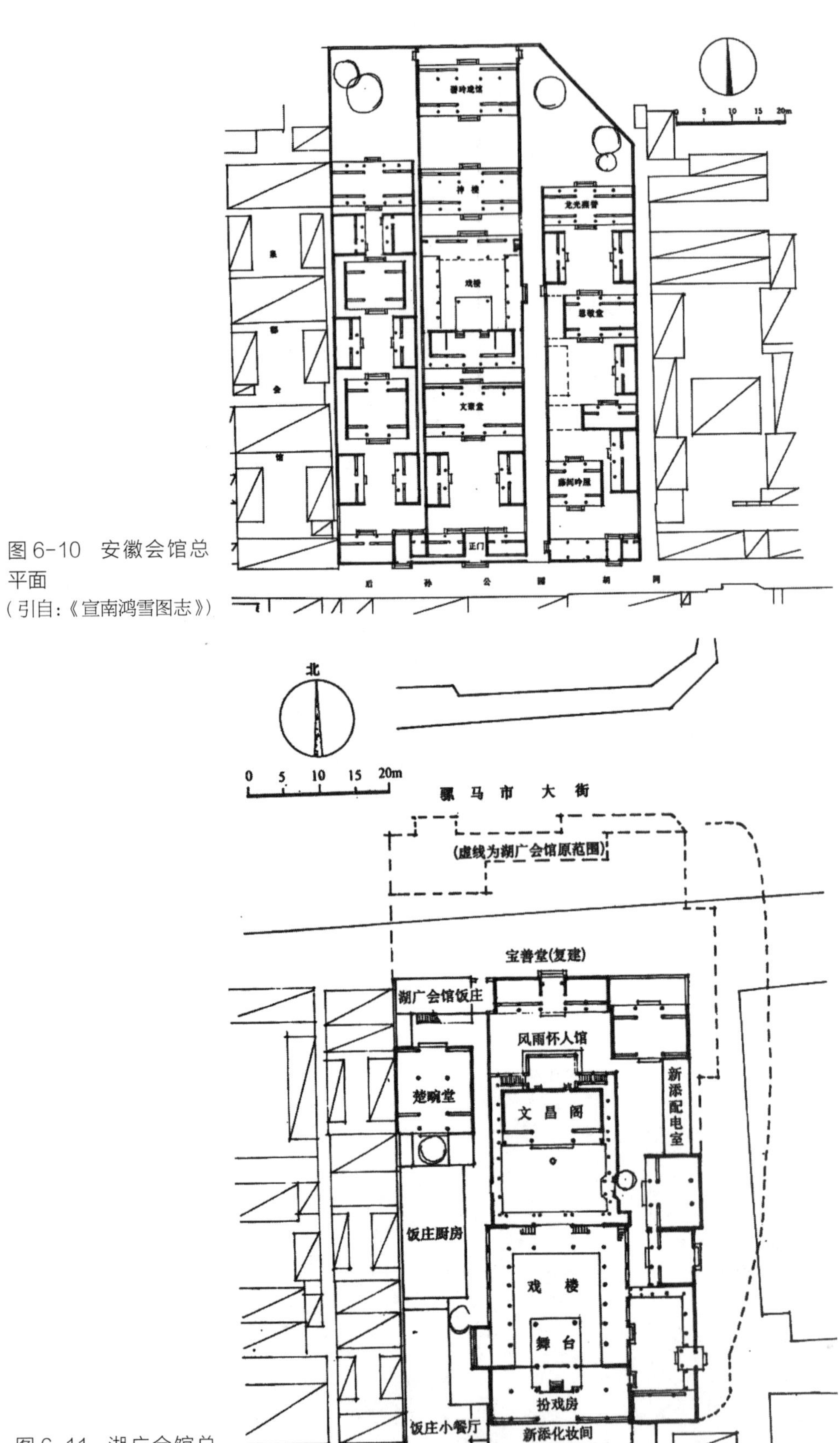

图 6-10　安徽会馆总平面
（引自：《宣南鸿雪图志》）

图 6-11　湖广会馆总平面
（引自：《宣南鸿雪图志》）

图 6-12a　湖广会馆入口

图 6-12b　湖广会馆戏楼内景

图 6-12c　湖广会馆文昌阁

3. 天津广东会馆

天津广东会馆位于天津市南开区，始建于光绪三十三年（1907 年），是天津规模最大、保存最完整的清代会馆建筑。

广东会馆平面呈长方形，南部为四合院部分，北部为戏楼部分，东西两侧设甬道，并设有东、西便门。会馆轴线上的建筑由南向北依次是照壁、广场、大门、庭院、正房、天井和戏楼。其中，正房宽敞明亮，彩绘丰富，两侧为东、西配房；戏楼是会馆的主要建筑，为一座二层楼庭院式建筑，包括南房、北房、东西厢房，南房为后台和舞台部分，北房和东西厢房为观演区域。（图 6-13，图 6-14a、图 6-14b、图 6-14c、图 6-14d、图 6-14e）

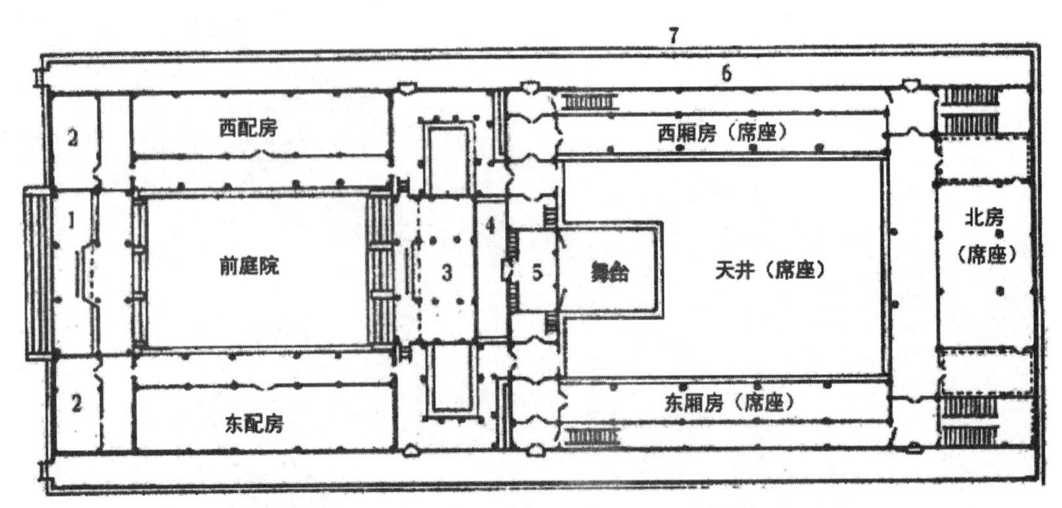

1. 门厅　2. 耳房　3. 正房　4. 天井　5. 南房（后台）　6. 前边　7. 青砖院墙

图 6-13　广东会馆平面
（引自：《商业会馆建筑装饰艺术研究》）

图 6-14a　广东会馆大门
（廖苗苗、刘岩、李凯茜拍摄）

图 6-14b　广东会馆正房
（廖苗苗、刘岩、李凯茜拍摄）

图 6-14c　广东会馆西配房和东配房
（廖苗苗、刘岩、李凯茜拍摄）

图 6-14d　广东会馆天井和回廊
（廖苗苗、刘岩、李凯茜拍摄）

图 6-14e　广东会馆戏楼舞台
（廖苗苗、刘岩、李凯茜拍摄）

第三节　传统民居

一、概述

京津冀民居历史源远流长。早在新石器时代，先民们就在华北地区农耕游牧，半穴居是当时主要的居住形式；商周之际，燕、赵等国营建王城，城郭内建有较大的居民区；此后经历秦、汉、唐、宋、金、元等朝代，城市居住体系日趋完善，村镇的住宅形态也逐渐定型。明清时期，京津冀民居有窑洞、包帐、四合院等多种形式，其中四合院是人们采用最为普遍的住宅形式，而明清北京四合院是中国四合院最为典范的代表，被誉为中国民居明珠，世界文化遗产中的宝贵财富。（图 6-15a、图 6-15b）

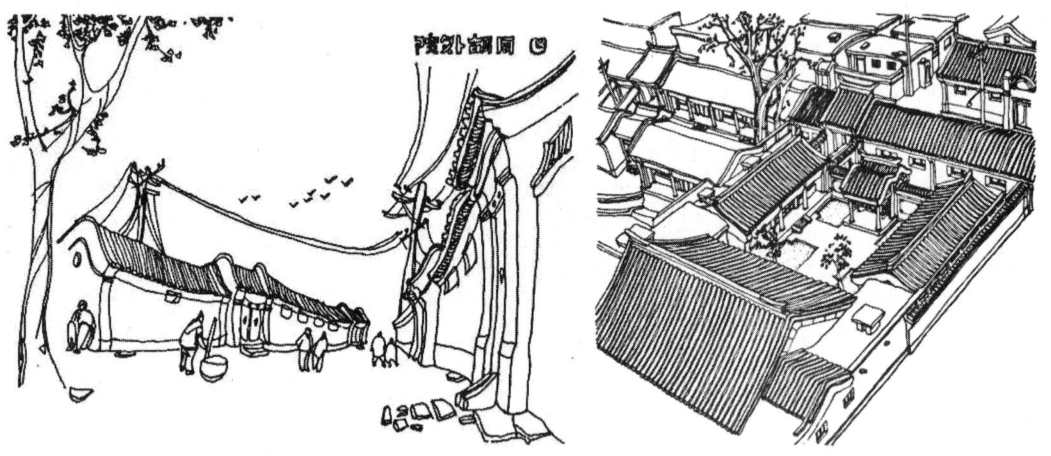

图 6-15a　北京的胡同

图 6-15b　北京四合院

按空间规模划分，京津冀四合院有多种类型。小型住宅为一进院、两进院。以两进院为例，大门一般位于东南或正南，分内外院，外院南部为倒座，正北立二门或过厅，内院北部是正房，东西两侧设厢房。中型住宅朝纵深方向发展，有三进、四进、五进院。大型住宅朝横向发展，有两路多进、三路多进院等类型。住宅房屋多采用抬梁式木构架结构，屋顶形式有硬山、卷棚、平顶式，墙体用砖石或夯土砌筑。这种住宅的优势在于抗震、防风、避沙，且冬季保暖，夏季纳凉。（图 6-16a、图 6-16b、图 6-16c、图 6-16d、图 6-16e、图 6-16f）

图 6-16a　正房（郭沫若故居）

图 6-16b　厢房（梅兰芳故居）

图 6-16c　耳房

图 6-16d　倒座房（梅兰芳故居）

图 6-16e　后罩房（郭沫若故居）

图 6-16f　保定南大街民居

受历史、地理、文化等因素影响，京津冀各地四合院形式略有差异，代表性的四合院有北京四合院、天津四合院、冀南四合院、冀中四合院、冀北四合院等几种类型。

二、实例

1. 北京后英房元代民居遗址

后英房遗址位于北京市西直门内后英房胡同，在元大都城内。元初政府规定，大都新城内每户住宅占地 8 亩，由于宅基地大，每条胡同只能容纳约 10 户住宅。

后英房遗址平面为三路三进院落，中路房屋五间，由正房三间和东西挟屋（耳房）组成，正房前出轩，平面呈“凸”字形；东路北部有工字厅，工字厅由南房三间、连廊三间、北房三间组成，两侧设厢房；西路南部已毁，北部尚存一个小月台。（图 6-17a、图 6-17b、图 6-17c）

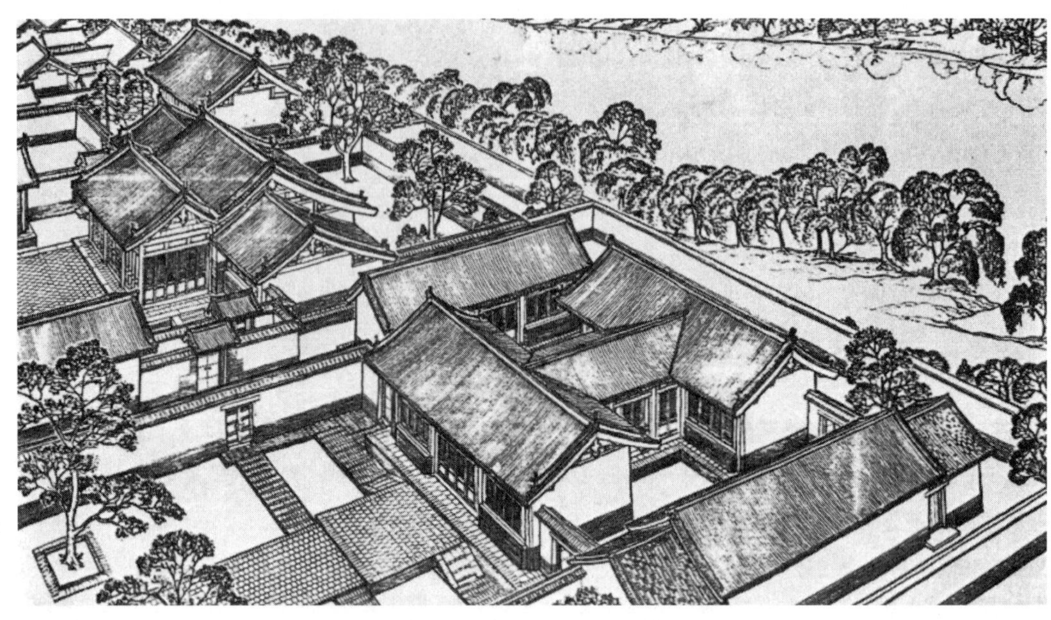

图 6-17a　后英房遗址复原图
（引自：《北京民居》）

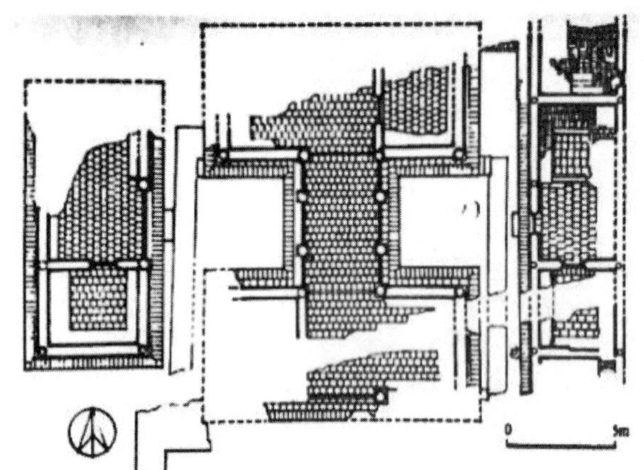

图 6-17b　北京后英房遗址平面
（引自：《北京民居》）

图 6-17c　后英房胡同元代房屋遗址
（引自：《色调·高度 解读北京》）

2. 北京清代崇礼住宅

崇礼住宅位于北京市东城区东四六条，原为清光绪年间大学士崇礼的住宅，规制仅次于王府，号称“东城之冠”，总占地面积近万平方米。

住宅由三路多进院落组成。中路大门三间，入门后是带假山的花园，正北为戏台，戏台后原为工字厅。东、西两路均为五进院住宅，各进院落多用连廊相连，且建筑规格高、装饰华丽，其中一房内还有硬木隔扇，上面刻着清代书法大家邓石如题写的苏东坡诗句，居住环境充满儒雅气息。（图 6-18a、图 6-18b、图 6-18c、图 6-18d，图 6-19）

图 6-18a　崇礼住宅正房

图 6-18b　崇礼住宅厢房

图 6-18c　崇礼住宅花厅侧面

图 6-18d　崇礼住宅花厅正面

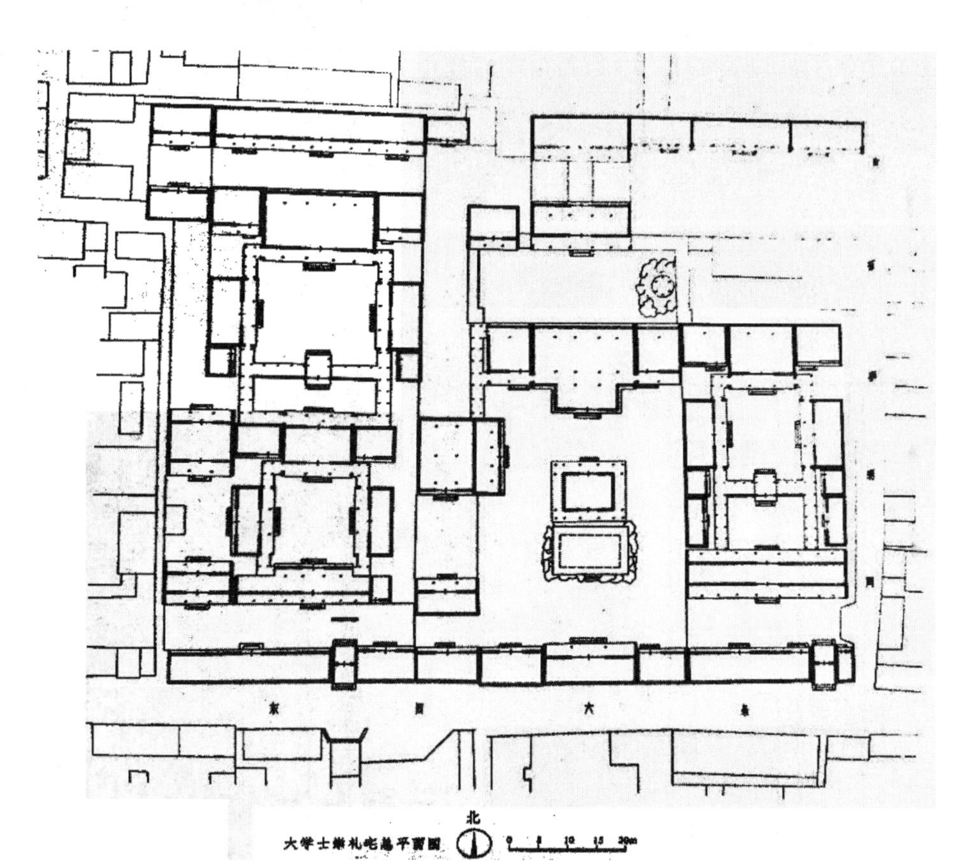

图 6-19　崇礼住宅平面
（引自：《东华图志》）

3. 天津清代杨柳青石家大院

石家大院位于天津市杨柳青镇，始建于清光绪元年（1875 年），初建时分为福善堂、正廉堂、天锡堂和尊美堂，规模宏大，但后来前三堂逐渐衰落，现仅尊美堂保存完好。

尊美堂坐北朝南，大门设在南面正中，进门后是一条南北向的甬道，甬道上方有各式门楼，逐级升高。尊美堂甬道东西两侧有多进院落：东路由数组四合院组成，现为展厅部分；西院第一进院为大客厅，大客厅以北是暖厅，暖厅以北是戏楼。西院以西还建有一个三进跨院，包括私塾和服务用房。尊美堂总体布局、单体建筑、房屋装饰方面都非常考究，是天津现存最为完好的清代民居之一。（图 6-20、图 6-21、图 6-22）

4. 冀南邯郸武安伯延民居

伯延镇位于河北省邯郸市武安市城南，由于交通便利，宋代就已成为商业性集镇。清末民初，政府曾在伯延设二等邮局，经营相关金融业务。

图 6-20　石家大院正门（左）和后门（右）
（王菲拍摄）

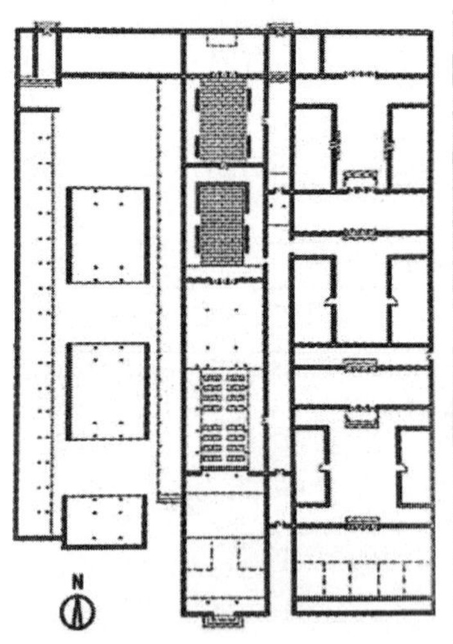

图 6-21　石家大院平面示意图局部（左）和鸟瞰图（右）
（引自：《中国传统民居类型全集》）

图 6-22　石家大院内部
（引自：《天津古代建筑》）

徐家大院是伯延镇民居的代表，为冀南现存保存较为完整的九门相照院落实例。该建筑坐北朝南，分为东西两路：东路两进，建筑空间层层递进，装饰构件雕工上乘；西路多进，内有小姐秀楼，造型别致。据说徐家大院效仿故宫形制，整个住宅规模宏大，造型典雅，为冀南四合院中的珍品。（图 6-23）

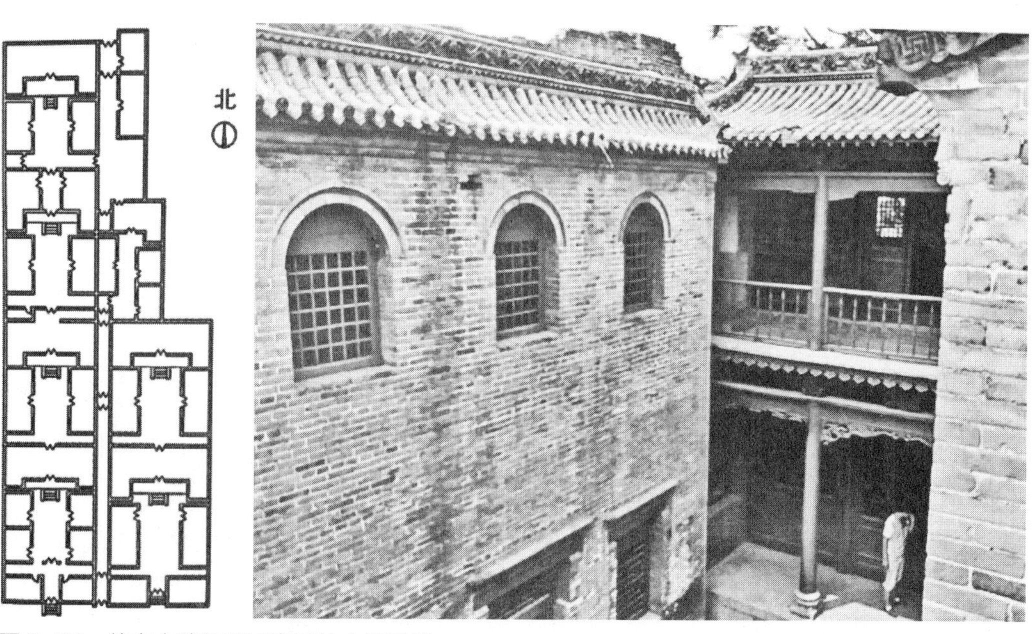

图 6-23　徐家大院平面示意图与小姐秀楼
（引自：《中国传统民居类型全集》）

5. 冀中霸州胜芳民居

胜芳古镇位于河北省霸州市，明时因移民迅速发展，清时商业十分繁荣，曾一度与“苏杭”齐名，现今仍保存着具有代表性的清代民居，如张家大院、王家大院等。

张家大院始建于清道光十年（1830 年），主入口在北侧，两路两进式四合院。东侧两

院为欧式建筑，西侧两院为清式木构架硬山建筑，各院用小门、回廊连通。（图 6-24a、图 6-24b）

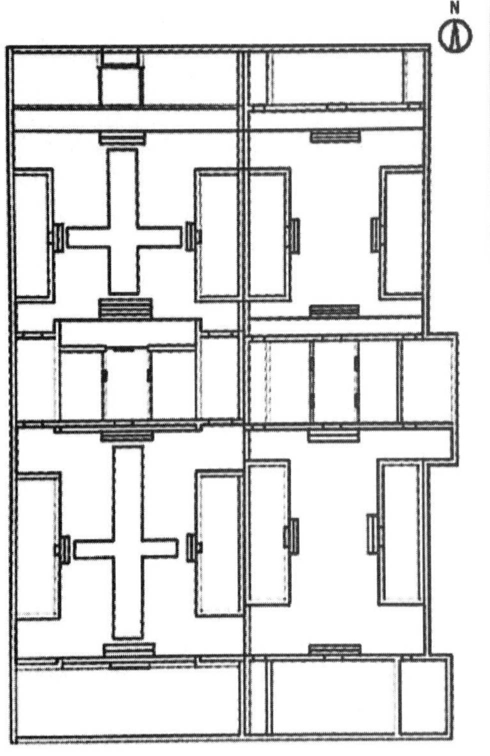

图 6-24a 霸州张家大院平面示意图
（引自：《中国传统民居类型全集》）

图 6-24b 张家大院大门
（王菲拍摄）

王家大院又称“师竹堂”，始建于清光绪六年（1880 年），原为两路两进院，现仅保存北部两院。东北角小院为欧式建筑，西北角小院为中式建筑，反映了特定的时代背景。（图 6-25a、图 6-25b）

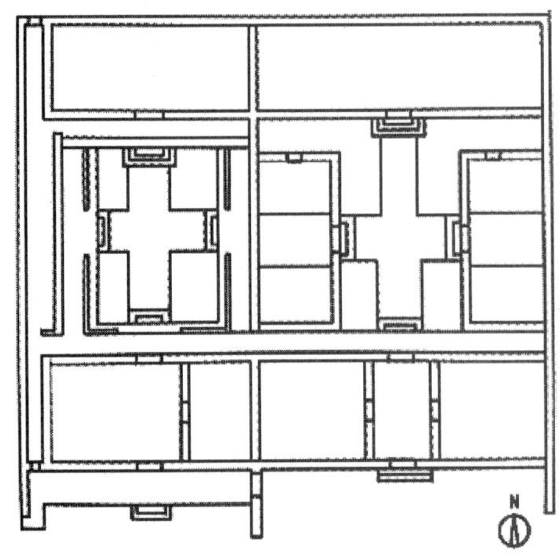

图 6-25a 霸州王家大院平面示意图
（引自：《中国传统民居类型全集》）

图 6-25b 王家大院现状
（王菲拍摄）

图 6-25c　王家大院现状（王菲拍摄）

6. 冀北蔚县民居

蔚县东距北京 200 余公里，自古就是兵家必争之地。明定都北京后，政府在此陈重兵驻守，修建了大量的城堡，史上有“八百村堡”之称。

蔚县古堡内的住宅多为两进院，大门位于东南角，主要建筑有正房、厢房、倒座等，住宅外墙较高，具有良好的防御功能。蔚县虽距离北京较近，但由于历史、地缘等因素，其建筑形式与山西民居有着较多的共通之处，如南北长而东西窄的院落格局。（图 6-26a、图 6-26b）

图 6-26a　蔚县暖泉镇西古堡民居（刘志刚拍摄）

图 6-26b　民居大门（刘志刚拍摄）

蔚县民居的规模大小不一：小型住宅只有一个院落，由正房、东西厢房和倒座房围合而成；中型住宅为两进院落，前后院落规模大致相同，如北方城白玉龙宅和水涧子西堡吴峰宅；大型住宅为三进及以上的院落组成，如西古堡东楼房院。（图 6-27，图 6-28）

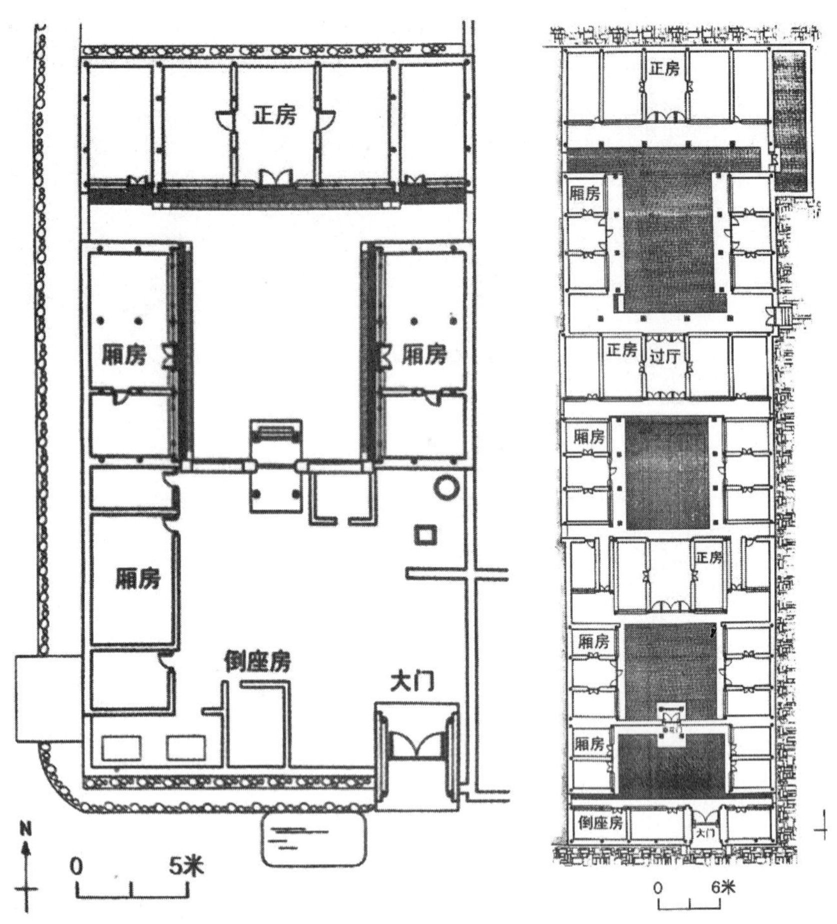

图 6-27　蔚县北方城白玉龙宅（左）和西古堡东楼房院（右）平面
（引自：《北方民居》）

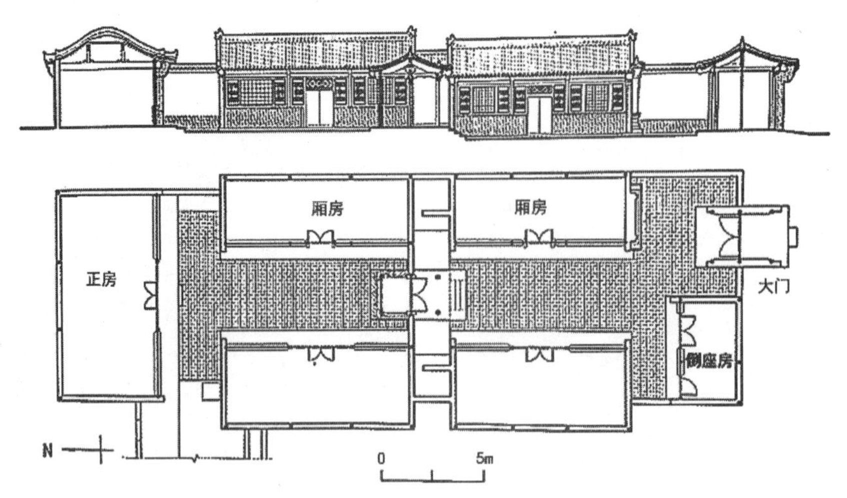

图 6-28　水涧子西堡吴峰宅纵剖面及平面
（引自：《北方民居》）

第七章 园林

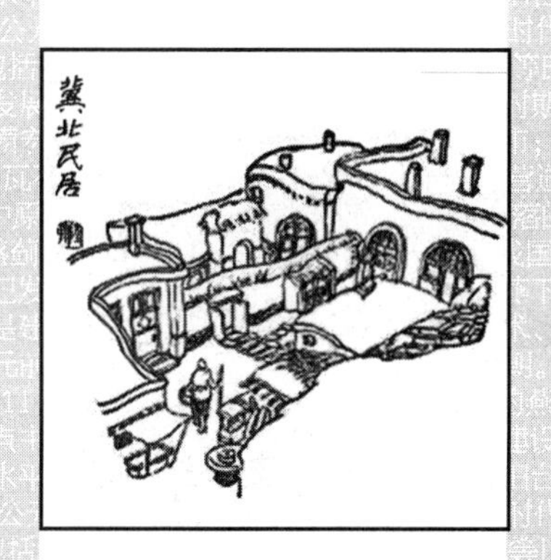

第一节 皇家苑囿
第二节 佛道圣地
第三节 私家园林

中国的造园历史悠久，早在商周时期，就出现了古代苑囿。秦代以后，中国园林逐渐发展，造园手法也不断成熟，至清代达到鼎盛，并建成了一批高水平的自然山水式园林。从地域上看，中国园林主要有江南园林、岭南园林、北方园林等，各具特色；按属性划分，中国园林可分为皇家园林、佛道游览圣地和私家园林三大部分，现将京津冀地区园林分述如下。

第一节 皇家苑囿

辽金至清代，京津冀地区的皇家苑囿多集中在北京地区。金代帝都御苑兴盛，以金中都西苑鱼藻池、离宫大宁宫最为著名。元代，帝王沿用了金大宁宫，并将之扩建为大都城的皇家苑囿，称太液池。明成祖朱棣迁都北京以后，仍沿用了前朝的皇家御苑，并在故宫的北部，修建了御花园和万岁山（景山）。清代所建的皇家苑囿主要是北京西部的“三山五园”和承德的避暑山庄，造园水平上乘。

一、清代以前的皇家苑囿

1. 辽南京延芳淀

延芳淀位于北京东南部，辽代时其水面方圆数百里。春时多鹅鹜，夏秋产菱芡，辽皇帝在湖边建有行宫，常到此放鹰猎禽。据《辽史·地理志》载：“延淀芳方数百里……国主春猎，卫士皆衣墨绿，各持连锥、鹰食、刺鹅锥列水次，相去五七步……得头鹅者，例赏银绢。”后由于永定河水淤泥流入，延芳淀水面逐渐缩小，演变成几处湖泊，包括现通州南辛庄飞放泊、马家庄飞放泊及大兴南苑飞放泊等。

2. 金中都大宁宫

金代为北京地区园林建设的兴盛时期，除鱼藻池外，金廷在中都内外还建有海子园、同乐园、莲花池、钓鱼台、玉泉山、香山等数十处园林，其中以海子园最为著名。

海子园初为唐幽州园林，辽时为瑶屿行宫，金在此修建大型园林式离宫——大宁宫，其范围包括今北京老城北海、中海、南海三大区域，是金中都规模最大的皇家御苑。据古文献记载，当时大宁宫的兴建工程浩大。首先疏浚湖泊，堆土砌石建琼华岛；然后建广寒殿、瑶光殿；再修建团城和环海小土山；最后从开封运来宋艮岳太湖石装点山池，外围用城墙环绕，把这里变成了一座华丽的皇家园林。（图 7-1）

3. 元大都太液池

太液池原为金中都大宁宫，后部分损毁，至元初年大规模改建、扩建，位于大都宫城以西，即今北京的北海、中海。

图 7-1 金代兴建的北海琼华岛

太液池沿袭了中国皇家园林“一池三山”的传统做法，水中设万岁山、圆坻、犀山台三岛。万岁山原为金中都琼华岛，元时重建广寒殿，山上东有全露亭，西有玉虹亭，南有仁智殿，山中亭台楼阁广布，玲珑秀石众多，苍松翠柏掩映，碧水清泉涌动，宛若人间仙境。圆坻为圆形小岛（今北海团城），上建圆形的仪天殿，东西两侧建有木桥，可通向大内和太液池兴圣宫。犀山台体量较小，其上遍植木芍药。元初，太液池、琼华岛曾作为帝王的临时行政宫殿。（图 7-2，图 7-3a、图 7-3b，图 7-4）

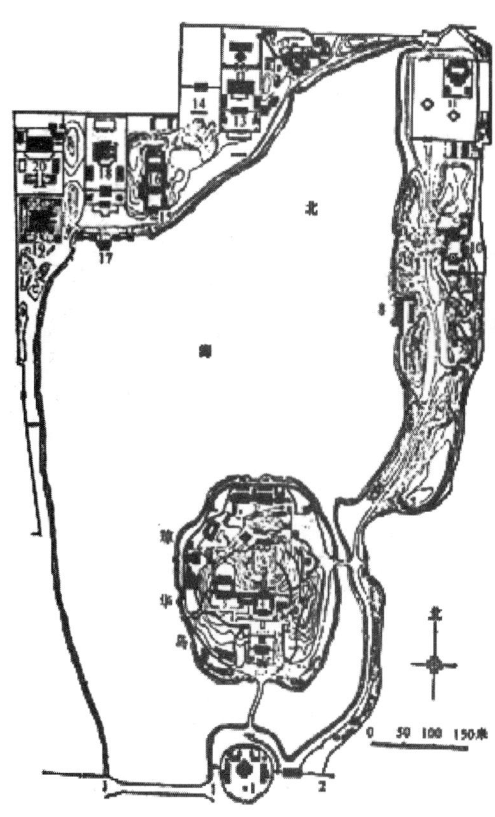

图 7-2 北海平面
（引自：《中国建筑史》）

图 7-3a 元太液池（今北海）

图 7-3b 圆坻（现北海团城）

图 7-4　元代万岁山（金代琼华岛）现景

二、清代皇家御苑

清代皇家御苑是中国古典园林艺术发展的最高阶段，在世界造园史中占有重要的位置。从康熙至光绪的二百余年里，帝后持续造园，在京改建、新建的御苑主要有故宫内的御花园、慈宁宫花园、乾隆花园，皇城内的北海、中南海、景山，西北郊的静明园、颐和园、静宜园、畅春园、圆明园。此外，康熙至乾隆年间，清廷又在北京以北的承德建造了“夏都”——避暑山庄。其中，颐和园、圆明园、避暑山庄可谓清代皇家苑囿的典范之作。

1. 颐和园

颐和园位于北京市海淀区西苑，明代建有好山园。乾隆年间扩建成规模宏大的皇家御苑，时称清漪园。后遭英法联军毁坏，至清末，慈禧太后用重金修建，改名为颐和园。

颐和园大体可以分为五个部分：第一是宫殿区，包括东宫门仁寿殿、配殿、朝房等建筑，帝后在行宫朝政；第二是内廷区，由乐寿堂、玉澜堂、宜芸馆、德和园等院落组成，为帝后起居的寝宫；第三是前山区，由长廊、排云殿、佛香阁等建筑组成，气势蔚为壮观；第四是后山区，由苏州河、买卖街、谐趣园等景点组成，氛围以幽静见长；第五是湖面区，由昆明湖、南湖、西湖组成，湖中西堤仿杭州西湖苏堤建造，景致怡人。（图 7-5，图 7-6a、图 7-6b、图 7-6c）

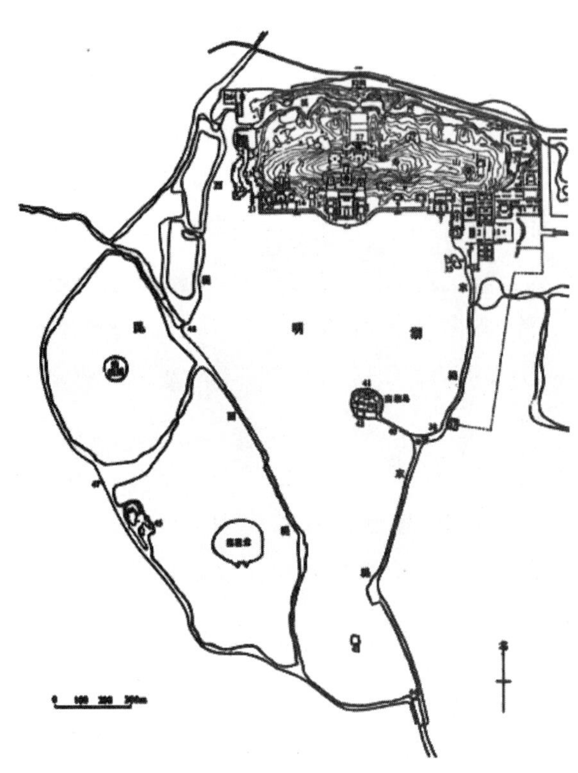

图 7-5　颐和园总平面
（引自：《中国建筑史》）

图 7-6a　颐和园佛香阁远眺

图 7-6b　颐和园昆明湖远眺

图 7-6c　颐和园后山藏传佛教建筑

2. 圆明园

圆明园位于北京海淀区圆明园路，始建于清康熙年间，初为雍亲王赐园，雍正年间增建，乾隆年间仿江南园林与西洋园林扩园，东面增修了长春园，南面新建了万春园，三园统称圆明园，其规模之大为京师御苑之首。

圆明园是圆明三园中最大的皇家御苑，前部为朝廷区，以正大光明殿为正殿，东西设配殿，正殿东面为勤政殿组团，清帝在此办公。朝廷区以北为水域辽阔的福海，它位于圆明园三园的中心地带，湖中建蓬莱、方丈、瀛洲三岛，象征着人间仙境，沿湖周围有方壶胜境、涵虚朗鉴、平湖秋月、曲院风荷、接秀山房等景区，其造园手法多仿江南园林建筑。

长春园的布局以水景为主体，园内主要景区为西洋楼、观水法、海岳开襟等。西洋楼是长春园北部一座欧式花园，占地百余亩，为意大利传教士郎世宁等设计，景点黄花阵摹仿巴黎凡尔赛宫，供帝王后妃取乐；观水法是一座大型观赏水池，池边依势排列十二座石兽，每隔两小时便有一兽口中喷出泉水，周而复始，往返不已；海岳开襟是建在水中的三层楼宇，站在楼台之上，可观赏园内优美的景色。

万春园初称绮春园，道光年间重修，同治年间称万春园。宫门内建有迎辉殿组群，为道光帝和孝和皇太后使用的宫殿。园内东西两侧各建后宫两所。同治即位，曾拟将圆明园天下第一春移建园内，作为慈禧的寝宫，许多图样为慈禧亲笔所绘，着色典雅，线条奔放。（图7-7，图7-8a、图7-8b）

3. 承德避暑山庄

承德避暑山庄位于河北承德市区北，始建于康熙四十二年（1703年），历时89年完工，总占地面积560余公顷，为现存中国最大的皇家御苑。

避暑山庄分为宫殿区、山峦区及湖泊平原区。宫殿区位于山庄南端，包括正宫、东宫、松鹤斋等多组行政办公建筑，正宫分为前朝、后寝两大部分。山峦区位于山庄西北，占全园面积的80%，包括珠源寺、水月庵、梨花伴月等景点，锤峰落照、南山积雪、四面云山三亭是全园的制高点。湖泊平原区位于全园的中部，有九湖九岛及大片塞外草原，集中了全园七十二景中的三十一景，其中烟雨楼、小金山、狮子林为仿江南园林建筑，而马场、帷幄、万树园等景点体现了蒙古族建筑风格，汉蒙建筑于此交相辉映。避暑山庄之外有蒙藏喇嘛庙和五台殊像寺等宗教建筑，称为“外八庙”，布局围绕山庄，象征着众星拱月，寓意多民族和谐共处的中国。（图7-9，图7-10a、图7-10b）

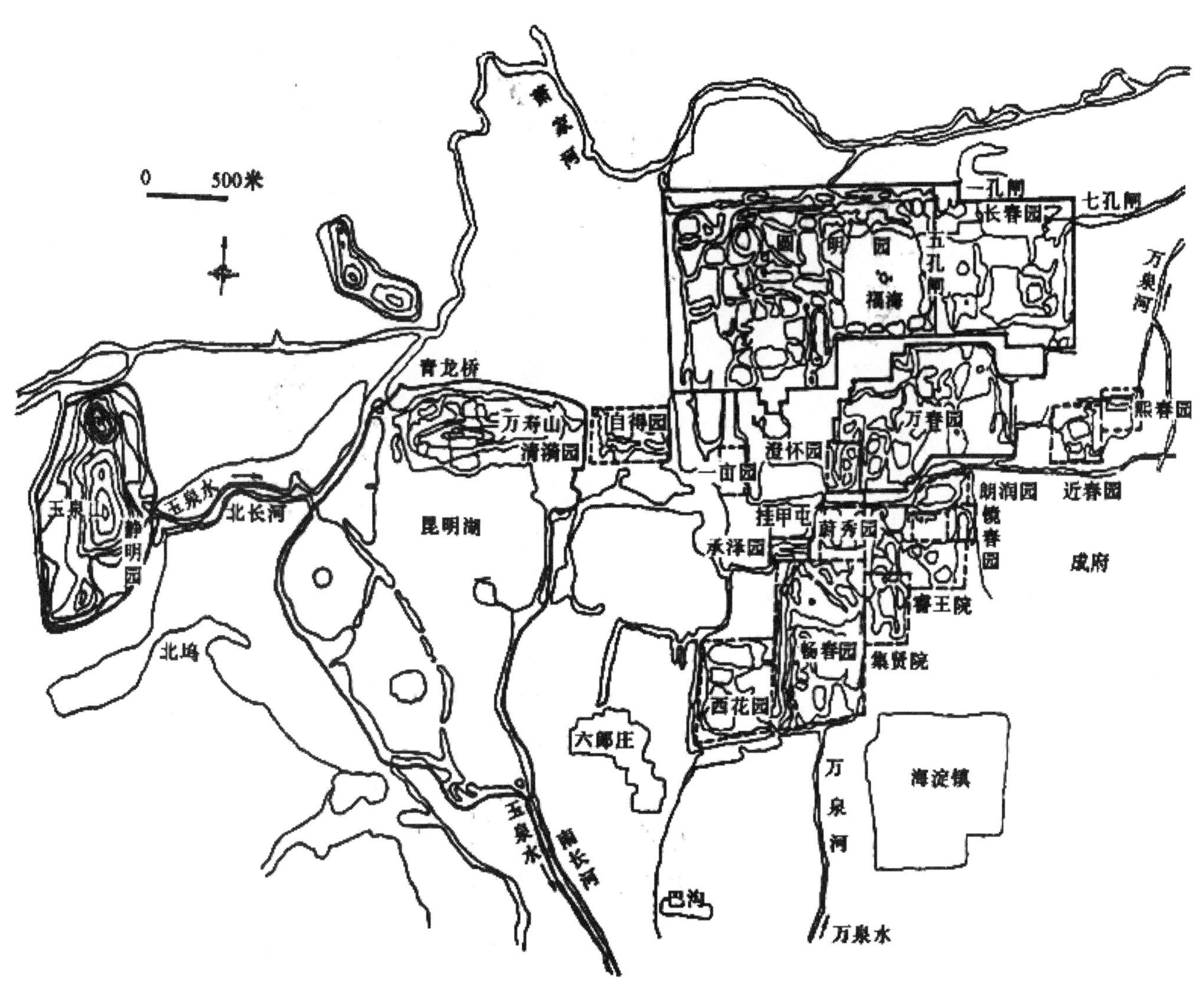

图 7-7 圆明园总平面
（引自：《中国建筑史》）

图 7-8a 圆明园大水法

图 7-8b 圆明园福海

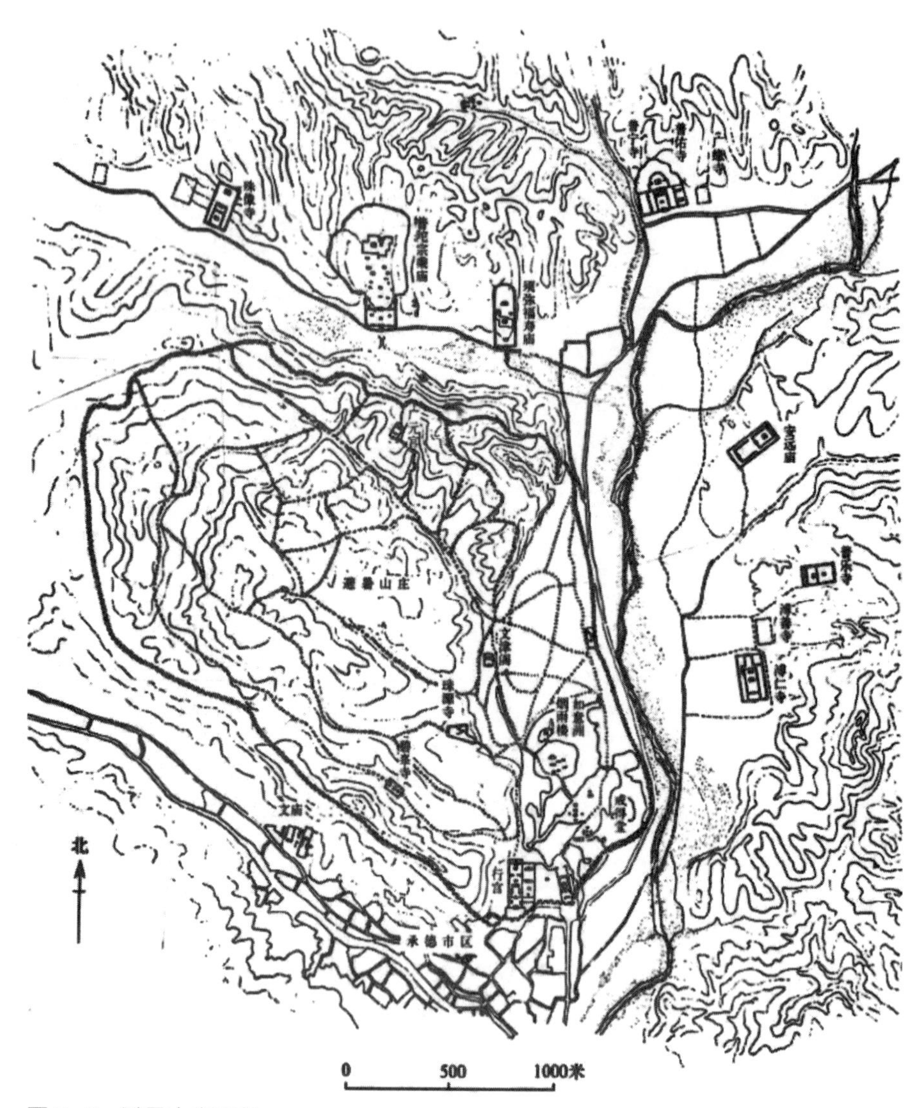

图 7-9　避暑山庄平面
（引自：《中国文物地图集 · 河北分册 · 上》）

图 7-10a　避暑山庄金山岛
（赵长海拍摄）

图 7-10b　避暑山庄湖景（赵长海拍摄）

第二节　佛道圣地

一、概述

中国的著名佛寺道观常建在名山大川之中，这主要是基于宗教方面的考虑。如佛教讲究超脱世俗而专心修炼，道教则崇尚自然而追求人间仙境。经过历史的沉淀，部分风景秀丽的山川形成了佛道圣地，为善男信女和文人骚客朝拜游览之地。

佛教方面，长久以来中国形成了四大佛教圣地，即四川的峨眉山，安徽的九华山，山西的五台山和浙江的普陀山。道教也有四大圣地之说，包括四川的青城山，湖北的武当山，江西的龙虎山和安徽的齐云山。这些佛道圣地历史悠久，环境优美，文化厚重，千百年来让人们流连忘返。

京津冀地区历史上也形成了一些佛道圣地，其中北京的西山和天津的盘山较为著名。

二、实例

1. 北京西山

西山位于北京西郊，是太行山北端的余脉，也是北京西郊诸山的总称，跨越着今房山、门头沟、石景山、海淀、昌平等区。西山中贯穿着一条著名的大河，即史称“无定河”的永定河，这条大河将西山分为南、北两段。离北京城最近的山峦有翠微山、平坡山、卢师山、香山等，其中较为人们所熟知的是香山。

香山之名源于其峰顶处香炉形状的乳峰石，山顶时常云雾缭绕，远眺时犹如炉中香烟袅袅上升，因而得名香炉山，简称香山。香山历史悠久，唐代时已有记载，金代皇家在此营建了大永安寺，元、明两代又大规模重修，香山成了颇具特色的皇家佛道圣地。清时，这里园林建筑兴盛，其中静宜园以其风景优美而闻名于世。（图 7-11）

古时有一说法，天下的名山大多是佛教圣地，西山也不例外。历史上，西山寺庙为数众多，如寿牛山十方普觉寺、香山碧云寺、阳台山大觉寺、潭柘山潭柘寺、马鞍山万寿戒台寺以及人们耳熟能详的“西山八大处”等。（图 7-12a、图 7-12b、图 7-12c、图 7-12d、图 7-12e）

图 7-11　香山寺全貌
（引自：《北京地方志・风物图志丛书・三山五园》）

图 7-12a　大觉寺山门

图 7-12b　潭柘寺

图 7-12c　碧云寺旧影
（引自：《Baukunst und Landschaft in China》）

图 7-12e　戒台寺旧影
（引自：《Baukunst und Landschaft in China》）

图 7-12d　碧云寺金刚宝座塔
（刘岩拍摄）

“西山八大处”位于离北京城较近的翠微山、平坡山、卢师山中，因保存完好的八座古寺庙——长安寺、灵光寺、三山庵、大悲寺、龙泉庵、香界寺、宝珠洞、证果寺而得名。这些寺庙历史悠久，其中最早的当属始建于隋代仁寿年间的证果寺。证果寺原名“史陀林”，后又多次更名，明天顺年间改名为“证果寺”，沿用至今。寺庙坐北朝南，有山门、天王殿、三世佛殿、大雄宝殿等建筑，寺前为青龙潭，寺后为秘摩崖。秘摩崖是一块从山顶悬空伸出的岩石，向下斜伏，有“天然幽谷”四个石刻大字。（图 7-13）

图 7-13　证果寺秘摩崖和“天然幽谷”石刻
（引自：《北京地区摩崖石刻》）

除佛教名寺外，西山还有一些道教建筑，如金顶妙峰山上的碧霞元君庙（俗称娘娘庙）。娘娘庙寺庙群始建于辽金，初时由灵感宫、回香阁、玉皇顶组成，明代在金顶建“娘娘庙”，后逐渐知名，清至民初，娘娘庙庙会远近闻名。原庙毁于抗战时期，现娘娘庙已复原建成，为金顶妙峰山的著名景点。（图 7-14）

图 7-14　碧霞元君庙殿后一角
（引自：《北京地区摩崖石刻》）

2. 天津盘山

盘山位于天津市蓟州区，坐落在燕山南麓，据乾隆《盘山游记》载："连太行，拱神京，放碣石，距沧溟，走蓟野，枕长城，盖蓟州之天作，俯临众壑，如星拱北而莫敢与争也"。盘山在汉代时已经有相关记载，东汉时期，佛教开始传入蓟县（今蓟州），盘山出现了第一座佛教寺庙——香林寺；明清两代，这里的佛教建筑发展兴盛，建起寺庙 72 座，宝塔 13 座，摩崖石刻 300 余处，盘山因此成了远近闻名的佛教圣地。

盘山少林寺始建于魏晋，原名法兴寺，又称"北少林寺"，是嵩山少林寺的分院。现寺为 2007 年重建。

云罩寺原名降龙庵，始建于唐代，明万历年间重修，近代时毁于战乱，后原址重建。

万松寺是盘山中规模最大的一座寺庙，因唐初名将李靖在这里居住，称"李靖庵"，清康熙年间改称"万松寺"。原寺于抗战时期被毁，现寺为原址上复原的建筑。

盘山的寺庙，在抗日战争时期基本被毁，仅存古佛舍利塔、定光佛舍利塔、万松寺石塔林、多宝佛塔、普照禅师塔等，但盘山佛道圣地之名却是流传千古，经久不衰。（图 7-15，图 7-16，图 7-17a、图 7-17b）

图 7-15　盘山少林寺多宝佛塔
（引自：《天津古代建筑》）

图 7-16　定光佛舍利塔
（引自：《中国文物地图集・天津分册》）

图 7-17a 古佛舍利塔
（引自：《中国民族建筑·第 3 卷》）

图 7-17b 盘山万松寺普照禅师宝塔
（引自：《天津古代建筑》）

第三节 私家园林

一、概述

中国私家园林源远流长。据史料记载，早在汉代达官贵人就建造了许多高水平的私家园林；魏晋南北朝时期，士大夫阶层造园成为风尚，尤以江南为甚；至明清，中国私家园林造园水平达到了新的高度。受多种因素影响，中国的私家园林与皇家苑囿形态各异，前者小巧质朴，后者宏大华丽，各地私家园林多吸收江南园林的风格。

就京津冀地区而言：金元时期，私家园林兴起，园林虽为私有，却向社会开放，宴游之风盛行；明清时期，私家园林的数量和造园水平都进入繁盛阶段，勋贵外戚、公卿名士、商贾豪富等常有高水平的园林宅第[①]；近代以来，受外来文化的影响，私家园林又融入了西洋风格。

据统计，明清时期，仅北京的私家园林就有50余所[②]，现保存完好的不多，但仍能体验

① 贾珺. 北京私家园林志［M］. 北京：清华大学出版社，2009.

② 陈文良主编. 北京传统文化便览［M］. 北京：北京燕山出版社，1992.

到其高雅的建造风格。从平面布局上看，住宅部分多居主路，多进院组成，规制严谨；园林部分多居辅路，因地制宜，布局灵活。从造园手法上看，园林多采用小尺度布局，巧叠山石，妙理池水，灵活植木，略点建筑，注重意境，利用对景、障景等方法使园林空间既有主题，又富于变化。在此仅就北京、保定代表性实例简述如下。

二、实例

1. 恭王府萃锦园

萃锦园位于北京市西城区前海西沿，为恭王府的后花园。

萃锦园建于清同治年间，全园占地约 2.8 万平方米，园内建筑可分为中、东、西三路：中路有园门、安善堂、邀月台、蝠殿等建筑；东路前院有香雪坞及厢房，后院为大戏台；西路有榆关、诗画舫、澄怀撷秀等园林建筑。整个花园东部为园林建筑，中部有大假山，西部为湖面，造园手法集江南风格与北京特色于一体，被誉为王府花园中的上品。（图 7-18，图 7-19，图 7-20a、图 7-20b）

图 7-18　萃锦园

图片来源：旅舜. 四合院情思［M］. 北京：中国民族摄影艺术出版社，2008.

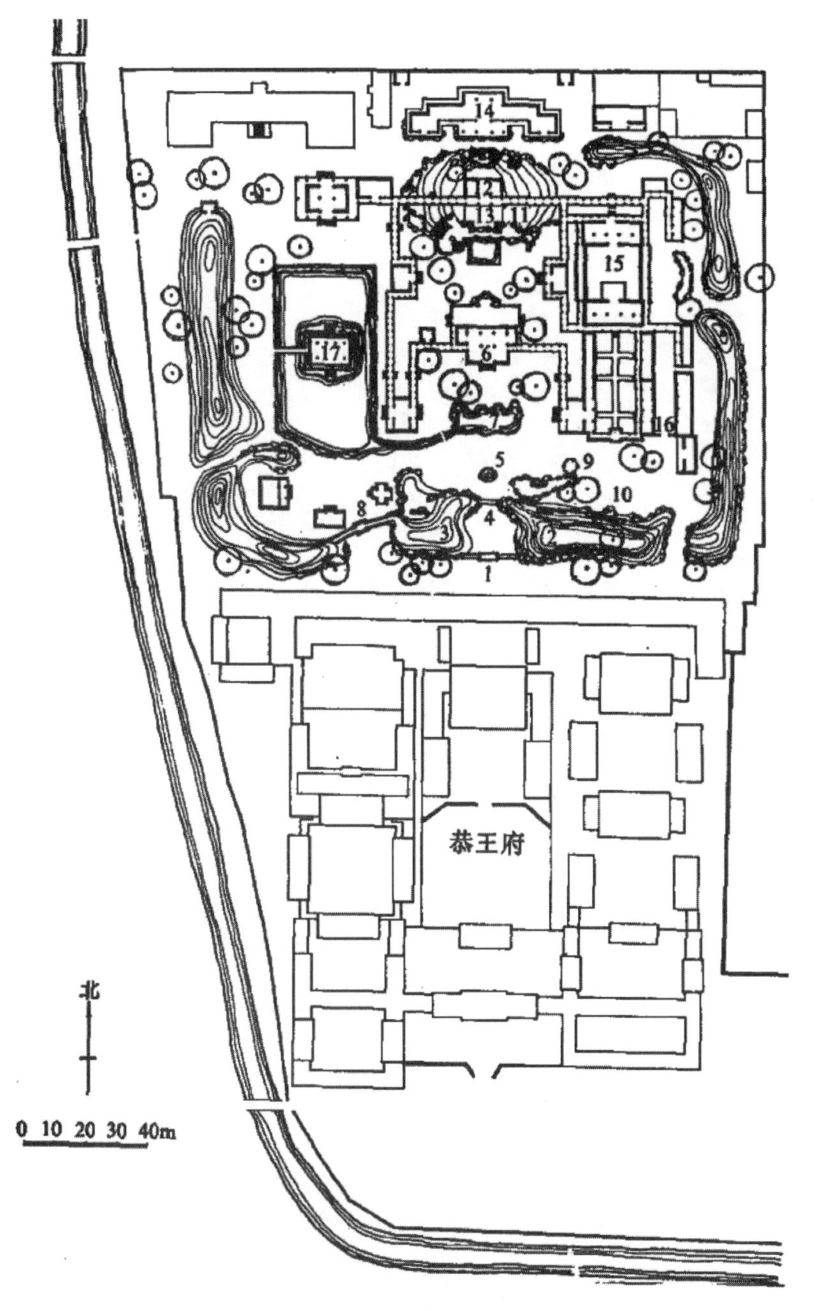

1-园门　2-垂青樾　3-翠云岭　4-曲径通幽　5-飞来石　6-安善堂
7-蝠河　8-榆关　9-沁秋亭　10-艺蔬圃　11-滴翠岩　12-绿天小隐
13-邀月台　14-蝠厅　15-大戏楼　16-吟香醉月　17-观鱼台

图 7-19　萃锦园平面图

图片来源：周维权．中国古典园林史（第二版）[M]．北京：清华大学出版社，2008.

图 7-20a　萃锦园水榭（上）、亭子（下）

图 7-20b　萃锦园爬山廊

2. 可园

可园位于北京市东城区帽儿胡同，整个花园住宅共五路，西侧两路为五进院住宅，东侧三路为可园。

可园为清末大学士文煜住宅的花园部分：住宅中路以厅堂为核心，供迎宾待客使用，厅堂南部叠山置水，有游廊环抱；东侧两路仍为花园，建有敞轩、花厅等园林建筑。该园造园风格庄重典雅，据此园碑记："拓地十方，筑室百堵，疏泉成沼，垒石为山，凡一花一木之栽培，一亭一榭之位置，皆着意经营，非复寻常。"可园为北京四合院园林中的代表作，现该园与住宅部分被列为全国重点文物保护单位。（图 7-21，图 7-22a、图 7-22b）

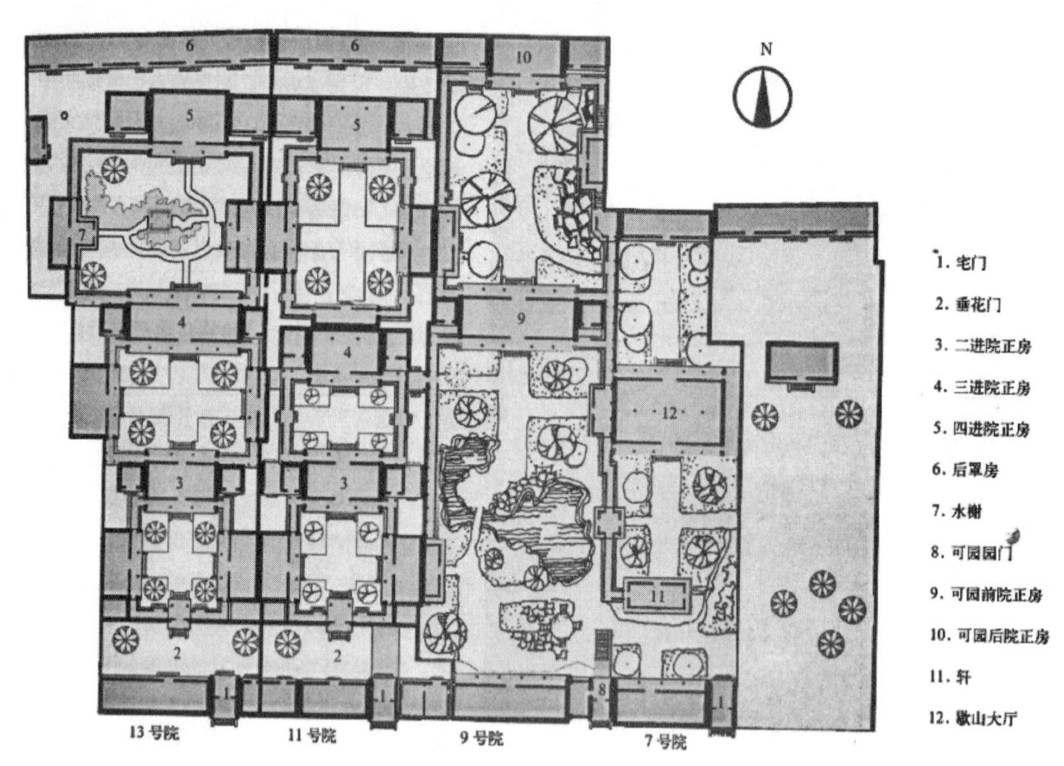

图 7-21　可园平面

图片来源：业祖润. 北京民居［M］. 北京：中国建筑工业出版社，2009.

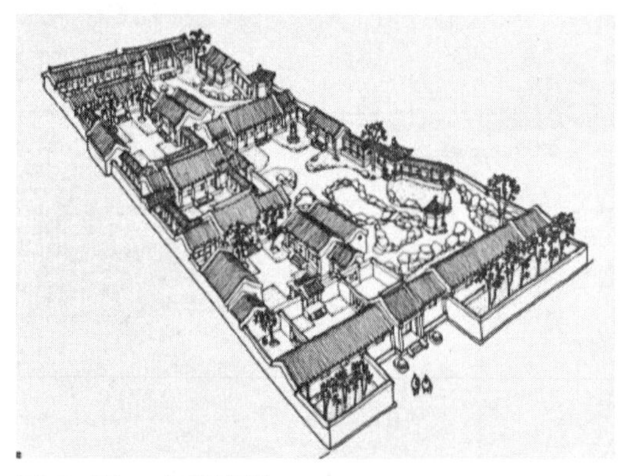

图 7-22a　可园鸟瞰

（引自：《北京四合院》）

图 7-22b　可园沿街立面现状

3. 古莲花池

古莲花池位于河北省保定市，始建于元太祖二十二年（1227 年），称"雪香园"，明代改称“莲花池”，民国年间称“古莲花池”。

古莲花池有大片水域，“以水为胜，因荷得名”，园内叠山置水，建亭造台，集中国南北园林风格于一身。该园现存建筑有春午坡、濯锦亭、水东楼、君子长生馆、藻咏厅等，仍可看出旧时风采。（图 7-23，图 7-24a、图 7-24b，图 7-25）

图 7-23　古莲花池莲池与湖心亭
（廖苗苗、刘岩、李凯茜拍摄）

图 7-24a　古莲花池君子长生馆
（廖苗苗、刘岩、李凯茜拍摄）

图 7-24b　古莲花池游廊与月亮门
（廖苗苗、刘岩、李凯茜拍摄）

春午坡、高芬阁、含沧亭

寒绿轩、鹤柴、花开研北草堂

图 7-25　清咸丰《莲池行宫十二景》- 古莲花池展厅（一）

篇留洞、蕊幢精舍、宛虹亭

万卷楼、绎堂、藻泳楼

图 7-25　清咸丰《莲池行宫十二景》- 古莲花池展厅（二）

第八章 长城、运河及其他

第一节 长城
第二节 运河
第三节 其他

京津冀特色建筑有用于军事攻防的长城，用于漕运货物的运河，以及古代驿道、驿站、地道等。

第一节　长城

在人类的建筑史上，中国的长城可谓一项建造时间最长、用工用料最多的伟大工程。长城始建于战国时期，后历经秦汉、北魏、北齐、隋、金历代修建，至明代又持续了二百余年的翻修，现存长城西起甘肃临洮，东至辽宁遂城，绵延万里。现将京津冀地区部分长城实例简介如下。

一、战国长城与秦长城

1. 战国长城

战国时期，各国为了巩固自己的疆土，纷纷开始修筑长城，最早为楚国，后是齐、魏、秦、燕、赵等国。鉴于当时的条件，战国长城大多用土夯筑，规模较小。战国长城的修建是各国为了便于攻防，守护领地，因而互不连贯。其中位于京津冀地区现存长城有燕国的北长城、南长城和赵国的北长城。

据《史记・匈奴列传》记载："燕亦筑长城，自造阳至襄平，置上谷、渔阳、右北平、辽西、辽东郡以拒胡。"燕国的北长城（含内、外长城）地跨北京、天津、河北、内蒙古、辽宁多省（市）区，东西向展开，主要用土夯筑，部分地段用石块砌筑，遗址至今犹存。燕南长城位于河北省保定至廊坊一线，现仅存部分遗址。

赵国北长城是赵武灵王为防御北方匈奴的入侵而建，据《史记・匈奴列传》记载："赵武灵王变俗，胡服，习骑射……筑长城，自代并阴山下，至高阙为塞。而至云中、雁门、代郡。"这里的代郡指的就是今蔚县境内，现张家口市经怀安入内蒙古兴和县仍有一段赵国长城遗址。与燕国长城相似，赵长城除少数地方外，均为夯土筑成。

2. 秦长城

秦统一六国，为巩固领土，在原燕、赵、秦长城的基础上改建、扩建长城，"因地势，用制险塞，西起临洮，至辽东，延袤万余里"（《史记・蒙恬列传》）。秦长城在修筑方式及用料上与战国长城不同，主要以石头筑成，雄伟壮观。今京津冀地区仍存秦长城的遗址，如居庸关、古北口等。

居庸关是北京通往塞外的重要通道，秦时关内属军都县，关外属居庸县，关内外均设军堡，并以重兵把守。北京密云区古北口是秦时长城的另一处重要关口，相传孟姜女哭倒长城的故事就发生在此地，后修建了孟姜女庙，以纪念这段千古传说。（图 8-1）

图 8-1　古北口长城
（引自：《北京》）

二、明长城

明朝推翻元朝之后，蒙军残部多次骚扰边境。洪武年间，朝廷命大将徐达修居庸、山海等关隘，筑墙设防，以拱卫北平。万历年间，张居正命戚继光重新调整长城的防御体系，共设“九边十一镇”分区把守。明末，为防后金（清）南下，朝廷对明长城局部地段加固，增强了长城的防御功能。

明长城由城墙、烽火台、关口及屯军堡等建筑组成：城墙是一种防御性工事，设有垛口、滚石口等设施；烽火台为戍边的敌楼，若遇战事，用烽火作为信号，以聚军作战；关口是出兵讨伐或重兵把守的重要通道，多建于峡谷之处，道路上建有敌台、城楼，并有城门供人出入；军堡多建于关口附近，供屯兵之用。京津冀地区的八达岭长城和古北口长城，可谓明长城的代表之作。

1. 八达岭长城

八达岭长城位于北京市延庆区，以地势险峻而著称，历史上有“居庸之险不在关，而在八达岭”之说。

明弘治十八年（1505 年），朝廷命将领在八达岭构筑关城，关城设东、西城门，关城城台与东西两侧长城相连。长城依山势而筑，墙基用条石垒筑，墙体包砌大型城砖，内填土石。墙顶地面墁方砖，内为女儿墙，外则为垛墙，垛墙上面有望口，下面有射洞，以便瞭望、射击。长城每隔 500m 左右便设墙台、敌台一座。墙台供士兵巡逻放哨使用。敌台分上下两层，上层用于攻击侵犯之敌，下层供戍边士兵居住。（图 8-2，图 8-3）

图 8-2　八达岭长城
图片来源：《亲历者》编辑部. 寻找中国最美古建筑·北京 [M]. 北京：中国铁道出版社，2015.

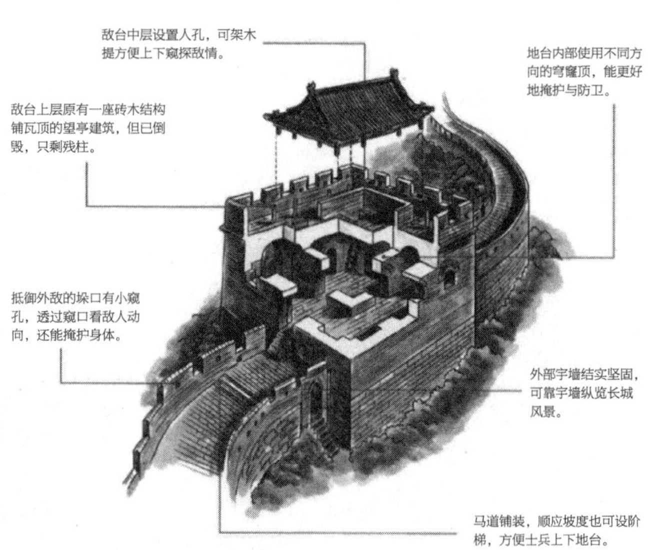

图 8-3　八达岭长城敌台
图片来源：《亲历者》编辑部. 寻找中国最美古建筑·北京 [M]. 北京：中国铁道出版社，2015.

2. 古北口长城

古北口位于北京市密云区，自古就是北京通往塞北、东北的重要关隘。明朝初年，朱元璋派大将徐达据守古北口，并投入大量财力修筑长城。嘉靖年间，古北口关城、长城具有相当大的规模，长城筑于关口潮河东西两山之上，在潮河上还修建了水长城，这是古北口长城的一大特色。嘉靖二十九年（1550 年），蒙军攻破古北口，在京城外围困八日，掠夺大量财物后退出，朝野上下惶惶不安。隆庆元年（1567 年），戚继光带兵镇守蓟辽、保定防区，对古北口防御体系进行调整，重点加固古北口金山岭段长城。金山岭位于河北省滦平县，与北京相邻，金山岭段长城敌楼密集，间距仅百米左右，两敌楼之间可以交叉火力，相互配合。金山岭段长城建有大型“总台”一座，为前线总指挥部。（图 8-4）

图 8-4　古北口长城远景

三、重要关口与城堡

1. 山海关

山海关位于河北省秦皇岛市山海关区，是明长城的东部起点，扼东北通往华北的要道，依山傍海，形势险要。

山海关古称榆关，明洪武十四年（1381 年）建关设卫，因背山面海，得名山海关，素有“万里长城第一关”之称。山海关关城为不规则四边形，四面各辟一门，东西两城门外有罗城，罗城仅有一条东西道路与关城相通。关城南 5km 长城入海处建有靖卤台及入海石城（俗称老龙头），关城以北有旱门、三道等关口，关城以东有威远城。（图 8-5，图 8-6，图 8-7）

图 8-5 山海关长城全景
（引自：《中国文物地图集・河北分册・上》）

图 8-6 山海关城楼现状
（王菲拍摄）

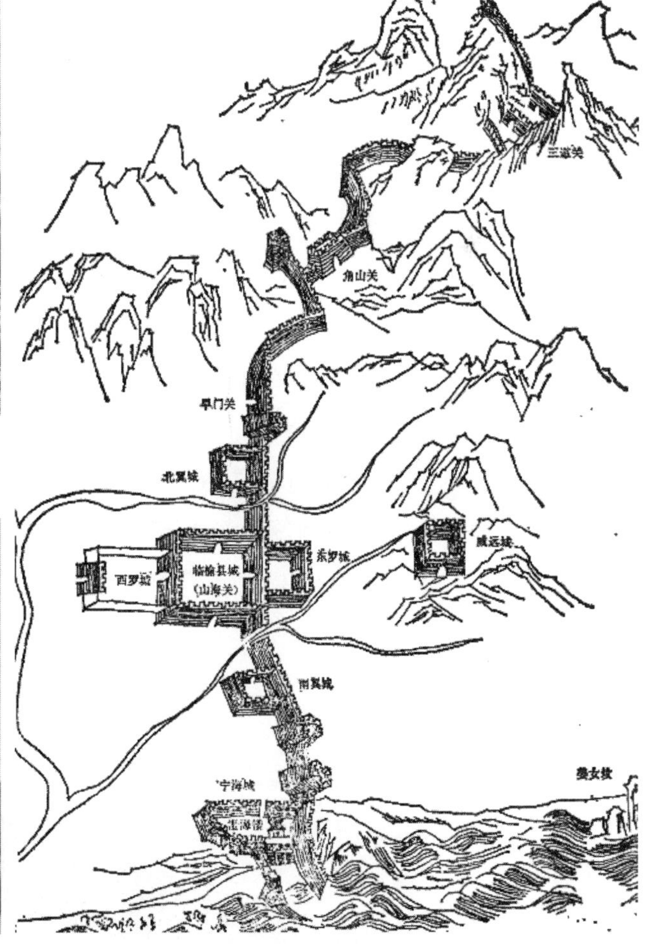

图 8-7 山海关城防布置图
图片来源：董鉴泓．中国城市建设史：2 版［M］．北京：中国建筑工业出版社，1989.

2. 沿河城

沿河城位于北京市门头沟区，古称“三岔村”“沿河口”，明万历六年(1578年)建城，因城靠近永定河，名曰“沿河城”。

沿城河及敌台建在门头沟区西北山上，属明代长城内三关之一的紫荆关所辖，是塞外通往北京的要冲之一。城有东西二门，东门名万安(已拆除)，西门名永胜，均为砖石结构。城墙用条石和鹅卵石砌筑。(图8-8)

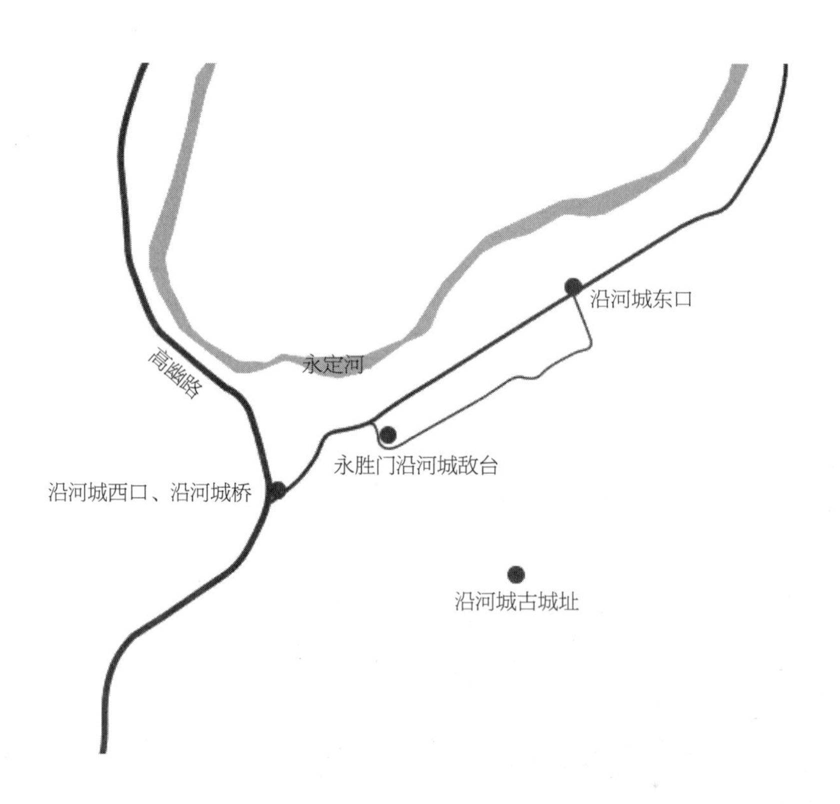

图8-8　沿河城示意图

3. 万全右卫城

万全右卫城位于河北省张家口市万全县，始建于明初，是明代重要的城堡。

该城初为夯土筑城，后用砖包砌城墙，城堡为菱形，南北设门，并建瓮城。城堡有城楼、角楼，城墙外建有护城河。城内街巷呈棋盘状，西南有行政区，东南有仓储区，兵营民居布局规整。(图8-9)

图8-9　万全右卫城东城门(左)、迎恩门(右)(引自:《河北文化遗产》)

第二节　运河

京津冀地区历史上较为著名的运河有曹魏蓟城水利堰渠、京杭大运河、津保内河等。

一、曹魏蓟城水利堰渠

1. 戾陵堰

戾陵堰位于北京市石景山区永定河畔，始建于三国魏嘉平二年（250 年），为北京地区最早的大型引水工程。

该堰为拦河坝，堰底宽 70m，高约 2.5m，堰体以荆、柳条编笼装石垒砌而成。堰西与永定河交汇，堰东设置水门，并与同时修建的车箱渠相连，既可灌溉，又可分洪。

2. 车箱渠

车箱渠位于北京市石景山区永定河畔，是戾陵堰的配套水利工程，与戾陵堰同时建造。

三国魏嘉平二年（250 年），蓟城镇北将军刘靖发军兵千人修戾陵堰，同时在戾陵堰水门处建车箱渠，并与高梁河相连。车箱渠断面为长方形，类似车箱形状，用石砌筑，以供引水。景元三年（262 年），政府派樊晨重修戾陵堰与车箱渠，完成了永定河、高梁河、温榆河三河相连的水利工程，可灌溉蓟城西北至东南的万顷农田。金代朝廷复用戾陵堰与车箱渠，车箱渠与金口河相连，引永定河水注入金中都护城河。（图 8-10）

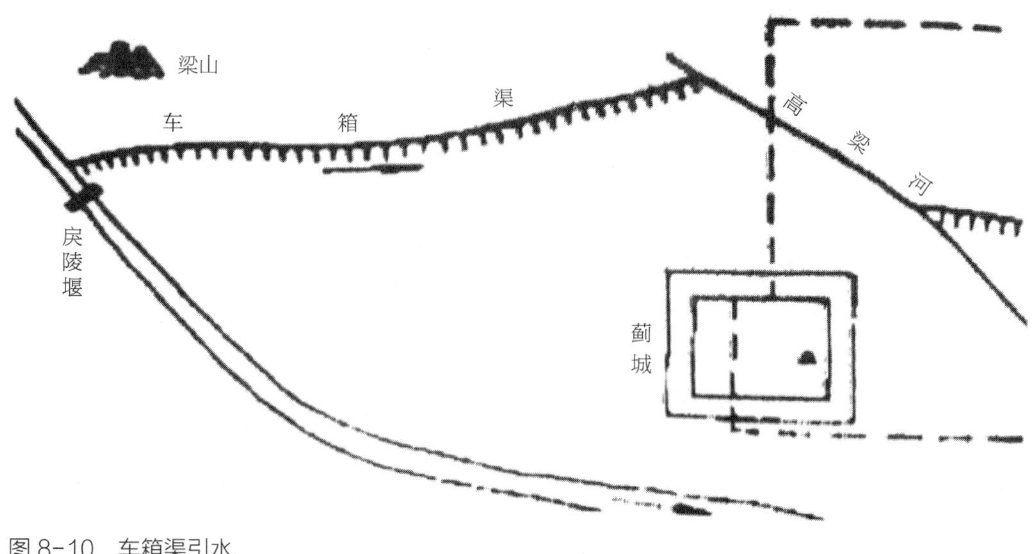

图 8-10　车箱渠引水
（周坤朋提供）

二、京杭大运河

京杭大运河开凿于春秋末期，后经秦、汉、魏、晋和南北朝的扩凿和延续，隋代形成，元代取直，地跨中国海河、黄河、淮河、长江、钱塘江五大水系，是世界上最长的运河，具有重要的历史价值。

1. 隋代京杭大运河

隋唐时期的京杭大运河分为四段，即永济渠、通济渠、邗沟、江南河，其中位于京津冀地区的为永济渠。永济渠始建于隋代，南起黄河，北至蓟城，途经现河南、山东、天津、河北等省市。大运河开通以后，全国形成了以长安、洛阳为中心，南至余杭（今杭州），北至涿郡（今北京），贯穿五大水系的水路交通网络，在政治、经济、军事等方面发挥了重要的作用，也是后来北京成为全国首都的重要条件之一。

永济渠的建设与隋炀帝征辽有关。公元 608 年，隋炀帝东征，诏发民工百万开凿永济渠。永济渠开通后，又在蓟城建临朔宫，涿郡成为用兵辽东的大本营。后唐代征辽，也是利用永济渠屯粮运兵，唐幽州城仍是辽东战役的大本营。

2. 元代京杭大运河

元朝定都北京，统治者为了南粮北运不再绕道洛阳，将隋代运河局部改道，使北京至杭州的运河距离缩短了 900 余公里。元代京杭大运河由北至南分为七段，即通惠河、北运河、南运河、鲁运河、中运河、里运河、江南运河，其中位于京津冀地区的有通惠河、北运河及南运河部分河段。

通惠河原为一条古老的自然河流，水从高耸的梁山（今北京石景山）流下，因而称“高梁河”。早在曹魏时期，就有前文所述的车厢渠水利工程与高梁河相连，将高梁河水引入潞水（今北运河），用于灌溉沿途农田；金泰和年间，政府又在河段上游建造水闸，以便船只更方便地进入中都，河道改称“通济河”；元至元二十九年（1292 年），在郭守敬主持下再次对河道改建，引白浮泉水至积水潭，向南直达通州，形成了一条连接大都与通州的重要河道，元世祖忽必烈为其命名为“通惠河”，全长约 82km。元末明初，由于上游部分河道被毁，这时的通惠河主要指东便门大通桥至通州段。（图 8-11）

北运河为通州到天津段，主要为天然河流，利用永定河河道。北起北京市通州区，流经河北省香河县和天津市武清区，在天津市新红桥东汇入子牙河，至三岔河口与南运河汇合。南运河为天津到山东临清段，其部分河道在天津及河北省沧州市。

明清时期，京杭大运河仍起着连接南北方的漕运作用。随着近代铁路的发展，京杭大运河的作用逐渐减弱。

图 8-11　元积水潭码头画作
（摄于首都博物馆）

三、津保内河

津保内河是联系保定与天津的重要河道，包含的主要河段有府河、大清河。

清时，保定为直隶省会，天津为重要的通商口岸。为了加强两地的漕运交通，清康熙至乾隆年间，政府将连接两地的大清河（含白洋淀）进行疏通，历时百余年，形成了一条自保定，经清苑、安新、雄县、文安、霸州至天津的内陆自然运河。该运河对清代京畿地区政治、经济、文化的发展起到了重要作用，并沿用至 20 世纪六七十年代。（图 8-12）

图 8-12　大清河沿线白洋淀现状
（王菲拍摄）

第三节　其他

京津冀其他建筑包括驿站、作坊、桥梁等。

一、驿站

中国古代信件以驿站的方式递送。全国主要驿道，三五十里一驿，用人骑马的方式拉力传递。皇帝谕令，最快日行“加急六百里”；普通官文，日行二三百里；民间信件，费资耗时，且常有遗失。

明鸡鸣驿城位于河北省怀来县，建于明永乐十八年（1420 年），是中国现存规模最大的古代驿站。该驿城位于京畿地区通往口外的道路要冲，明代为宣化府进京途中最大的驿站。现鸡鸣驿城墙体保存基本完好，城内现存多处古建筑，如寺庙、衙署、行宫、民居和店铺等。（图 8-13）

图 8-13　鸡鸣驿城城墙、民居及鸟瞰
（引自：《中国文物地图集 · 河北分册 · 上》）

二、作坊

作坊是中国古代生产手工业商品的场所，城市中的小型作坊常与店铺相结合，形成前店后厂的形式，称铺行，大、中型作坊则主要是制造产品的场所。现以河北的定州窑和北京的铺行为例。

1. 定州窑

定州窑又称定窑，位于河北省保定市曲阳县，因其位于宋代定州而得名。该窑始建于唐代，北宋年间迅速发展，所产的瓷器因其瓷质优良、色泽纯正而远近闻名，曾被宋朝政府定为御用瓷器的烧制作坊，元时衰败。

据相关考古报告述，定窑现存窑炉、作坊、房基、灰坑、灶、界墙等，并有大量瓷片、瓷土、窑具，遗址规模较大，为宋代六大窑系之一。（图 8-14）

图 8-14　定窑遗址发掘现场
（引自：《中国文物地图集·河北分册·上》）

2. 铺行

明永乐年间，政府为了促进商业与手工业的发展，在北京正阳门外修建了一批集销售、生产、居住于一体的铺行形式，称廊房。这种铺行沿街两层，附带后院，一层用于商铺，二层用于居住，后院用于作坊，今前门外廊房头条、二条、三条、四条（大栅栏）即因此得名。前门外廊房一至四条经营商品各具特色，如廊房头条以灯笼铺闻名，廊房四条汇集了大批京城老字号。明嘉靖至万历年间，廊房、大栅栏一带铺行栉比，明代绘画《皇都积胜图》描绘了这一场景，堪称北京版的《清明上河图》。（图 8-15a、图 8-15b、图 8-15c、图 8-15d、图 8-15e、图 8-15f、图 8-15g）

图 8-15a　廊房头条现状

图 8-15b　廊房二条现状

图 8-15c　廊房三条现状

图 8-15d　廊房四条（大栅栏）现状

图 8-15e　街巷空间

图 8-15f　正阳门一带的行市

图 8-15g　皇都积胜图局部图
（引自：国家博物馆）

三、桥梁

如前所述，赵州桥是京津冀地区最为著名的古代桥梁之一。除此之外，京津冀地区现存的古代桥梁还有很多，如北京的卢沟桥，河北的永通桥、弘济桥、学步桥等，均为重要的古代桥梁。现以卢沟桥和弘济桥为例简述如下。

1. 卢沟桥

卢沟桥原称广利桥，位于北京市丰台区宛平城西，横跨于永定河之上，始建于金代，是当时北京与华北陆上交通连接的重要津口，曾被元时意大利旅行家马可·波罗赞为“世界上最好的、独一无二的桥”。

卢沟桥结构合理，桥墩前尖后方，呈船形，迎水面承受压力小，有利于保护桥墩，同时桥身中央部分为大拱，两侧为小拱，符合受力需要；桥体造型优美，呈中间高两侧低的构图形式，犹如架在永定河上的一道彩虹；该桥装饰华丽，石桥望柱上的石狮刻工细腻，形态各异，桥头东西各设华表，并有石碑，上刻清乾隆帝“卢沟晓月”御题。（图 8-16、图 8-17）

图 8-16 卢沟桥
（周坤朋拍摄）

图 8-17 元代《卢沟运筏图轴》中的卢沟桥
（引自：《中国国家博物馆馆藏文物研究丛书·绘画卷·风俗画》）

2. 弘济桥

弘济桥又叫府东桥，位于河北省邯郸市永年区，始建年代无考，重修于明万历年间。

弘济桥的结构与赵州桥类似，属单孔敞肩拱桥，用石块砌筑而成。主拱券形似长虹飞架，两端各有两个小孔，造型古朴。桥面两边有望柱、栏板，并有虎、鹿、麒麟、花饰和民间典故等图案，刻工细腻，形态逼真。现该桥为全国重点文物保护单位。（图 8-18a、图 8-18b）

图 8-18a　弘济桥
（刘岩拍摄）

图 8-18b　弘济桥小品与雕刻
（刘岩拍摄）

第九章 近代建筑

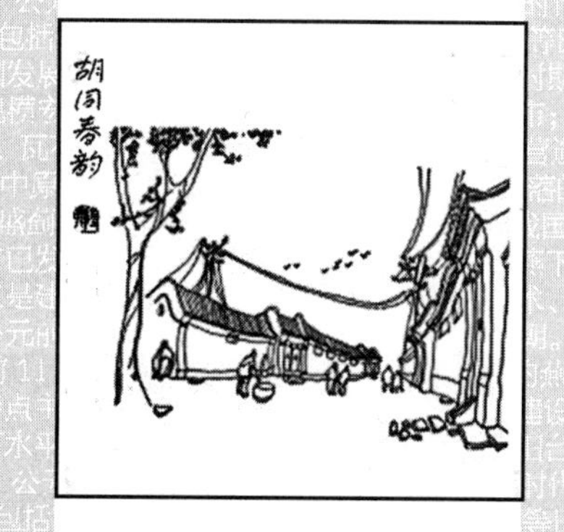

第一节 公共建筑

第二节 居住建筑、工业建筑

第三节 建筑风格、相关单位、代表人物

从1840年到1949年，是中国近代建筑历史发展阶段。京津冀地区建筑的类型、风格、技术等方面发生了显著的变化。参照近现代建筑分类方法，该地区建筑可分为公共建筑、居住建筑和工业建筑。

第一节 公共建筑

京津冀近代公共建筑包括办公建筑、商业建筑、旅馆建筑、科教文卫体建筑、交通运输类建筑等。

一、办公建筑

1. 政府办公建筑

① 国会议场及办公楼

1912年2月，袁世凯策划了北京“兵变”，决意将民国的首都定在北京。后参议院随临时政府迁京，并开始筹建国会建筑，最终选定清资政院及其东侧的财政学堂作为国会基址。

该建筑位于北京市西城区宣武门西大街，主要分为东、西两个区域：东区以办公建筑为主，南有工字楼，北有仁义楼和礼智楼，东西两侧加建连廊，中间为宽敞的方形院落，院落中央为信字斋，作为宪法起草委员会的会场；西区为国会议场建筑群，南有大型的国会议场，北有贵宾楼（称圆楼）和其他附属用房。（图9-1a、图9-1b）

② 总统府、国务院

1913年10月6日，国会召开总统选举会，袁世凯在北京就任中华民国临时大总统，将总统府、国务院设在原清陆军衙署和贵胄学堂。

图9-1a 国会议场旧影
（引自：《图说北京近代建筑史》）

图9-1b 国会议场现状

陆军衙署和贵胄学堂相邻，位于北京市东城区张自忠路北侧，建于清末。民国初年修整并增建附属建筑，其中西部为陆军衙署，作为总统府办公大楼，东部为贵胄学堂，作为国务院办公用房。两组建筑均为院落式布局，庭院周围用欧式楼房围合，大门朝南，入口正对总统府工字形办公楼。（图 9-2a、图 9-2b，图 9-3a、图 9-3b）

图 9-2a　总统府主楼

图 9-2b　总统府内院办公楼现状

图 9-3a　原国务院主楼入口

图 9-3b　原国务院内院办公楼

③ 察哈尔民主政府旧址

察哈尔民主政府旧址位于河北省张家口市宣化区，始建于 1930 年，原为宣化天主教（建于 1902 年）的修道院，后作为省公署。1945 年 11 月至 1946 年 10 月，曾作为在中国共产党领导下建立起来的全国第一个省级人民政府、民主政府办公驻地等。

旧址由前、中、后三院落组成，总建筑面积近 $3000m^2$。中院的北房为中西结合的二层小楼，带有典型的哥特式建筑风格；前院正房为前后均有檐廊的清式建筑，做法较为少见；

其他建筑多为砖木结构的硬山式房屋，风格质朴。

2. 使馆与公议局

① 英国使馆

英国使馆位于北京市东城区东交民巷，是清政府被迫与列强签订《天津条约》的产物，始建于清咸丰十一年（1861 年），由原淳亲王府改建而成，并于 1900 年《辛丑条约》签订后进行了扩建。

早期的英国使馆基本保持了原府邸的建筑和格局，仅对府门和中路的宫门进行改建，并在西路花园内新建了西洋楼。《辛丑条约》后扩建的使馆由教堂、秘书处、官员住宅和公使官邸等组成，使馆主体建筑为中式大屋顶屋面，院落式组合，另有欧式官厅一座，馆内环境优雅，融合了中西建筑的特色。（图 9-4）

② 法国使馆

法国使馆位于北京市东城区东交民巷，始建于清咸丰十一年（1861 年），原址是清代辅国公纯堪的府邸。义和团运动时，原使馆大部分建筑被焚毁，后在原址基础上进行了新建和扩建。

新建的法国使馆由一座主楼和四座配楼组成，规模远大于老馆。主楼平面呈“U”形，为一座地上两层、地下一层的砖木结构建筑。从立面上看，主楼均设有拱券式外廊，一层的拱券大小相间，二层的拱券大小一致，建筑局部用青石装饰。四座配楼呈东西对称式布局，风格与主楼相似。（图 9-5）

图 9-4　英国使馆旧影
（引自：《图说北京近代建筑史》）

图 9-5　法国大使馆入口

③ 天津法国公议局大楼

法国公议局大楼位于天津市和平区承德道，始建于 1929 年，建成时为法国公议局。（图 9-6a、图 9-6b、图 9-6c）

大楼分为主楼和配楼两部分，外墙均采用仿花岗石饰面，装饰典雅。主楼由中央和左右两翼组成：中央部分为三层，局部两层通高，主要为门厅、礼堂等用房；两翼部分为三层，为高级办公用房及其附属用房。

图 9-6a 法国公议局大楼沿街立面
（廖苗苗、刘岩、李凯茜拍摄）

图 9-6b 公议局入口
（廖苗苗、刘岩、李凯茜拍摄）

图 9-6c 主楼立面
（廖苗苗、刘岩、李凯茜拍摄）

3. 其他办公建筑

① 中央地质调查所

中央地质调查所成立于 1920 年，由丁文江、章鸿钊等人筹建，位于北京市西城区兵马司，院内有办公楼、图书馆及附属建筑。该机构在发掘北京周口店猿人遗址中，做出了重要的贡献。

调查所办公楼为二层建筑，立面采用简化的欧式造型，主入口整体向前突出，屋面为坡顶，建筑的主立面朝西，样式较为简朴。图书馆坐北朝南，亦为二层欧式坡顶建筑，主入口偏西，门头为弧形，两侧建筑立面用竖向柱式划分，柱间双窗组合，为简化的西洋式建筑。（图 9-7）

② 渤海大楼

渤海大楼位于天津市和平区和平路，始建于 1933 年，为一座有底商的写字楼，是当时天津最高、最具现代风格的建筑。

渤海大楼平面呈不规则的五边形，钢筋混凝土框架结构，主体 8 层，局部为 10 层，十层顶上有云亭。建筑底层较高，曾作为商业用房和设备用房；三到七层为建筑的标准层；九到十层为设备间。造型上底部一、二层有大面积的玻璃门窗，外墙为大理石饰面；二层到七层强调竖向线条，窗墙相间，使建筑显得格外高耸；八层以上逐层内收，从视觉上增加了建筑的挺拔感。（图 9-8）

③ 开滦矿务局大楼

开滦矿务局大楼位于天津市和平区泰安道，始建于 1919 年，是一座希腊古典复兴式风格的建筑。

大楼平面为矩形，地面 3 层，带地下室，坐南朝北。大楼中部设一个 3 层通高的中庭，展示、洽谈、娱乐、管理、办公室等用房沿回廊布置。造型方面，建筑立面对称式布局，中央部分设跨层柱廊，左右两侧墙体突出，竖向为三段式，即基座、楼身、顶部，造型典雅庄重。（图 9-9a、图 9-9b、图 9-9c）

图 9-7　中央地质调查所
（引自：《图说北京近代建筑史》）

图 9-8　渤海大楼
（廖苗苗、刘岩、李凯茜拍摄）

图 9-9a　开滦矿务局大楼
（引自：《天津历史风貌建筑图志》）

图 9-9b　开滦矿务局大楼
（廖苗苗、刘岩、李凯茜拍摄）

图 9-9c　大楼的立面开窗和主立面柱廊
（廖苗苗、刘岩、李凯茜拍摄）

二、商业建筑

1. 银行建筑

① 大陆银行北京分行

大陆银行成立于 1919 年，总部位于天津。大陆银行北京分行位于北京市西城区西交民巷东口，20 世纪 20 年代中期由基泰工程公司负责营建。

大楼建筑平面呈矩形，首层、二层为带有中庭的营业大厅，三、四层为银行办公管理用房，局部五、六层为辅助用房和钟楼。建筑立面段式划分，基座用花岗石砌造，主立面中部设通高三层的门券，四层上下设双檐口，五层房屋承托上部的钟楼。入口处为建筑的装饰重点，拱门内嵌帕拉第奥券柱，钟楼顶部覆以穹顶。（图 9-10a、图 9-10b）

② 天津盐业银行

盐业银行为民国初期河南督军张镇芳创办，是中国最早私家银行之一，总部初设在北京，后迁天津。天津盐业银行大楼位于天津市和平区赤峰道，1925 年设计施工，1928 年正式投入使用，由中国著名建筑师沈理源设计。

大楼主入口面向西南，入口前为一处三面围合的梯形小广场。建筑平面近似矩形，共 3 层：一层是营业大厅，二三层是办公室和会客室。建筑临街立面运用了大尺度的柱廊，增加了建筑的气势，柱廊上方为厚重的檐部，主入口檐部上方有仿希腊式的山花墙。此外，建筑内部的线脚、檐口、柱廊等处运用了中式的装修元素，中西结合，韵味独特。（图 9-11，图 9-12a、图 9-12b）

③ 中国人民银行总行旧址

中国人民银行总行旧址位于河北省石家庄市中华北大街，建成于 1941 年。1948 年，中国人民银行在这里正式成立，并发行了第一套人民币。

图 9-10a　大陆银行旧影
（引自：《图说北京近代建筑史》）

图 9-10b　大陆银行现状

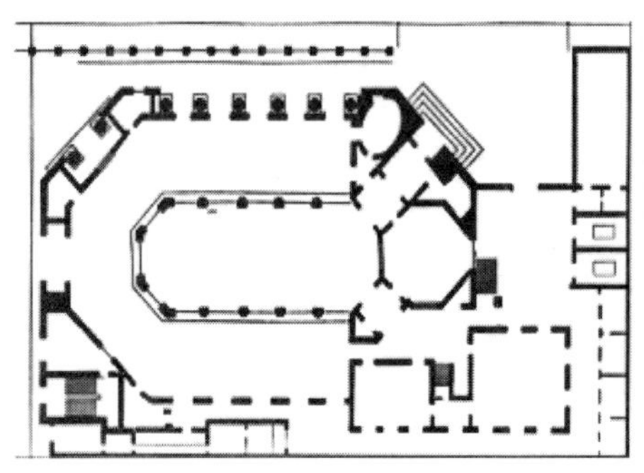

图 9-11　天津盐业银行平面
（引自：《天津建筑图说》）

图 9-12a　盐业银行远景和沿街柱廊
（廖苗苗、刘岩、李凯茜拍摄）

图 9-12b　盐业银行主入口和次入口
（廖苗苗、刘岩、李凯茜拍摄）

图 9-13　中国人民银行旧址
（王菲拍摄）

该建筑平面呈 U 字形，坐东朝西，为砖混结构，地面两层，中间局部三层，带地下室。建筑的主立面中部较高，左右两翼较低，中部入口部分突出，中式屋顶；两翼开窗规整，左右对称。外墙主要为灰砖砌筑，俗称“小灰楼”。（图 9-13）

2. 商场建筑

① 东安市场

东安市场位于北京市东城区王府井大街北口，始建于 1903 年，当时著名的店铺有东升玉百货店、华兴蔚绸布庄、东来顺饭庄等。1906 年市场北门又盖起了吉祥茶园、中华舞台等娱乐场所，成为北京繁华的商业之地。

民国年间，东安市场曾有两次失火，原有建筑几乎全毁。1920 年，东安市场由商民公益联合会与市政公所共同规划、重建，整个商场平面呈“L”形，建筑多为二层，南北向有两条主要的商业街，商业街上部设采光天窗。较大型的建筑如剧场、影院、茶楼、饭庄、百货店多位于市场的东北角，较小的店铺位于商业街两侧，市场规模宏大，素有“万宝全”之称，时为北京最大的百货市场。（图 9-14，图 9-15）

② 劝业场

劝业场大楼位于天津市和平区滨江道，建成于 1928 年，是近代天津的大型百货商场。

大楼主体共 5 层，和平路与滨江道交口转角处为 7 层，七层以上还有高耸的塔楼。商场内部有一个大型的中庭，商铺围绕中庭而设，数量多，经营广。从立面上看，大楼三段式布局，形式与功能统一，构图层次分明。(图 9-16，图 9-17a、图 9-17b)

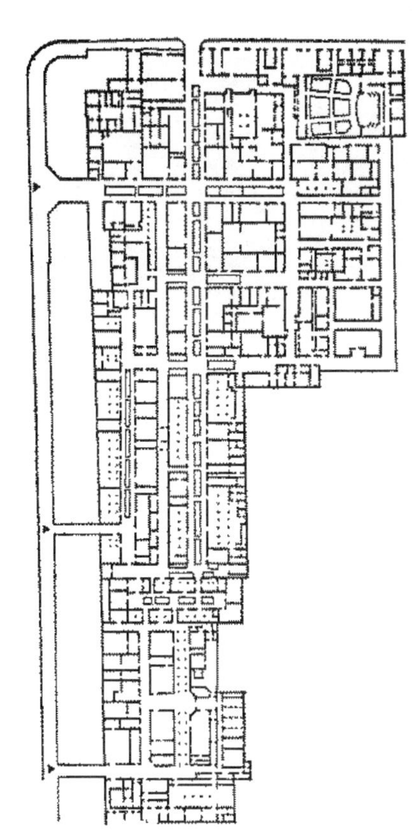

图 9-14　东安市场平面
(引自:《图说北京近代建筑史》)

图 9-15　东安市场现状

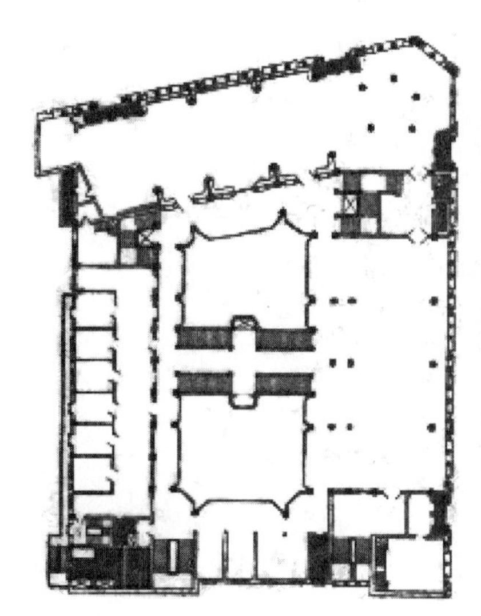

图 9-16　劝业场平面
(引自:《天津建筑图说》)

图 9-17a　天津劝业场
(廖苗苗、刘岩、李凯茜拍摄)

图 9-17b　劝业场北立面和东立面
（廖苗苗、刘岩、李凯茜拍摄）

三、旅馆建筑

1. 北京饭店

北京饭店位于北京市东城区王府井大街南口，始建于 1903 年，欧式风格，高 5 层，砖混结构。1917 年，中法实业银行在原楼的西侧建 7 层法式新楼。

新楼平面为矩形，首层设有前台接待、大堂、餐厅等用房，地下一层为设备用房，二层至七层中间为走廊，南北两侧为客房，建筑造型采用法国古典折中式。后北京饭店又扩建了西楼，6 层建筑，形成了东、中、西三楼一体的现代化大型饭店，为民国年间北京最为豪华的饭店。（图 9-18，图 9-19）

图 9-18　北京饭店旧影
（引自：《图说北京近代建筑史》）

图 9-19　北京饭店现状

2. 利顺德大饭店

利顺德大饭店位于天津市和平区，创建于 1863 年，是天津近代出现最早的西式大饭店。饭店最初为平房，1884 年扩建，饭店主楼 3 层，设半地下室。

饭店首层有门厅、餐厅、厨房、台球室，二、三层为客房区，半地下室为设备用房。20 世纪 20 年代，部分主楼被拆除，重建了 4 层砖混结构的大楼，增建了舞厅和餐厅，并改建了原有大楼的内部空间。扩建部分的建筑立面大量采用西洋古典壁柱，外墙饰面也多为花岗石，尽显稳重大气，与原有建筑轻巧风格形成了鲜明的对比。（图 9-20，图 9-21）

3. 六国饭店

六国饭店位于河北省秦皇岛市山海关区，始建于 1902 年，是一座砖木结构建筑。

饭店平面呈“丁”字形，分为主楼和东侧的配楼，均为两层。主楼首层主要是生活区，东部为餐厅部分，西部为客房部分；二层为娱乐、储藏区，有舞厅、仓库等用房。配楼位于主楼的东侧，是饭店的附属功能区。建筑立面多采用灰砖和天然石材，装饰较少。清末该建筑曾作为西方列强侵华的接待站，是清政府被迫与西方列强签订不平等条约《辛丑条约》的产物，位于山海关八国联军营盘内。

图 9-20　利顺德大饭店现状
（廖苗苗、刘岩、李凯茜拍摄）

图 9-21　局部现状
（廖苗苗、刘岩、李凯茜拍摄）

四、教文卫体建筑

1. 教育类建筑

① 京师大学堂

京师大学堂是北京第一所新型高等学校。“百日维新”之际，光绪帝谕旨建校，时为1898年7月3日。京师大学堂最初校址位于北京市东城区景山东街，后又增添了北河沿、沙滩（北大红楼）两处校舍。初期校舍包括教室、宿舍、图书馆、办公管理及附属用房数百间。1902年8月，清廷颁布《钦定学堂章程》，其中规定大学堂分预备科、大学专科和大学院三级，为中国首次以政府名义规定的完整学制。（图9-22a、图9-22b）

北大红楼建成于1918年，位于北京市东城区五四大街29号，通体红砖砌筑，砖木结构，平面布局呈“工”字形。该建筑是中国共产党早期北京革命活动纪念地，也是新文化运动的中心和五四运动的策源地，具有重大的历史价值，现为全国重点文物保护单位，北京新文化运动纪念馆。（图9-22c、图9-22d）

图9-22a 京师大学堂入口

图9-22b 京师大学堂教学楼

图9-22c 北大红楼
（引自：《东华图志》）

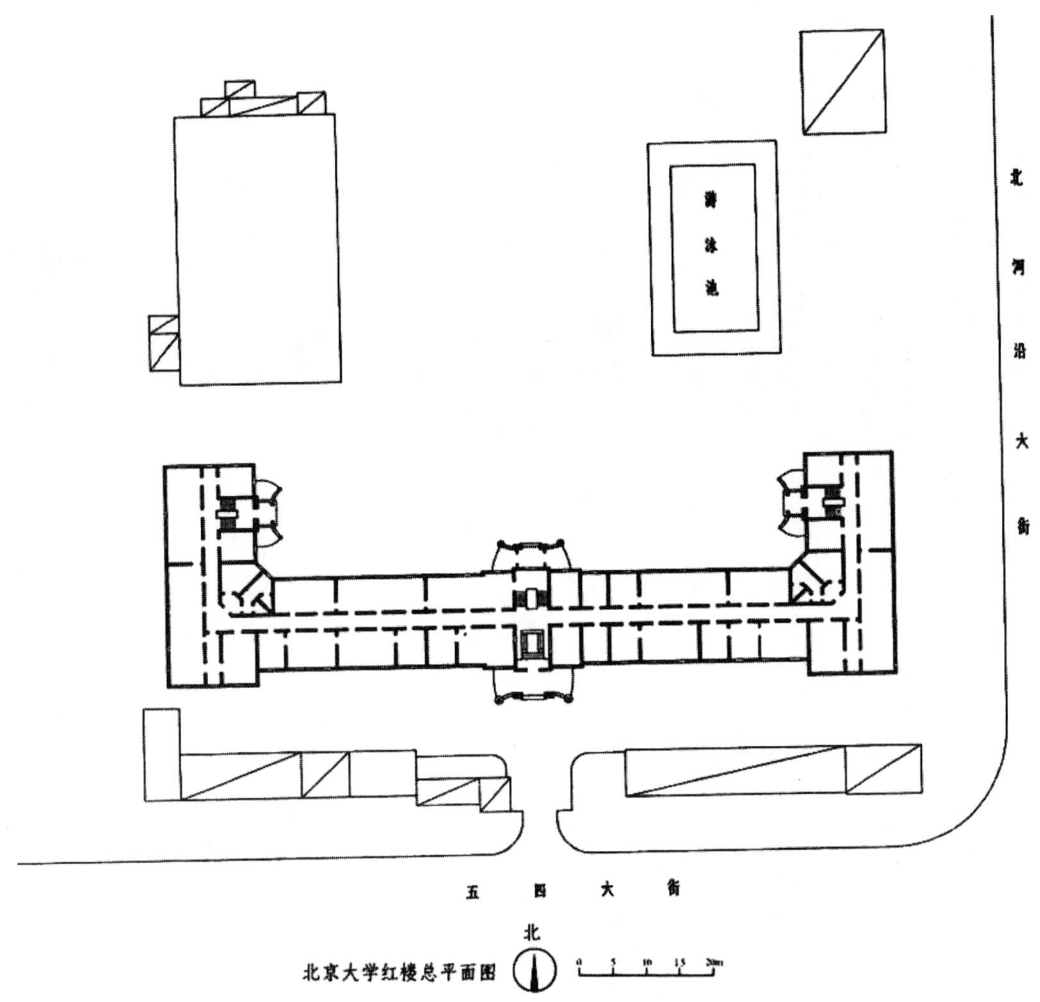

图 9-22d 北大红楼平面图
（引自：《东华图志》）

② 清华大学

清华大学位于北京市海淀区。1909 年初，美国政府以退还庚子赔款余额之名，在中国开办学校，6 月清政府筹设“游美肄业馆”，选定京城西北郊清华园旧址建校。

学校初期建设包括修缮了原有工字厅、怡春院、古月堂三组建筑，新建了校门、三院（讲堂）以及礼堂、宿舍、校医院等洋风建筑，并于 1911 年春正式启用，学校招收游美预备生，同时更名为清华学堂，第二年改称“清华学校”，1928 年更名为“国立清华大学”，抗日战争时期两次南迁，1946 年迁回清华园。（图 9-23a、图 9-23b、图 9-23c）

民国年间，清华大学经历了两次大规模的扩建。第一次扩建是在原清华学堂校址的基础上继续发展，1916 年起陆续兴建了大礼堂、图书馆、科学馆、体育馆、工艺馆及教工宿舍区，以欧美风格为主，多数建筑保存至今。第二次扩建是在清华大学东侧兴建新校区，从 1928 年到 1937 年，先后建设了生物馆、气象台、明斋、化学馆、机械工程馆、航空馆等建筑，造型仍以西洋古典建筑风格为主，兼有现代式建筑风格。（图 9-24）

图 9-23a　清华大学礼堂

图 9-23b　清华学堂

图 9-23c　现清华大学二校门

图 9-24　科技馆入口与气象台

（引自：《图说北京近代建筑史》）

③ 燕京大学

燕京大学位于北京市海淀区，始建于 1920 年。燕京大学校园规划采用中国园林建筑的处理手法布局：东西主轴线主要建筑为西校门、华表、贝公楼（主楼）、未名湖思义亭、体育场；南北次轴线主要建筑有体育馆、女生宿舍区、适楼、中心绿地、男生宿舍区。燕京大学建筑均采用中式风格，教学楼、实验楼、宿舍楼等建筑以三合院成组布局，建筑屋顶有庑殿式、歇山式、硬山式，整个校园规划严谨，疏密适度，人文景观与自然山水相互交融，具有浓厚的中国传统建筑风格。现燕京大学校址被北京大学使用。（图 9-25，图 9-26）

图 9-25　燕京大学未名湖

图 9-26　燕京大学老建筑

④ 北京四中

1906 年（清光绪三十二年）顺天府在北京西城区西什库旧址筹设顺天中学学堂。最初学堂建有教室、办公室、仪器室、大礼堂、图书馆、学生宿舍、运动场等建筑，建筑风格中西式结合，教学内容分科设置，有语文、数学、物理、化学、体育等，招收学生多为贵族子弟，也有品学兼优的平民学生。学校于 1907 年正式开学，宣统三年（1911 年）学校改名为京师公立第四中学堂，为北京四中的前身。（图 9-27）

⑤ 南开学校旧址

南开学校旧址位于天津市南开区四马路，始建于 1904 年，现存主要建筑有东楼、范孙楼等。

东楼始建于 1906 年，是一座两层楼的砖木结构、坡屋顶的建筑，总建筑面积 900 余平方米。从立面上看，该建筑体型简洁，主入口门楼前置，设爱奥尼柱拱券和罗马式拱券窗，建筑风格以欧式为主。（图 9-28）

范孙楼的主要功能为办公和教学，始建于 1929 年，是一座三层（局部四层）砖混结构的平屋顶建筑，总建筑面积 4600 余平方米。大楼坐西朝东，首层主要有大厅、会议室、讲堂、物理实验室、仪器室等用房；二层主要有书报室、游艺室、生物实验室、标本室等用房；三层主要为化学实验室。从立面上看，该建筑的风格结合了欧洲古典建筑与中国传统建筑的特色，具有纪念性建筑的庄重感。（图 9-29）

⑥ 保定陆军军官学校旧址

保定陆军军官学校位于河北省保定市，始建于 1903 年，称“北洋陆军速成武备学堂”，1912 年更名“陆军军官学校”。该学校教学方法新颖，训练严格，先后培养出一批著名的军事将领和知名人士。1923 年军校停办，校址先后被直、皖、奉军阀和日军占领，1948 年学校的部分校舍被拆除，现仅保留检阅台、主入口、靶场等。

图 9-27　顺天中学校门之一

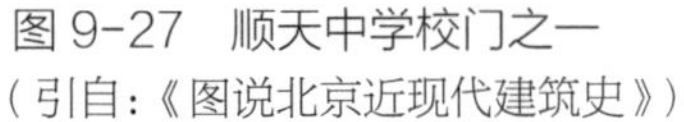

（引自：《图说北京近现代建筑史》）

图 9-28　东楼入口

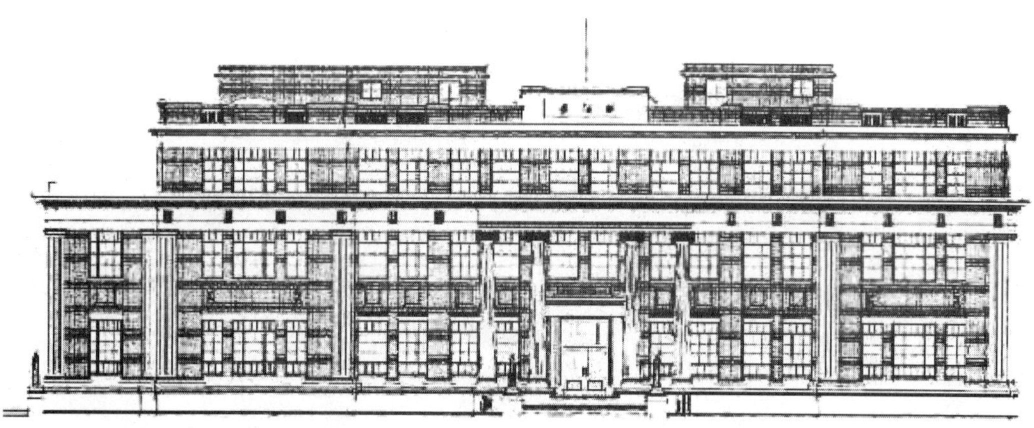

图 9-29　南开学校范孙楼立面
（引自：《天津历史风貌建筑》）

保定陆军军官学校由本部、分校、操场和靶场组成。本校部分由南北两院组成，建筑格局仿日本士官学校，均为青砖墙、坡屋顶的建筑。（图 9-30a、图 9-30b，图 9-31）

图 9-30a　保定陆军军官学校旧址大门

图 9-30b　北院讲武堂和北院学堂

图 9-31 保定陆军军官学校旧址全景
（河北文化遗产）

2. 文化类建筑

① 国立北平图书馆

国立北平图书馆位于北京市西城区北海公园西侧，前身为清末京师图书馆，新馆建于1929 年，1931 年 6 月 25 日正式落成开放，现为国家图书馆古籍馆。

图书馆坐北朝南，中式大门，内院宽阔，建有华表、石碑、石狮，以衬托院落的气派。图书馆平面呈“工”字形，首层有目录厅、资料室、办公室、装订室及设备用房；二层有普通阅览室、研究室、书库。图书馆的立面为中国传统建筑风格，南部正中主楼为重檐式庑殿顶，配楼及北楼为单檐庑殿顶，屋身仿清式楼阁造型，基座采用汉白玉须弥座，建筑比例端庄，尺度宏大，时为北京“中国固有式建筑”代表作。（图 9-32a、图 9-32b）

② 开明戏园

开明戏园位于北京市西城区前门大街珠市口，始建于民国初年，二层楼，门脸为三层，弧形入口，石材饰面，入口上部为柱廊式造型，顶部设女儿墙。观众厅上下两层，共有 800 个观众席位，舞台部分进深小，无副台。开明戏园最初只演电影，后兼演话剧，20 世纪 20 年代初，余叔岩、梅兰芳、孟小冬常在此演出。有关方面曾考虑恢复该建筑。（图 9-33，图 9-34a、图 9-34b）

图 9-32a 国家图书馆古籍馆大门

图 9-32b 古籍馆主楼

图 9-33　开明戏园旧影
（引自：《图说北京近代建筑史》）

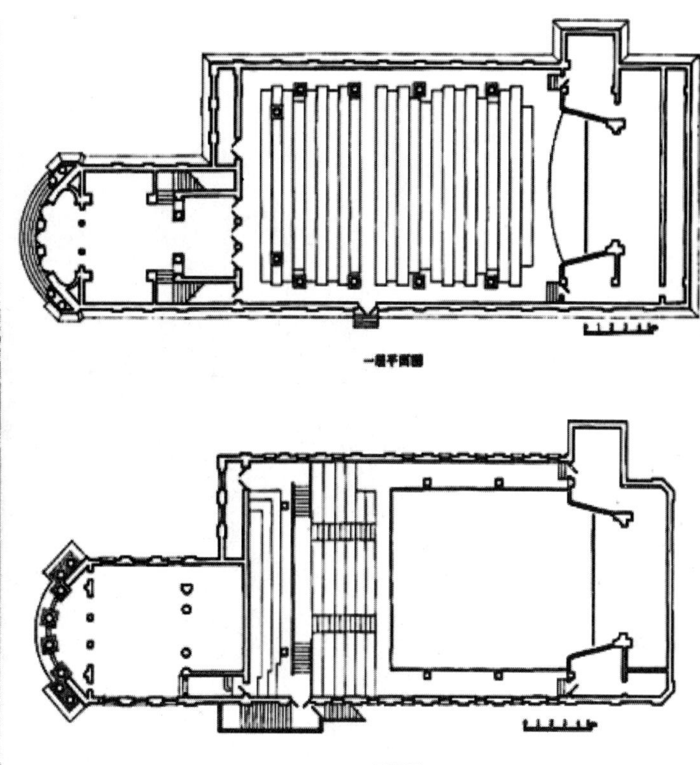

图 9-34a　戏园平面
（引自：《宣南鸿雪图志》）

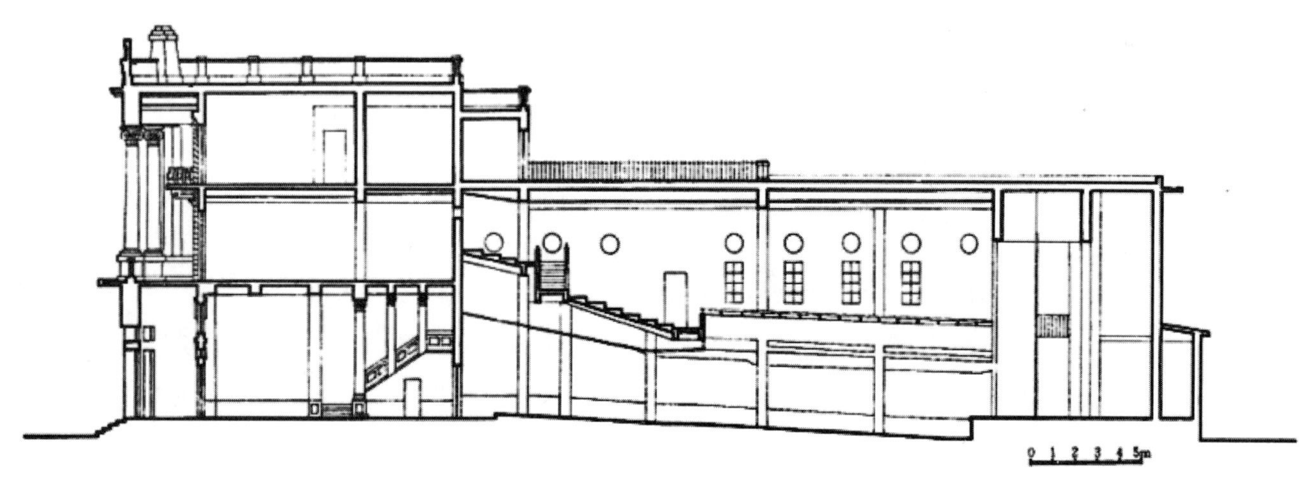

图 9-34b　戏园纵剖面
（引自：《宣南鸿雪图志》）

③ 中国大戏院

中国大戏院位于天津市和平区哈尔滨道，始建于 1934 年，是天津早期具有代表性的观演类建筑，众多戏剧名家都曾在这里演出。

戏院功能布局完整，设三层观众席，视线及声学设计合理，舞台及观众厅部分为大跨度的钢屋架结构，在当时技术先进。建筑外墙均为浅色水刷石饰面，开窗规整，强调竖向线条，建筑风格简洁明朗。（图 9-35a、图 9-35b，图 9-36）

图 9-35a　中国大戏院主立面
（廖苗苗、刘岩、李凯茜拍摄）

图 9-35b　中国大戏院现状（上、左）
（廖苗苗、刘岩、李凯茜拍摄）

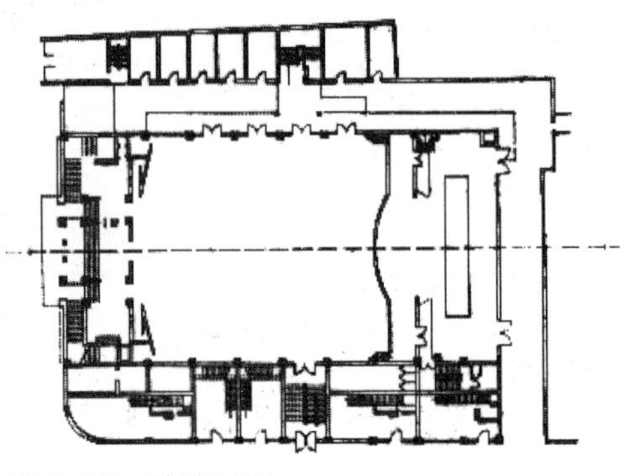

图 9-36　戏院平面
（引自：《天津建筑图说》）

3. 卫生、体育类建筑

① 北京协和医院教学医院

北京协和医学院教学医院位于北京市东城区王府井地区，由美国洛克菲勒基金会创办，其教学医院又称协和医院。

协和医院建筑平面呈“井”字形，医院设有门诊区、住院区、教学实验区、办公区及宿舍区，各区之间用宽敞的室内走廊相连，功能布局合理，使用方便。建筑物主体大楼为3层，配楼2层，建筑采用中式大屋顶造型，气势蔚为壮观。（图9-37，图9-38a、图9-38b）

图 9-37　协和医院旧影
（引自：《图说北京近代建筑史》）

图 9-38a　协和医院会堂现状

图 9-38b　协和医院主楼

② 清华大学体育馆

清华大学体育馆位于清华大学校园西侧，始建于 1916 年。

该建筑平面呈“T”字形，坐西朝东，东为体育馆的主立面。入口位于南北两侧，前馆设有室内跑道，中部为游泳池，后馆为大型健身房。体育馆的东立面为欧式风格，建筑造型庄重典雅，是当时北京的大型体育建筑。（图 9-39）

图 9-39　体育馆东立面
（引自：《图说北京近代建筑史》）

③ 天津回力球场

回力球场位于天津市河北区民族路，始建于 1933 年，是天津早期最大的运动兼博彩的场所。

球场共 4 层，首层有回力球大厅、更衣室、休息厅及附属用房，二层到四层主要为看台、游艺厅和彩票房。建筑立面开窗规整，竖向线条明朗，檐部和窗台等处有以回力运动

员为题材的浮雕装饰，整体风格简洁明快。（图 9-40）

图 9-40　回力球场现状
（廖苗苗、刘岩、李凯茜拍摄）

五、交通运输类建筑

1. 铁路与车站

① 京奉铁路及正阳门东站

京奉铁路是中国开办铁路运输业务最早的铁路，始建于 1886 年，1911 年全线贯通，是北京通往关外奉天（今沈阳北站）的重要铁路。

京奉铁路正阳门东站位于北京市东城区前门大街东侧，于 1906 年建成，站台为尽端式，西面为主立面，东面为接站台，北面背靠内城墙，南面设货场。车站建筑平面呈矩形，由中央候车大厅、南北辅助用房和 7 层钟楼组成。由于京奉铁路由英国修建，东站采用维多利亚女王建筑风格，墙体灰砖砌筑，兼用红砖间石材横向装饰。中央候车大厅顶部采用三角屋架，西立面山墙为圆拱造型，南侧穹顶钟楼耸立，时为北京地标式建筑。（图 9-41，图 9-42）

② 京张铁路及西直门车站

京张铁路是中国人自己设计、施工的第一条铁路，由詹天佑主持修建，1909 年建成，全长 201km。铁路纵跨燕山山脉，在八达岭处采用“之”字形线路，解决了铁路跨山坡度过大的难题，为世界铁路史首创之举。（图 9-43）

图 9-41　车站钟楼及穹顶
（引自：《图说北京近代建筑史》）

图 9-42　正阳门东站现状

图 9-43　西直门车站旧影
（引自：《图说北京近代建筑史》）

西直门车站位于北京市西城区西直门外大街，建成于1906年，建筑平面呈方形，对称布局，建筑中部为候车厅，两侧为辅助用房。建筑采用外廊式，造型中西式结合，砖木结构，候车大厅及辅助用房均采用三角形木屋架，并利用天窗采光。西直门车站时为大站，该铁路沿线还设许多小站，部分车站采用标准化设计，女儿墙造型仿长城垛口，标志着该线邻近长城的特征。(图9-44)

图9-44　站房西北立面
(引自:《图说北京近代建筑史》)

③ 津浦铁路与天津西站

津浦铁路始建于1908年，1912年全线贯通，从天津西站至南京浦口车站全长约1000公里。

天津西站位于天津市红桥区西站前街，始建于1909年。候车楼坐南朝北，平面呈"凸"字形，二层砖木混合结构。建筑造型欧式，左右对称，中间为高耸的钟楼。(图9-45)

图9-45　天津西站现状
(廖苗苗、刘岩、李凯茜拍摄)

2. 桥梁

① 天津万国桥

万国桥（今解放桥）位于天津火车站与解放北路之间的海河上，曾是连接老龙头火车站（今天津站）与法、英、德等租界的重要桥梁，最初是一座浮桥，称“老龙头浮桥”，1904年曾改建为一座简易的开启式铁桥。

万国桥于1927年建成，全钢结构开启式桥梁，桥身分为三跨，中跨开启可通过大型船只，闭合时可让车辆过河，功能合理，结构先进，是天津近代开启桥的代表之作。（图9-46）

图9-46　万国桥现状

② 滦河大铁桥

滦河大铁桥位于河北省唐山市滦县，始建于1892年，由著名铁路工程师詹天佑主持修建，为单线铁路桥，俗称“花梁桥”。

大桥包括桥头、引桥和桥梁三部分，共有桥墩16个，主要用材为钢铁、水泥和石块。据《滦州志》记载，“大桥长二百一十七丈四尺六寸，宽二丈，计十七孔”，今测桥长670.56m，时为中国著名的钢结构桥梁。（图 9–47）

图 9–47　滦河大铁桥
（郝杰拍摄）

第二节　居住建筑、工业建筑

京津冀近代居住建筑包括别墅、住宅、商住房等，工业建筑包括工厂、矿区、码头等，现将相关实例介绍如下。

一、居住建筑

1. 北京协和医院别墅区

协和医院别墅区位于北京市东城区东单北大街，建于 20 世纪 20 年代，内设十余幢二三层西洋式别墅，建筑沿周边布局，中央部分为道路及绿地，区内设有网球场、俱乐部等设施，为医院高级职员的住所。（图 9–48）

2. 天津意租界别墅区

意租界别墅区位于天津市河北区南部，围绕马可波罗广场布置，始建于 1908 年，别墅共三组六栋，均为二层带庭院的砖木结构建筑。三组别墅的功能布局基本相同：一层主要为客厅、起居室；二层为卧室。别墅的造型基本统一，但立面处理中又存在着变化，如凉亭虽都为平顶，但高低、拱券各有不同，有平拱、圆拱和尖拱之分。（图 9–49）

图 9-48　协和医院别墅区现状

图 9-49　意租界别墅现状
（廖苗苗、刘岩、李凯茜拍摄）

3. 河北北戴河海滨别墅区

该别墅区位于河北省秦皇岛市北戴河区，其发展始于清末津榆铁路的开通，许多官贵洋人在此度假，到 1949 年共建造了别墅 719 栋，现保存完好的别墅有 130 余栋，整体风格统一，大多为红色坡顶。其中较著名的别墅有瑞士小姐楼、马海德别墅、傅作义别墅等。

以瑞士小姐楼为例，该建筑又叫“乔和别墅”，建于 20 世纪初，平面呈不规则的长方形，坐北朝南，毛石墙体，两层带地下室，总建筑面积 1000 余平方米，是一座带有敞廊的欧式风格建筑。（图 9-50）

图 9-50　瑞士小姐楼现状
（王非拍摄）

4. 北京香厂新市区住宅

民国初年，政府为了改善北京天桥西部的环境，在香厂地段进行了大规模的新市区建设。住宅方面，新市区建有三种住宅：一是万明路的条形建筑，住宅高两层，中西式造型，内部中间为通道，两侧为住宅；二是泰安里，由六组单元式建筑组成，仿上海里弄式住宅，内设天井，高两层，每个单元设有公共厕所；三是华康里，住宅沿街为二层小楼，中有通道，内部为条形平房住宅。（图 9-51，图 9-52，图 9-53）

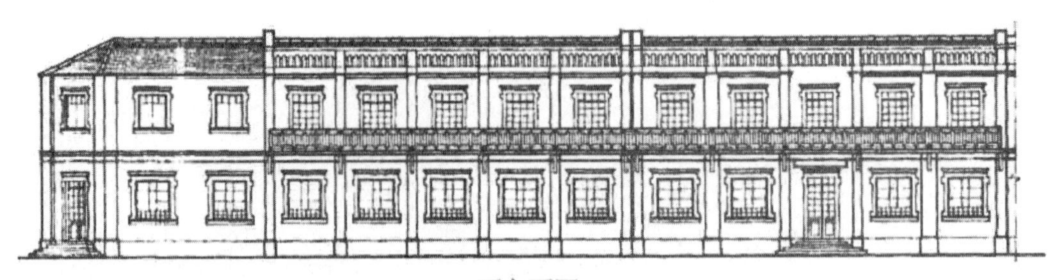

图 9-51　万明路商住楼北立面
（引自：《宣南鸿雪图志》）

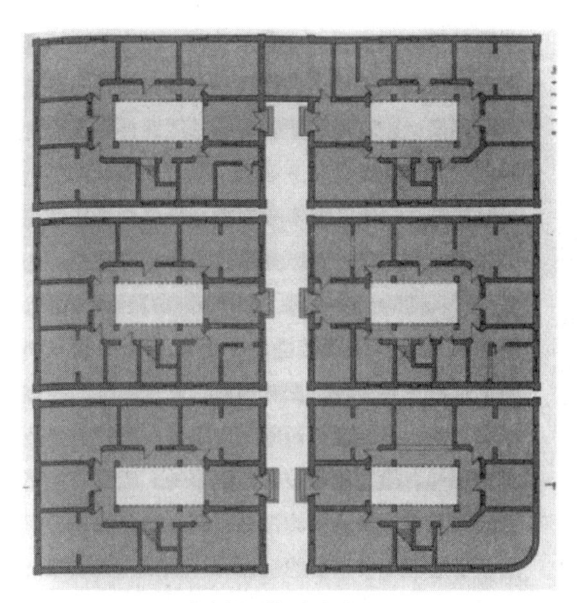

泰安里居住区平面图

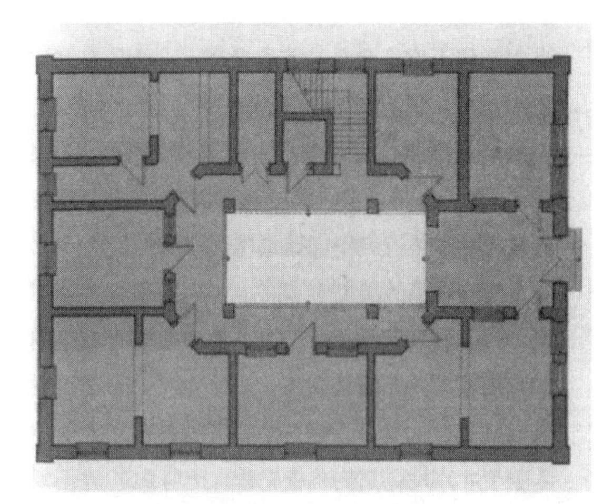

泰安里居住区单元一层平面图

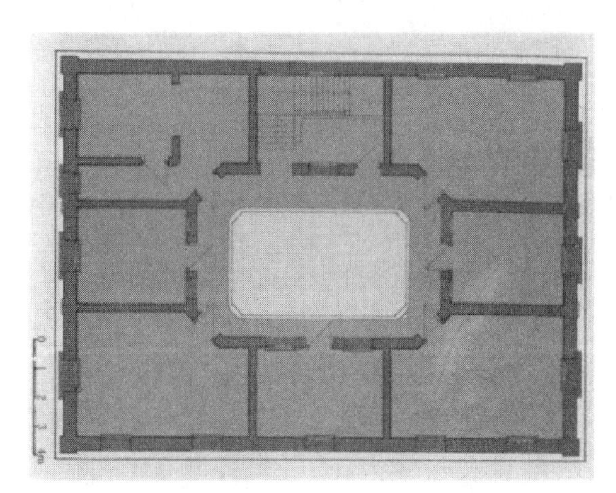

泰安里居住区单元二层平面图

泰安里居住区单元立面图

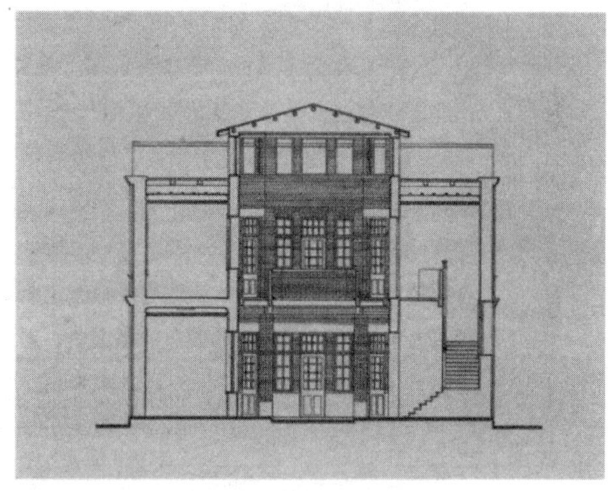

泰安里居住区单元纵剖面图

泰安里居住区西立面图

泰安里居住区横剖面图

图 9-52　泰安里中西式院落
（引自：《北京民居》）

图 9-53　华康里中西式院落外立面（左）、入口（右）

5. 天津公寓与里弄式住宅

20 世纪 20 年代起，天津建设了一批现代化的公寓和里弄式住宅。公寓多为四、五层，户型一室至四室不等，均有客厅、卧室、厨房、卫生间等，如位于和平区马场道的香港大楼；里弄式住宅是“天井式”的联排住宅，多为两、三层，底层为服务型用房，二、三层为居住用房，功能分区明确，平面布局紧凑，是近代天津较为流行的一种住宅形式，如位于和平区马场道的安乐村。（图 9-54，图 9-55，图 9-56）

图 9-54　香港大楼现状

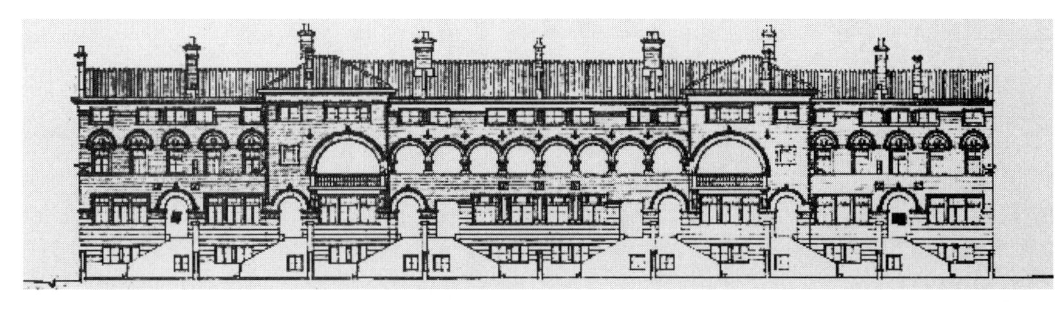

图 9-55　安乐村住宅立面
（引自：《天津历史风貌建筑图志》）

图 9-56　单元入口和开窗形式
（廖苗苗、刘岩、李凯茜拍摄）

二、工业建筑

1. 财政部印刷局

财政部印刷局的前身是清代“度支部印刷局”，位于北京市西城区白纸坊街，始建于 1908 年，民国初年进行改建、扩建，是中国采用雕刻版设备印钞的第一家印钞厂。扩建后的印刷局主要建筑有主工房大楼、机务车间、活版印刷车间及其他辅助用房。其中大门之上的钟楼设计颇具特色，两侧门房上部用中国古代“布币”造型进行装饰，整个大门与门房呈“一”字形布置，气势壮观。（图 9-57）

图 9-57　主工房大楼南立面图
（引自：《图说北京近代建筑史》）

2. 天津机器制造局

天津机械制造局又称“天津机器局”，始建于 1867 年，最初由位于原天津城南的西局和天津城东的火药局组成，称“军火机器总局”。1870 年后，更名“天津机械局”，并多次改建和扩建，厂址周围筑高墙、挖壕沟、置炮台，号称当时的“军火总汇”。天津机械制造局建筑为中国传统木架结构，主要为一层平房，厂房规模宏大，但建筑技术相对落后。1900 年八国联军侵华战争后，机械局被毁。（图 9-58a、图 9-58b）

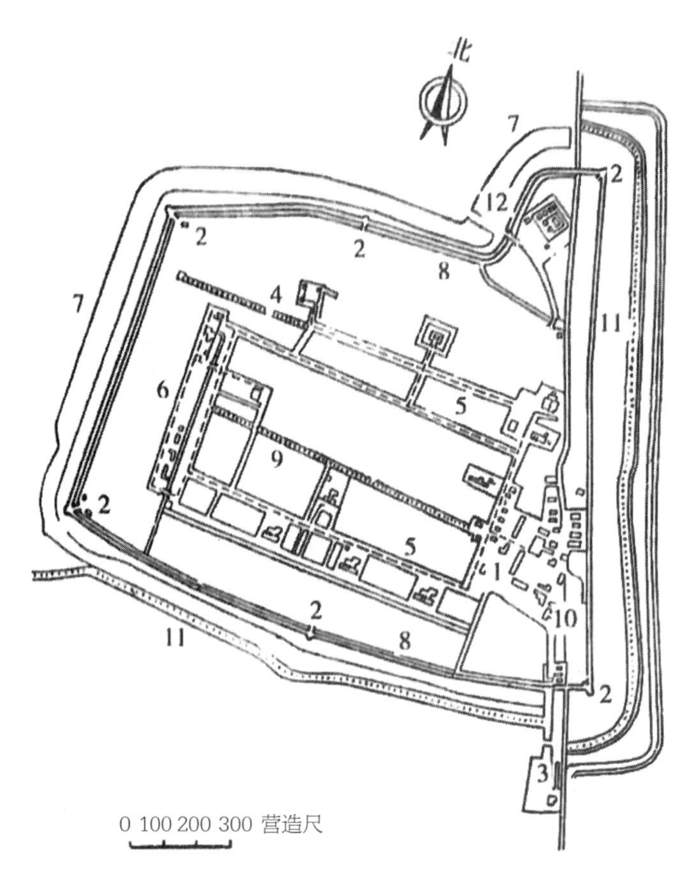

图 9-58a 天津机器制造局总平面
（引自：《中国建筑史》）

1—机器厂；2—炮台；3—洋匠住房；4—试枪子道；5—铁道；6—转盘；7—外城壕；8—内城壕；9—试药道；10—试放水雷池；11—新筑大道；12—北局门

图 9-58b 天津机器制造局旧影
（引自：中华网）

3. 北洋水师大沽船坞

北洋水师大沽船坞位于天津市滨海新区，始建于 1880 年，属综合性军事基地。八国联军侵华战争后，船坞被沙俄强占，后由北洋政府海军部管辖，1949 年被中国人民解放军军管会接管。

大沽船坞历经沧桑，仅“甲”字船坞保存较为完好，20 世纪六七十年代改建。轮机厂房基本保留了原有梁架结构，其他建筑如办公楼、加工厂、码头等均只余遗址。（图 9-59）

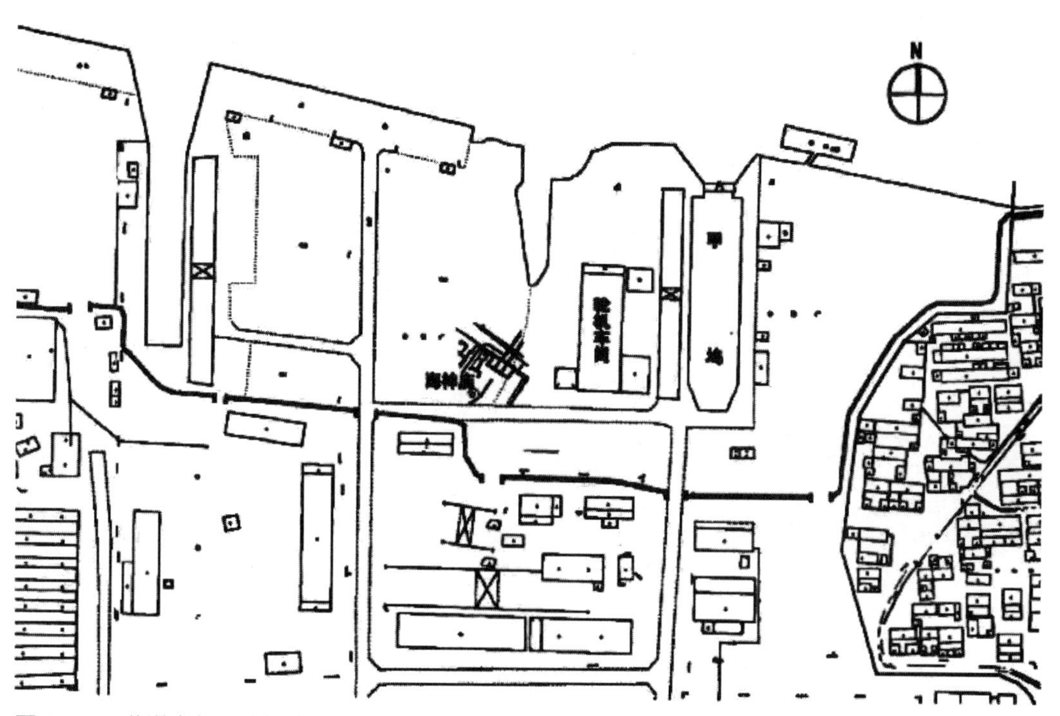

图 9-59　北洋水师大沽船坞现状平面
（引自：《中国工业建筑遗产调查、研究与保护 2010 年中国首届工业建筑遗产学术研讨会论文集》）

4. 正丰矿工业建筑群

正丰矿位于河北省石家庄市井陉矿区，成立于 1912 年，是中国近代兴建最早的煤矿之一。解放战争期间，该矿曾做为晋察冀解放区的大企业，有着重要的历史价值。现建筑群包括建矿初期建造的“段家楼”、两个矿区及其附属设施等。

5. 耀华玻璃厂旧址

耀华玻璃厂位于河北省秦皇岛市，始建于 1922 年，是中国近代第一家大型玻璃制造厂，现存建筑有电灯房、水塔等。该厂现为秦皇岛市玻璃博物馆，2018 年 1 月列入中国工业遗产保护名录第一批名单。（图 9-60，图 9-61）

图 9-60 耀华玻璃厂旧影
（引自：《秦皇岛古近代建筑》）

图 9-61a 耀华玻璃厂老厂房
（王菲拍摄）

图 9-61b 耀华玻璃厂老厂房局部
（王菲拍摄）

第三节 建筑风格、相关单位、代表人物

本节结合实例将京津冀地区建筑风格、相关单位、代表人物分述如下。

一、建筑风格

京津冀近代建筑风格大体可分为三种类型，一是欧式古典建筑，二是现代建筑，三是中国固有形式。现将相关内容介绍如下。

1. 欧式古典建筑

近代以来，欧式古典建筑兴盛，多集中在北京、天津及河北的秦皇岛、北戴河、唐山等城市。现以北京东交民巷使馆区和天津五大道建筑群为例。

① 北京东交民巷使馆区

1901 年《辛丑条约》签订之后，西方列强将东起崇文门大街，西至天安门广场，南至内城城墙，北至东长安街北侧的地界划定为使馆区。区内各国又划定了各自管辖范围，所建的使馆、兵营、银行、洋行、邮局、饭店、医院等著名建筑 100 余处，建筑风格多为古典折中式，形成了“西洋式”建筑群。代表性的建筑有六国饭店、横滨正金银行、万国俱乐部、同仁医院、比利时大使馆等。（图 9-62a、图 9-62b、图 9-62c、图 9-62d、图 9-62e）

图 9-62a　东交民巷现街景

图 9-62b　六国饭店
（引自：《图说北京近代建筑史》）

图 9-62c　东交民巷圣弥额尔天主教堂

图 9-62d　比利时大使馆入口

图 9-62e　横滨正金银行现状

② 天津五大道建筑群

1860 年英租界开辟，五大道地区为英租界，包括马场道、睦南道等五条主道、十余条次道组成的大型街区。经过数十年的建设，五大道地区形成了“万国博览建筑城”。其中最具代表性的 300 余幢建筑中，英式建筑 89 所，意式建筑 41 所，法式建筑 6 所，德式建筑 4 所，西班牙建筑 3 所，建筑为文艺复兴式、古典式、折中式、巴洛克式、中西合璧式等。（图 9-63a、图 9-63b、图 9-63c）

图 9-63a　五大道小洋楼现状

图 9-63b　五大道睦南府

图 9-63c　五大道现状街景

2. 现代建筑

20 世纪初，现代主义建筑兴起，以德国“包豪斯”学派为代表的国际式建筑风靡全球，北京、天津等城市也出现了一些现代主义的建筑。代表性的建筑有天津中原百货公司、北京仁立地毯公司、北京大学女生宿舍等。

天津中原百货公司位于天津市滨江道，邻近和平街，始建于 1926 年，楼高 60 余米，总建筑面积约 10000m^2，时称华北地区最大的百货公司。该建筑平面布局合理，立面造型简洁，具有现代建筑的特征。

仁立地毯公司位于北京王府井商业区，始建于 1932 年，建筑平面呈“L”形，一层是营业厅，二层是办公室，三层是宿舍，建筑立面非对称构图，现代式建筑风格，装饰简洁。

北京大学女生宿舍位于北京市沙滩地区，始建于 1935 年，该建筑主体三层，局部四层，平面呈“凹”形布局，按使用功能分区设计，立面非对称布置，造型简洁，被誉为“包豪斯”风格作品，是典型的现代主义建筑。（图 9-64a、图 9-64b、图 9-64c）

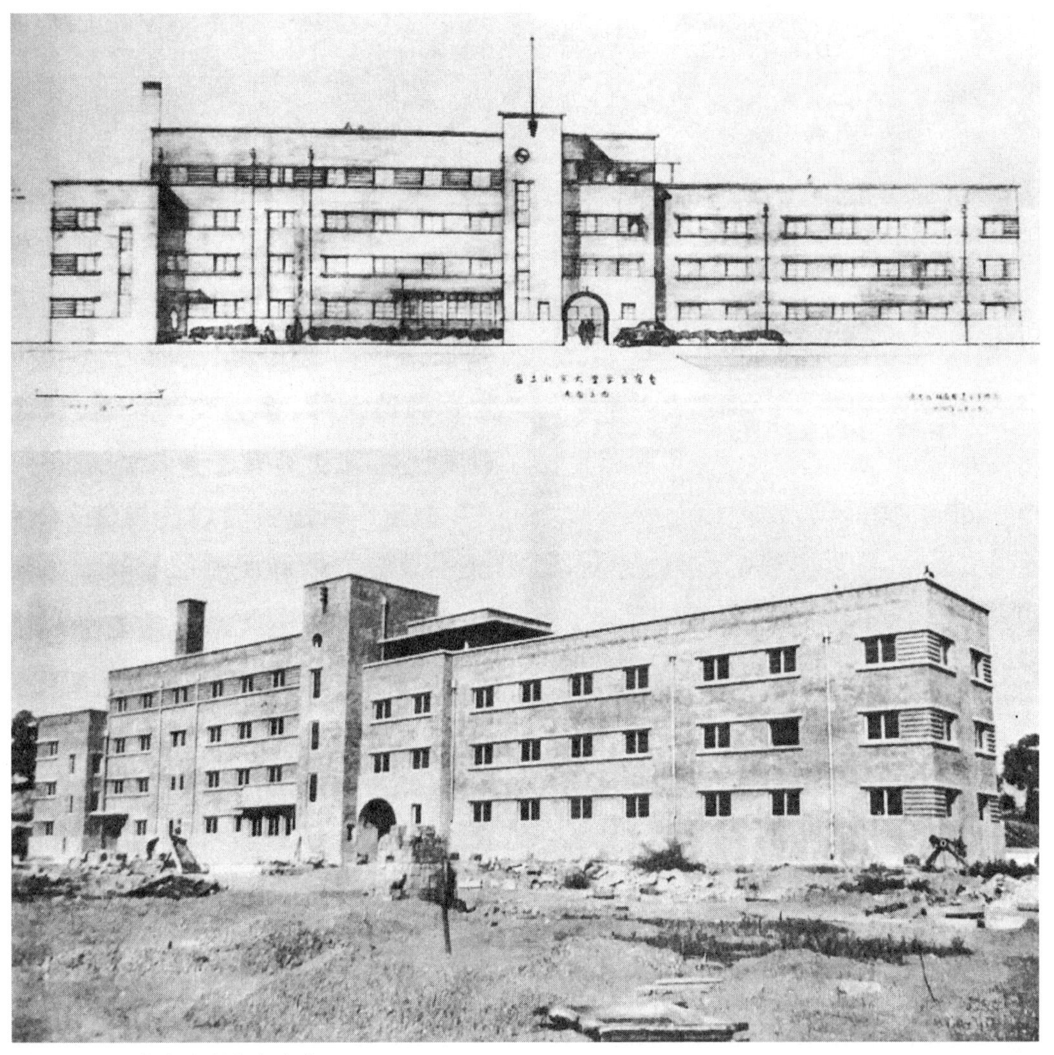

图 9-64a 北京大学女生宿舍
（引自：《城记》）

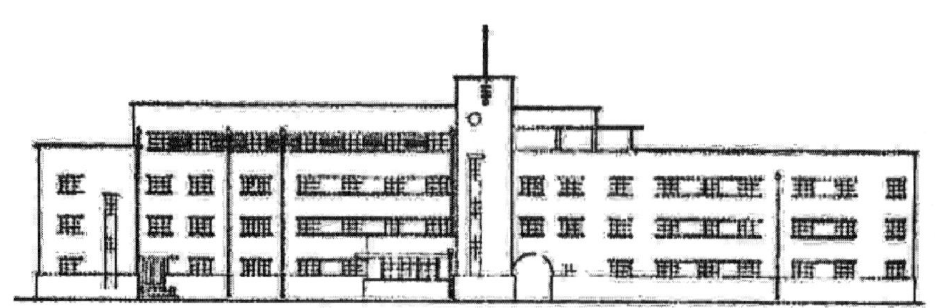

图 9-64b　女生宿舍南立面图
（引自：《近代建筑》）

图 9-64c　女生宿舍西立面东侧
（引自：《近代建筑》）

3. 中国固有形式建筑

“中国固有形式”建筑活动，指近代中外建筑师对中国建筑现代化的探索，即建筑的内涵为现代式，建筑的造型为中国式。其流行的地区主要为北京、南京等大城市。

北京是“中国固有形式”建筑活动的发源地。1919 年燕京大学创办，燕京大学校园规划采用了中国园林的处理手法，校园建筑多采用“大屋顶”式，具有鲜明的中国建筑风格。20 世纪 20 年代至 30 年代，北京著名的“中国固有形式”建筑还有北京协和医院、国立北平图书馆、辅仁大学等。（图 9-65a、图 9-65b、图 9-65c、图 9-65d、图 9-65e、图 9-65f）

图 9-65a　办公楼旧影
（引自：《图说北京近代建筑史》）

图 9-65b　燕园旧影
（引自：《图说北京近代建筑史》）

图 9-65c　辅仁大学旧影韩扬主编
（引自：《图说北京近代建筑史》）

图 9-65d　北平图书馆旧影
（引自：《图说北京近代建筑史》）

图 9-65e　辅仁大学现街景

图 9-65f　协和医院附属建筑

二、相关单位

1. 中国工程师学会

中国工程师学会成立于 1912 年 1 月 1 日，总部位于北京西单报子街，首任会长为詹天佑，首批会员 100 余人。会章规定宗旨五条：即“一为出版以输学术；二为集会以通情志；三为实验以资实际；四为调查以广见闻；五为藏书以备参考”。学会内设编辑、调查、交际、演讲四科，并每年定期举办年会。1931 年，中国工程师学会与中国工程学会合并，仍沿用原名，下设全国各地分会 52 处，会员发展到 16000 余人。该会多次表彰具有突出贡献的工程师，出版了颇具影响的《工程》学术刊物，并宣布每年 6 月 6 日为中国工程师节，是民国年间中国最大的学会团体，涉及的领域包括建筑、铁路、道桥、航空、机械、材料、石油、化工、电子等行业。

2. 中国营造学社

中国营造学社成立于 1930 年，社址位于北京市东城区宝珠子胡同，社长为朱启钤，由中华教育文化基金会提供资助。该社下设法式部和文献部，法式部主任为梁思成，文献部主任为刘敦桢。从 1932 年到 1937 年，学社对全国各地古建筑进行了调查测绘，收集了古今中外营造图谱、模型及照片资料，并采访了著名工匠师、工部旧人、样房及算房专家等，同时制作了许多著名建筑模型。学社出版专门著作 20 余种，《中国营造学社汇刊》7 卷，对中国古代建筑的研究做出了重大的贡献。

3. 中国地质调查所

中国地质调查所成立于 1913 年，最初的领导为章鸿钊、丁文江、翁文灏等人。该调查所有 10 大机构，其中新生代研究室对北京周口店遗址的发掘做出了重大的贡献。此外，该调查所设立了陈列馆，展品近万件，包括北京早期的建筑遗址及出土文物。

4. 基泰工程公司

基泰工程公司是中国最具影响力的建筑设计公司之一，该公司成立于民国初年，总部位于天津。公司主要设计人员以留洋归国建筑师为主，20 世纪 20—40 年代，为中国民办建筑设计方面的领军公司。后部分设计资源并入北京建筑设计院（现北京市建筑设计研究院有限公司）。

5. 清华大学建筑系

清华大学建筑系始创于 1946 年，由梁思成先生任系主任，该系在 20 世纪 40 年代末期培养了一批从事建筑设计的高水平人才，为推动中国建筑业的发展做出了重要的贡献。

6. 北京大学考古系

北京大学前身为清京师大学堂，1912 年更名为国立北京大学。该学校考古专业为国内一流水平，培养了一批从事文物与古建方面的科学研究者。

7. 天津工商学院

天津工商学院始建于 20 世纪 20 年代，位于天津市马厂道，是法国教会所办的大学，设有建筑系和土木系，培养了一批中国著名的建筑师。后该校建筑系并入天津大学。

8. 交通大学北平铁道管理学院

该学校始建于清末，民国年间是中国顶级的交通行业高等学府，培养了大批铁路、建筑、道桥方面的学子。

9. 国立北平艺术专科学校

国立北平艺术专科学校成立于 1918 年，1928 年改为北平大学艺术学院。该校设中国画、西洋画、实用美术、音乐、戏曲、建筑系，后又增设了雕塑系，1946 年徐悲鸿先生任校长。该校在建筑、实用美术、雕塑等专业培养了大批学生，并开创了建筑装饰与室内设计的先河，成为北京高校培养建筑艺术人才的基地。

10. 其他学校

民国年间，北京还成立了市立高等工业学校（源于京师初等工业学堂，现为北京建筑大学）、高级职业学校等中等专业学校。这些学校设有土木科、机械科，为培养建筑施工人才作出了突出的贡献。

三、著名历史人物

1. 詹天佑（1861 年 4 月—1919 年 4 月）

詹天佑祖籍徽州婺源，生于广东省广州府南海县。12 岁时，詹天佑赴美国留学，1878 年时考入耶鲁大学土木工程系，主修铁路工程。詹天佑是中国近代铁路工程专家，被誉为中国首位铁路总工程师。他负责修建了京张铁路等工程，有“中国铁路之父”“中国近代工程之父”之称。

2. 朱启钤（1872 年 11 月—1964 年 2 月）

朱启钤祖籍贵州开州，生于河南信阳，曾任中国北洋政府官员，为爱国人士，也是中国著名实业家、古建筑学家、工艺美术家。

3. 刘敦桢（1897 年 9 月—1968 年 5 月）

刘敦桢，湖南新宁人。1921 年毕业于日本东京高等工业学校（现东京工业大学）建筑科，后为南京工学院（现东南大学）教授，中国科学院院士，著名中国建筑史学家。

4. 梁思成（1901 年 4 月—1972 年 1 月）

梁思成，籍贯广东新会，毕生致力于中国古代建筑研究和保护，是中国著名的建筑历史学家、建筑教育家和建筑师，曾任中央研究院院士（1948 年）、中国科学院哲学社会科学学部委员（院士），创办了清华大学建筑系，参与了人民英雄纪念碑、中华人民共和国国徽等作品的设计。其学术成就享誉中外，被誉为“中国建筑历史的宗师”。

5. 杨廷宝（1901 年 10 月—1982 年 12 月）

杨廷宝，生于河南南阳，曾是国立中央大学建筑系教授，南京工学院副院长，中国科学院院士，中国近现代建筑设计开拓者之一，著名建筑学家，江苏省副省长，20 世纪 20 年代至 30 年代初，在天津基泰工程司工作。他在国内外建筑界享有很高的声誉，被誉为近现代中国建筑开拓者之一。

基础资料汇编

一、京津冀建筑历史地图集

如前所述，京津冀地区的建筑历史源远流长，类型多样，要想“一书尽揽”确有难度。为此我们选择了“编年体”与“纪事本末体”相结合的史学撰写方法，先介绍综述、发展概况，后阐述城市建设、宫殿坛庙、宗教建筑、居住建筑、园林、长城运河及其他建筑、近代建筑七大类型，共九大部分，并配以历史地图，标注各章重要建筑，希望用“图说”的方法方便读者阅读。现将第一章至第九章简要历史地图分列如下，谨供参考。

1. 京津冀都市圈区域空间关系示意图

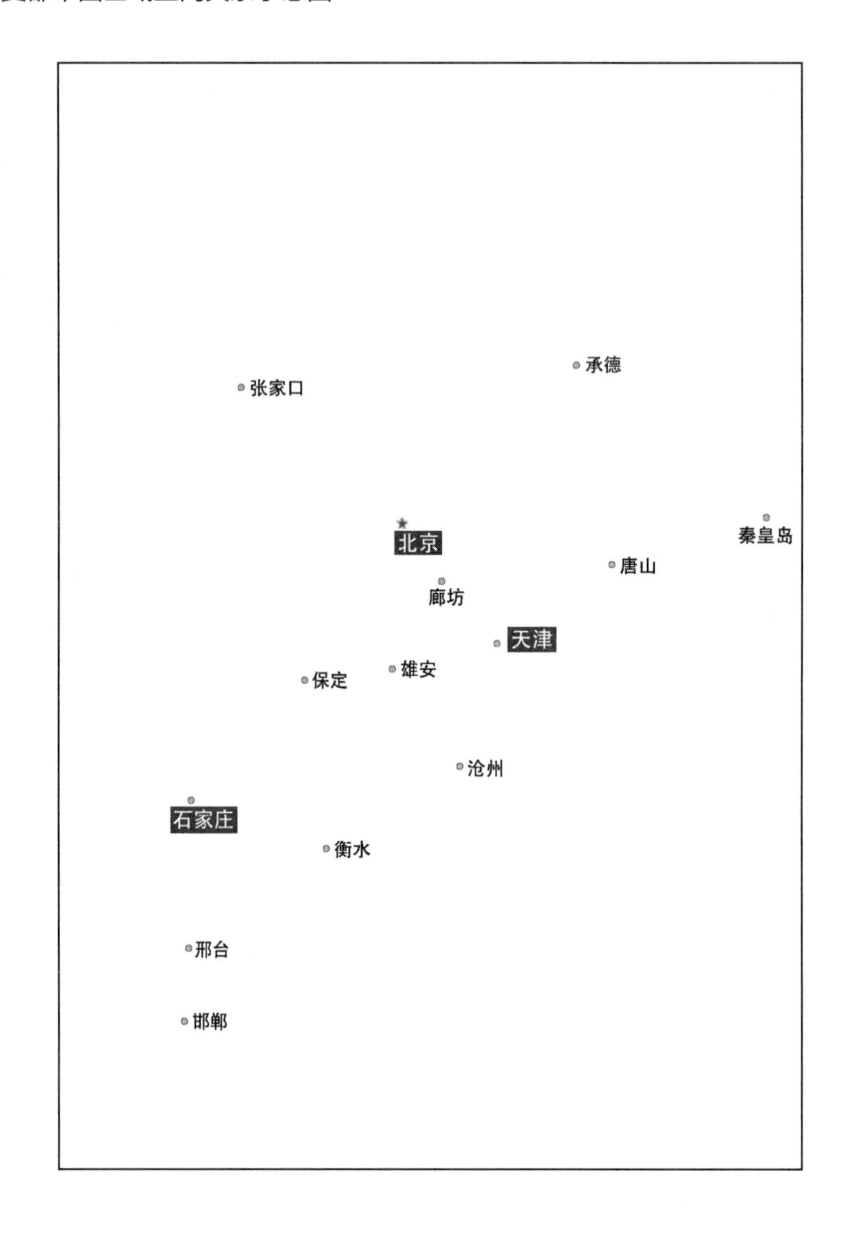

2. 京津冀重要历史建筑分布示意图

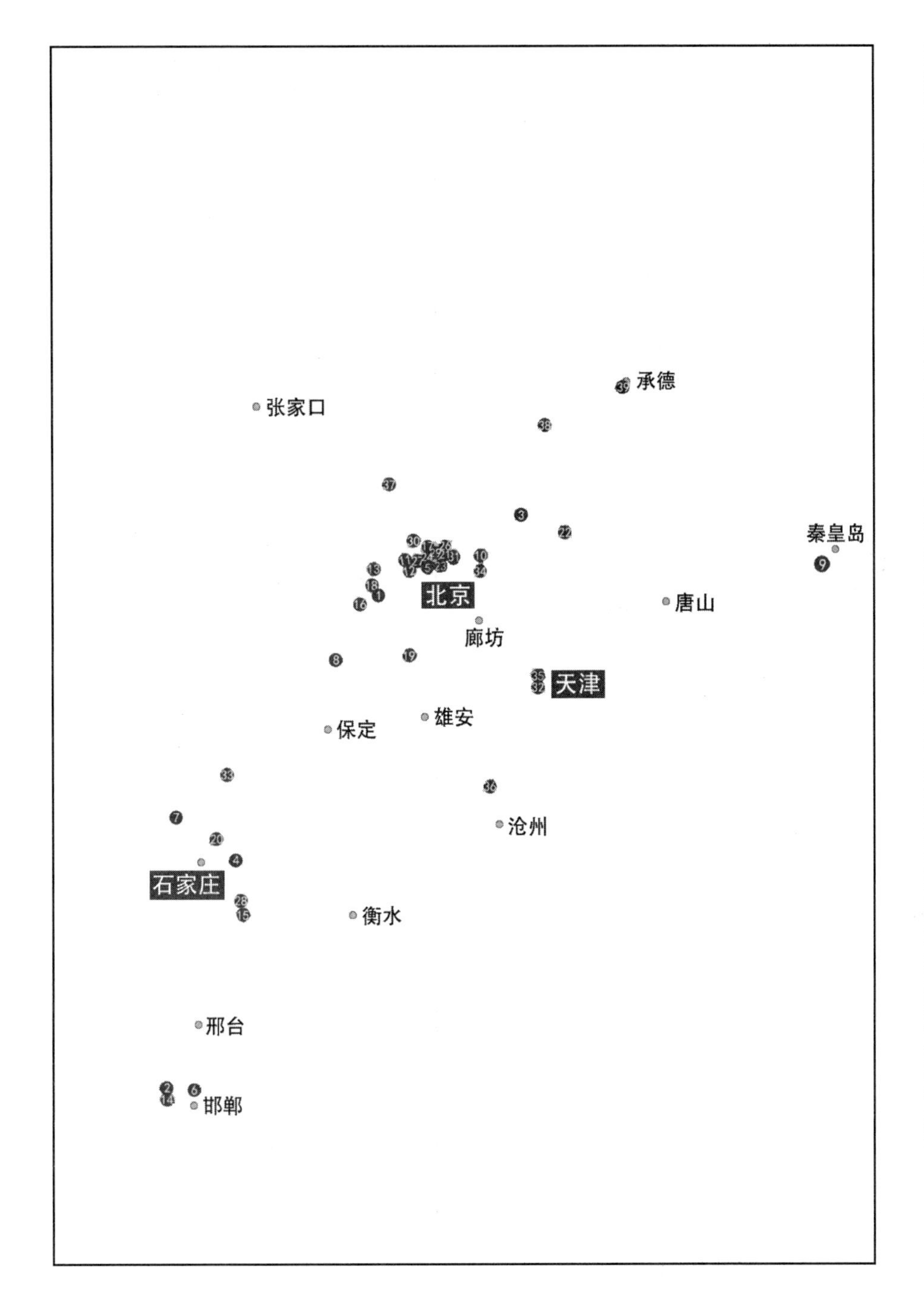

京津冀重要历史建筑		
序号	名称	地址
1	周口店遗址	北京市房山区周口店大街1号
2	磁山遗址	河北省邯郸市武安市遗址路
3	北埝头遗址	北京市平谷区大兴庄镇北埝头村
4	台西遗址	河北省石家庄市藁城区台西村
5	蓟城	北京市西城区广安门一带
6	赵邯郸故城	河北省邯郸市区及西南郊
7	中山灵寿故城	河北省石家庄市平山县
8	燕下都遗址	河北省易县北易水和中易水之间
9	北戴河秦行宫址	河北省秦皇岛市北戴河区 海滨金山嘴路8号
10	路县故城遗址	北京市通州区潞城镇古城村
11	戾陵渠	北京石景山区永定河畔
12	车厢渠	北京石景山区永定河畔
13	潭柘寺	北京市门头沟区潭柘寺镇
14	响堂山石窟	河北省邯郸市峰峰矿区太行西路
15	安济桥	河北省石家庄市赵县县城南2公里处
16	云居寺	北京房山区水头村白带山上
17	唐幽州城	原位于今北京西城区
18	下寺石塔	北京市房山区下寺村
19	宋辽边关地道	河北省保定市雄县将台路159号
20	隆兴寺	河北省石家庄市正定县 长安区中山东路109号
21	辽南京	北京市西城区广安门一带
22	独乐寺	天津市蓟县城内武定街41号
23	天宁寺塔	北京市西城区天宁寺甲3号
24	牛街清真寺	北京市西城区牛街中路18号
25	延芳淀	北京市通州南辛庄飞放泊和大兴南苑 飞放泊
26	大宁宫	北京市北海、中海
27	卢沟桥	北京丰台区宛平城西
28	永通桥	河北省石家庄市赵县永通路北
29	白塔寺	北京市西城区阜成门内大街171号
30	碧云寺	北京市海淀区买卖街40号香山公园内
31	东岳庙	北京市朝阳区门外大街141号
32	天后宫	天津市南开区古文化街80号
33	北岳庙	河北省保定市莲池区裕华西路301号
34	张家湾	北京市通州区
35	三岔河口	天津市河北区狮子林桥附近
36	青县	河北省沧州市
37	八达岭长城	北京市延庆区八达岭镇
38	金山岭长城	河北承德滦平县巴克什营
39	承德避暑山庄及 外八庙	河北省承德市双桥区丽正门大街22

3. 京津冀重要城市分布示意图

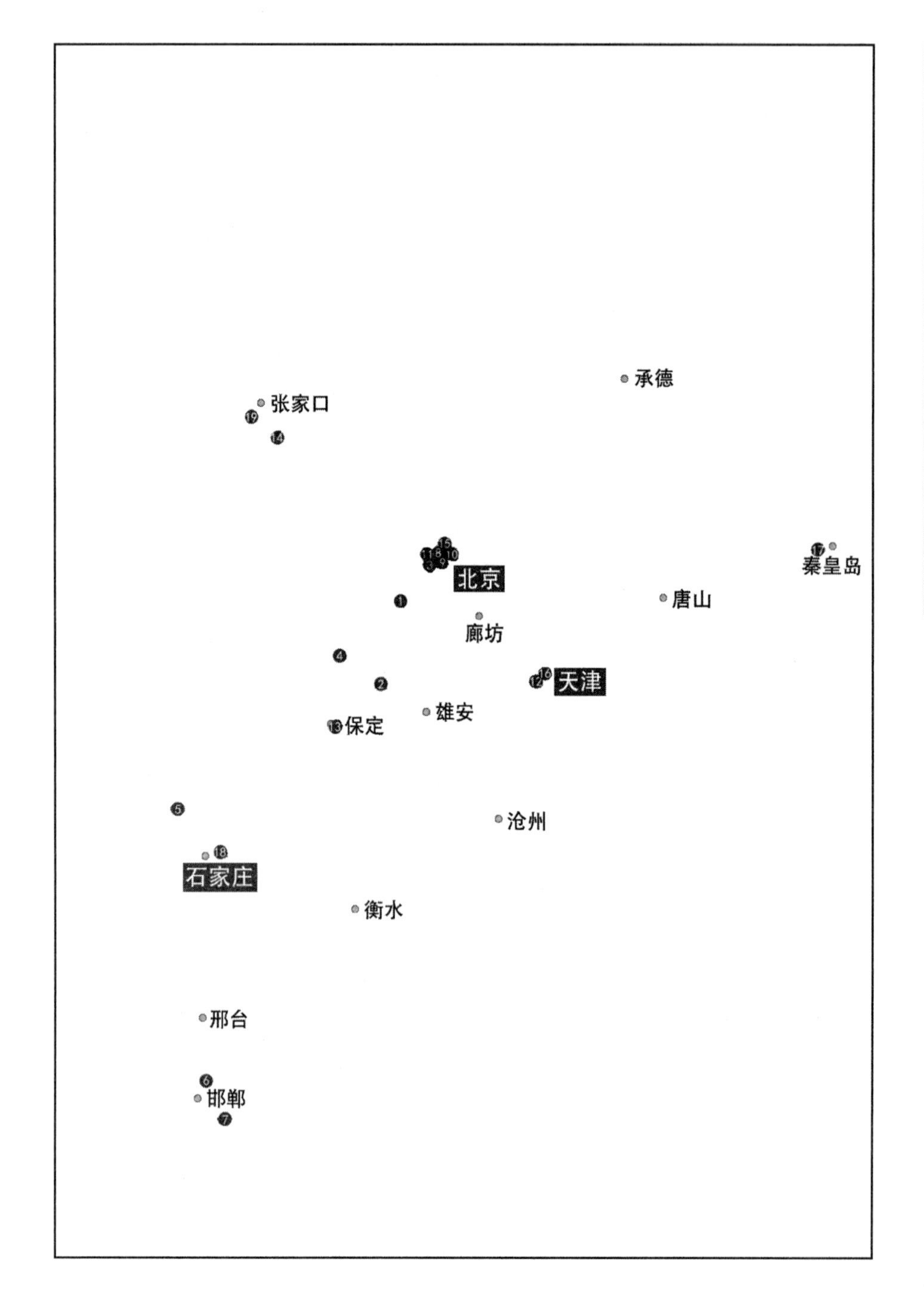

京津冀重要城市		
序号	名称	地址
1	董家林古城	北京市房山区琉璃河董家林一带
2	南阳遗址	河北省容城县晾马台乡的南阳村
3	蓟城	北京市西城区广安门一带
4	燕下都	河北省易县北易水和中易水之间
5	中山灵寿故城	河北省石家庄市平山县
6	赵邯郸故城	河北省邯郸市区及西南郊
7	曹魏邺城	河北省邯郸市临漳县
8	辽南京	北京市西城区广安门一带
9	金中都	北京市西城区广安门一带
10	元大都 及明清北京	北京市
11	西汉蓟城、北魏 蓟城、唐幽州城	北京市西城区
12	天津城	天津市狮子林桥西
13	保定城	河北省保定市莲池区一带
14	宣化城	河北省张家口市宣化区
15	近代北京	北京市
16	近代天津	天津市
17	近代秦皇岛	河北省秦皇岛市
18	近代石家庄	河北省石家庄市
19	近代张家口	河北省张家口市

4. 京津冀重要宫殿、坛庙、官署分布示意图

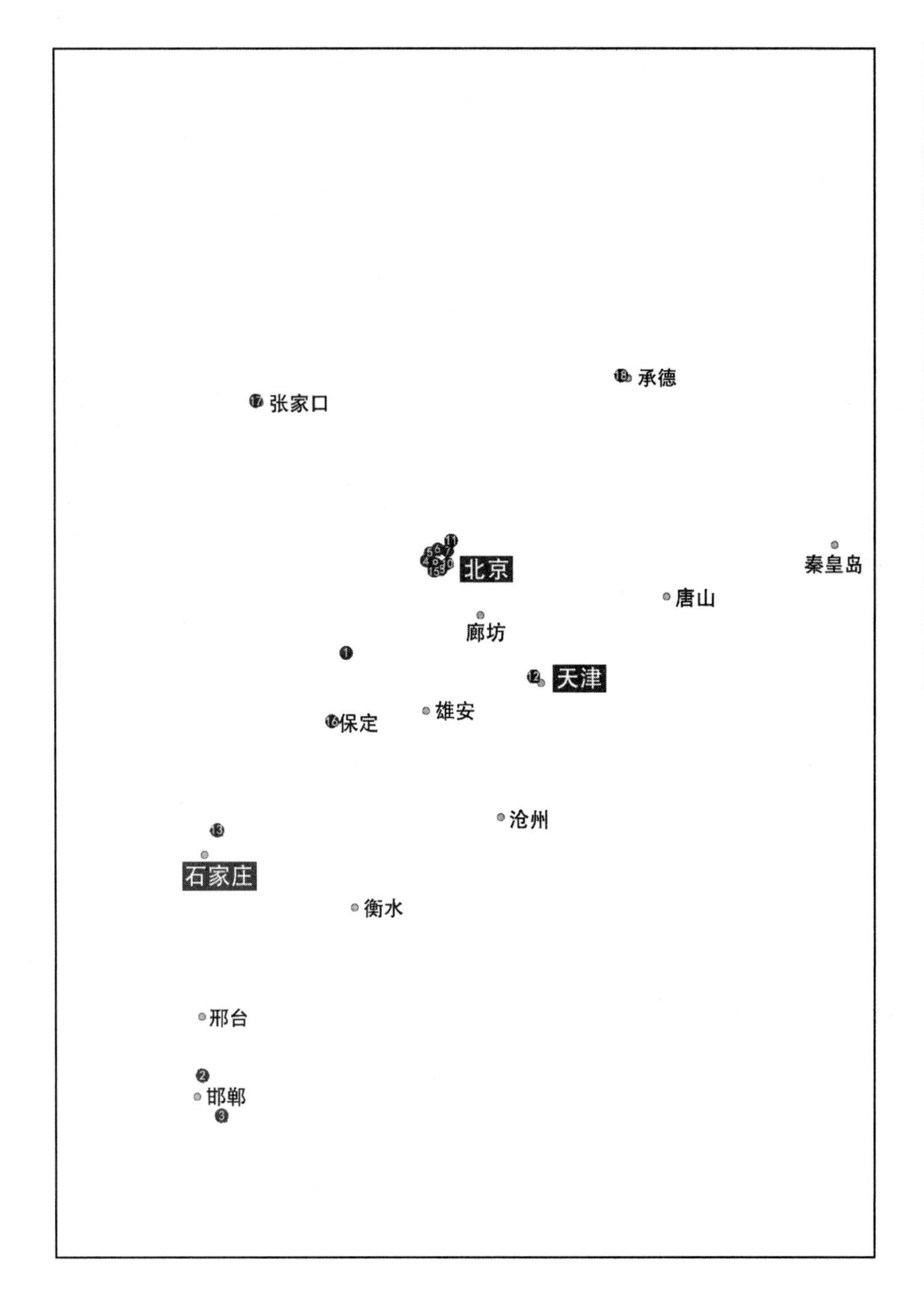

京津冀重要宫殿、坛庙、官署		
序号	名称	地址
1	燕下都宫殿	河北省易县北易水和中易水之间
2	赵王城宫殿	河北省邯郸市区及西南郊
3	曹魏邺城宫殿	河北省邯郸市临漳县
4	辽南京宫殿	北京市西城区广安门一带
5	金中都宫殿	北京市西城区广安门一带
6	元大都宫殿	北京市市区
7	明清北京	北京市东城区景山前街4号
8	天坛	北京市东城区天坛东里甲1号
9	社稷坛	北京市东城区中华路4号 中山公园内
10	太庙	北京市天安门东侧 劳动人民文化宫内
11	北京孔庙	北京市东城区国子监街13号
12	天津文庙	天津市南开区 鼓楼东路与东马路交口西北侧
13	正定文庙	河北省石家庄市定县育才街
14	元大都官署	北京市市区
15	升平署	北京市东城区南长街南口路西
16	直隶总督署	河北省保定市莲池区 裕华西路301号
17	察哈尔都统署	河北省张家口市桥西区 古宏大街与明德北路交汇处北
18	热河都统署	河北省承德市双桥区中华路

5. 京津冀重要宗教建筑分布示意图

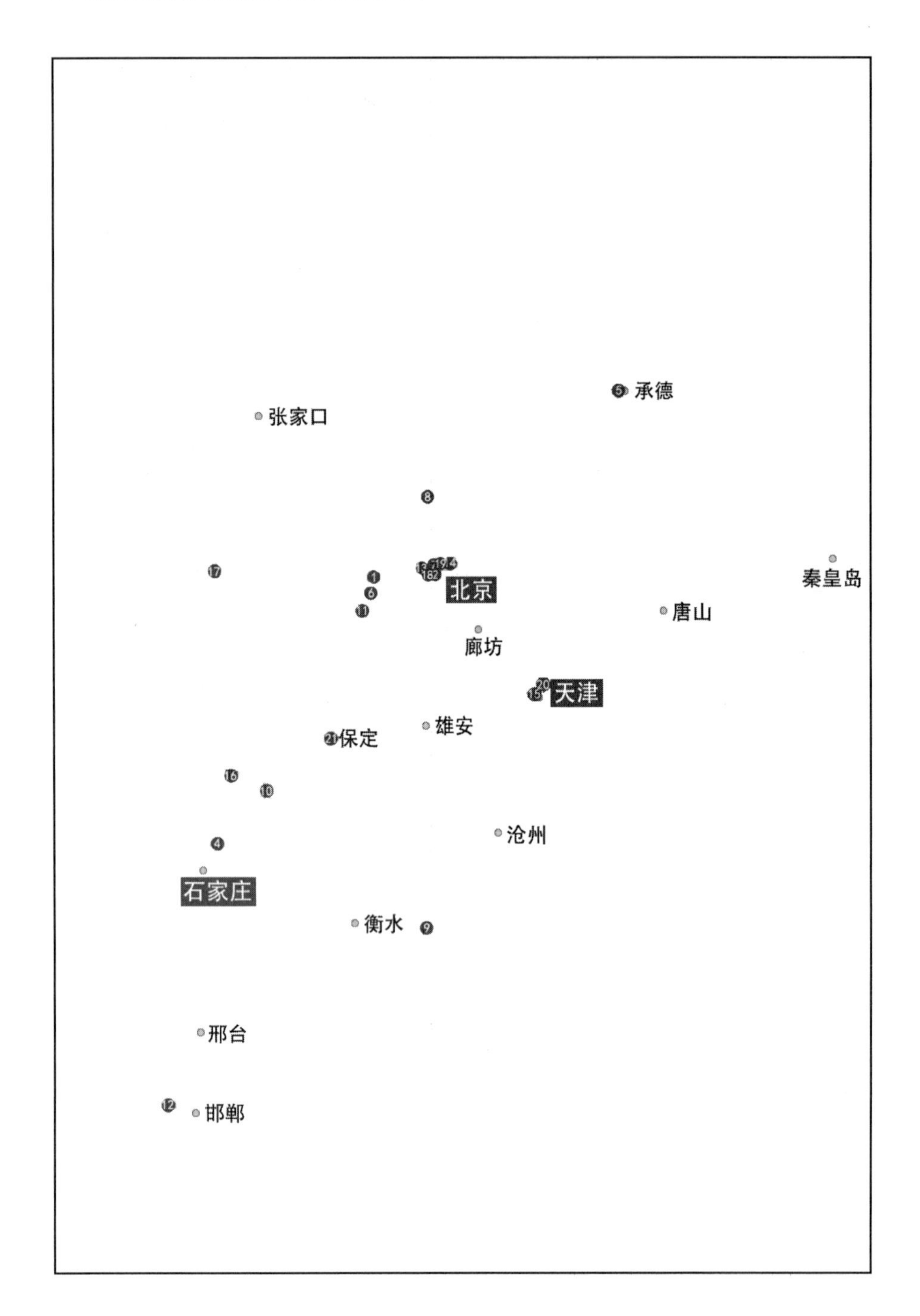

京津冀重要宗教建筑		
序号	名称	地址
1	潭柘寺	北京市门头沟区潭柘寺镇
2	法源寺	北京市西城区法源寺前街7号
3	蓟县独乐寺	天津市蓟县城内武定街41号
4	隆兴寺	河北省石家庄市正定县 长安区中山东路109号
5	承德外八庙	河北省承德市双桥区避暑山庄附近
6	下寺石塔	北京市房山区下寺村
7	万松老人塔	北京市西城区西四南大街43号
8	银山塔林	北京市昌平区银山山麓
9	开福寺舍利塔	河北省衡水市景县城内西北角
10	料敌塔	河北省保定市定州市中山中路
11	云居寺石窟	北京房山区水头村白带山上
12	响堂山石窟	河北省邯郸市峰峰矿区太行西路
13	白云观	北京市西城区白云观街9号
14	东岳庙	北京市朝阳区门外大街141号
15	天后宫	天津市南开区古文化街80号
16	北岳庙	河北省保定市莲池区裕华西路301号
17	蔚县玉皇阁	河北张家口市蔚县
18	牛街清真寺	北京市西城区牛街中路18号
19	西什库教堂	北京市西城区西什库大街33号
20	天津望海楼	天津市河北区狮子林大街292号
21	保定天主教堂	河北省保定市南市区裕华路2号

6. 京津冀重要居住建筑分布示意图

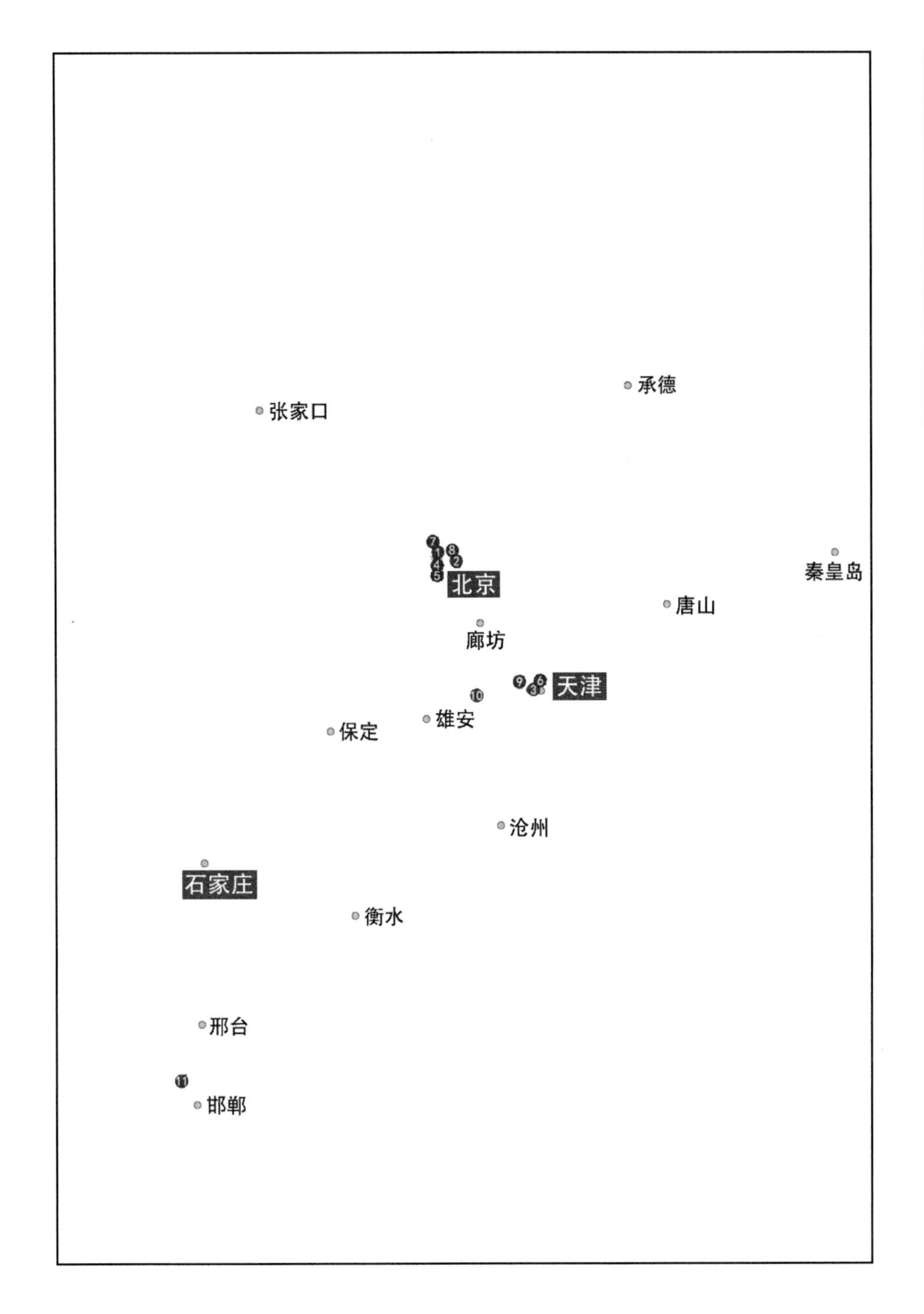

京津冀重要居住建筑		
序号	名称	地址
1	恭王府	北京市西城区前海西街17号
2	孚郡王府	北京市东城区朝阳门内大街路北137号
3	天津庄王府	天津市南开区白堤路82号
4	安徽会馆	北京市西城区后孙公园胡同3号、25号和27号
5	湖广会馆	北京西城区虎坊路3号
6	天津广东会馆	天津市南开区南门内大街31号
7	后英房民居遗址	北京市西城区后营房胡同西北
8	崇礼住宅	北京市东城区东四六条63号
9	天津石家大院	天津市西青区杨柳青镇估衣街47号
10	霸州胜芳民居	河北省廊坊市霸州市胜芳镇
11	武安伯延民居	河北省邯郸市武安市伯延镇

7. 京津冀重要园林分布示意图

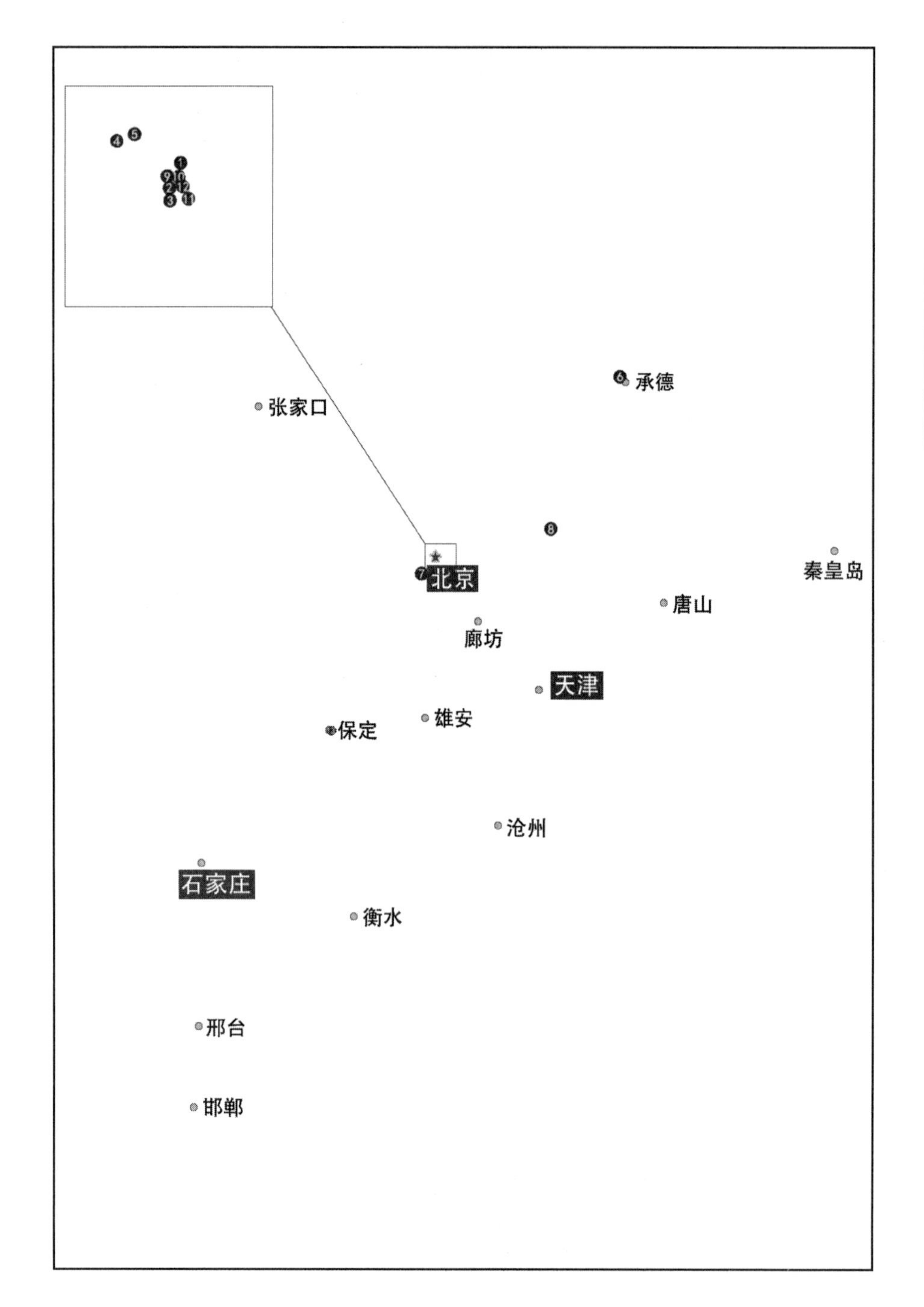

京津冀重要园林		
序号	名称	地址
1	金中都鱼藻池	北京市广安门外南里青年湖
2	金中都大宁宫	北京市北海、中海
3	元大都太液池	北京市北海、中海
4	颐和园	北京市海淀区新建宫门路19号
5	圆明园	北京市海淀区清华西路28号
6	承德避暑山庄	河北省承德市双桥区丽正门大街22
7	北京西山	北京市海淀区
8	天津盘山	天津市蓟州区官庄镇莲花岭村
9	恭王府萃锦园	北京市西城区前海西街17号
10	醇亲王府花园	北京市西城区后海北沿44号
11	半亩园	北京市东城区黄米胡同
12	可园	北京市东城区帽儿胡同9号
13	古莲花池	河北省保定市南市区 裕华西路246号

8. 京津冀重要其他建筑分布示意图

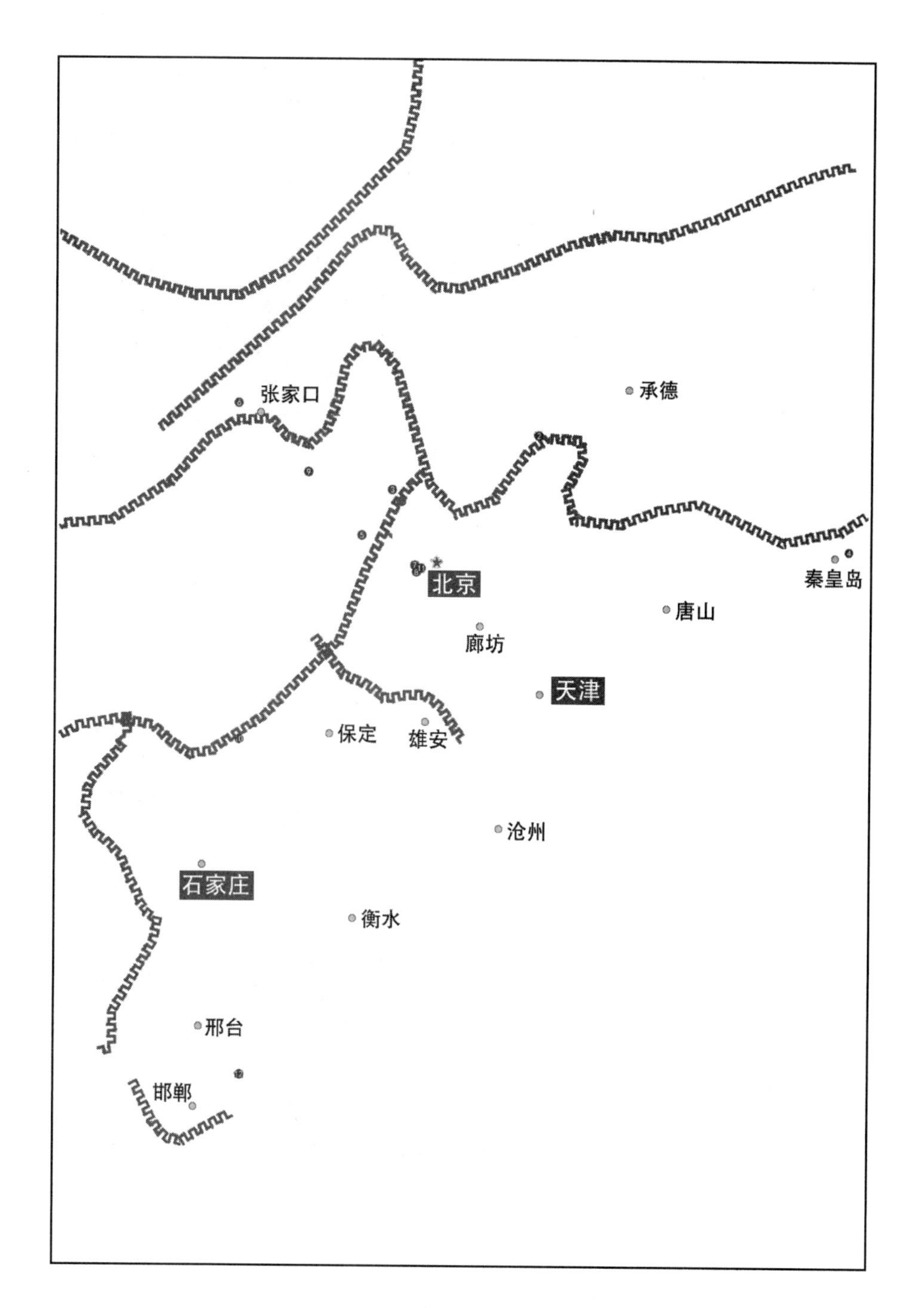

京津冀重要其他建筑		
序号	名称	地址
1	居庸关	北京市昌平区南口镇居庸关村
2	古北口	北京市密云区古北水镇
3	八达岭	北京市延庆区八达岭镇
4	山海关	河北省秦皇岛市山海关区
5	沿河城	北京市门头沟区西北山上
6	万全右卫城	河北省张家口市万全县万全镇
7	戾陵堰	北京石景山区永定河畔
8	车箱渠	北京石景山区永定河畔
9	鸡鸣驿	河北省张家口市怀来县鸡鸣驿城
10	定州窑	河北省定州市曲阳县灵山镇北镇村
11	卢沟桥	北京丰台区宛平城西
12	弘济桥	河北省邯郸市永年县东桥村

9. 京津冀重要近代建筑分布示意图

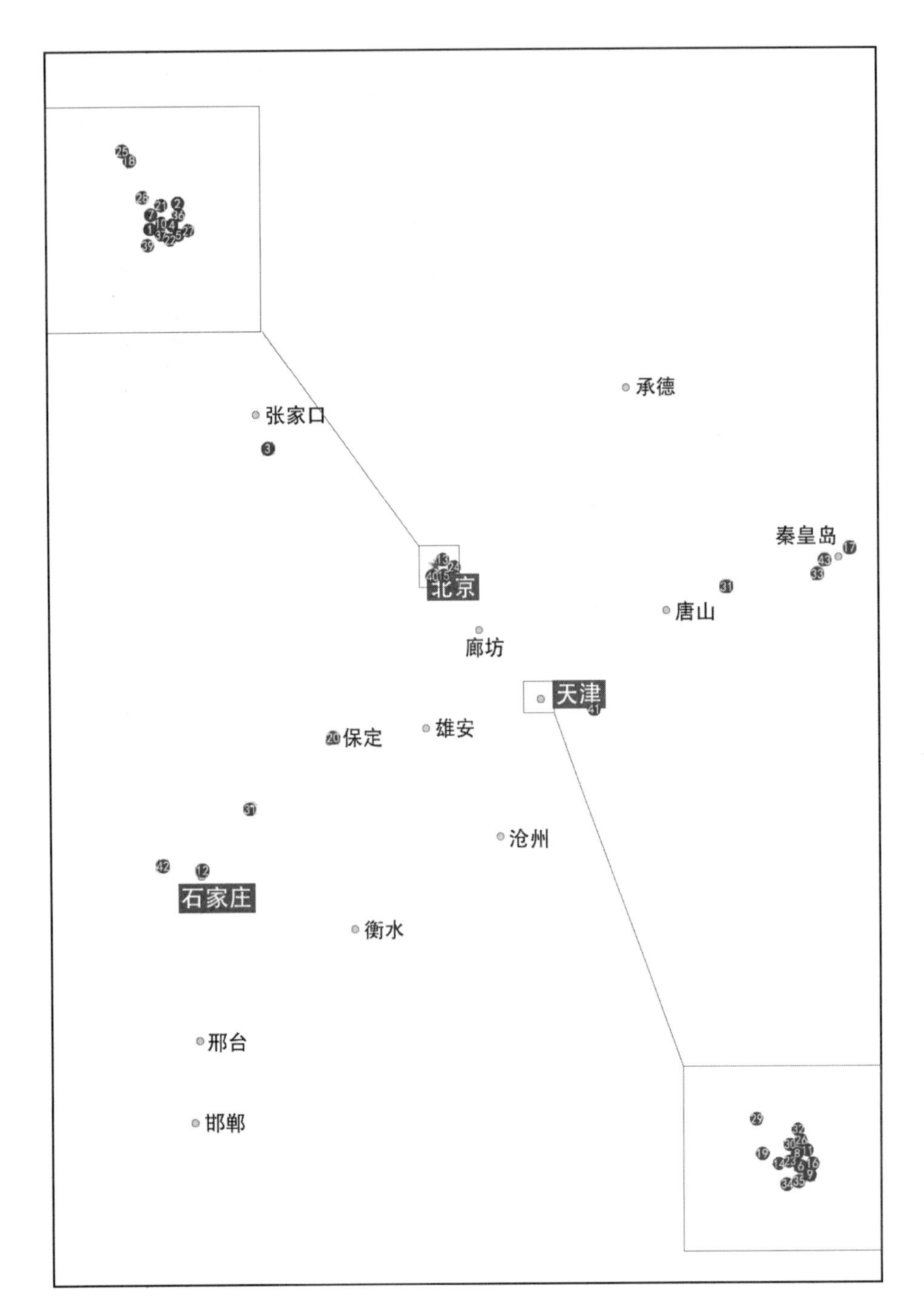

京津冀重要近代建筑		
序号	名称	地址
1	国会议场	北京市西城区宣武门西大街路北
2	总统府和国务院	北京市东城区张自忠路3号
3	察哈尔民主政府	河北省张家口市宣化区宣府大街64号
4	英国使馆	北京市东城区长安街14号
5	法国使馆	北京市东城区东交民巷15号
6	法国公议局	天津市和平区承德道22号
7	中国地质调查所	北京市西城区兵马司胡同15号
8	渤海大楼	天津市和平区和平路277号
9	开滦矿务局大楼	天津市和平区泰安道5号
10	大陆银行	北京市西城区西交民巷17号
11	天津盐业银行	天津市和平区赤峰道12号
12	中国人民银行总行旧址	河北省石家庄市新华区中华北大街55
13	东安市场	北京市东城区王府井大街138号
14	劝业场	天津和平区和平路290号
15	北京饭店	北京市东城区王府井大街南口
16	利顺德饭店	天津市和平区台儿庄路33号
17	六国饭店	河北省秦皇岛市山海关区的“山海关八国联军营盘旧址”内
18	清华大学	北京市海淀区双清路30号
19	南开学校旧址	天津市南开区南开四马路
20	保定陆军军官学校旧址	河北省保定市北市区东风东路
21	国立北平图书馆	北京市西城区文津街7号
22	开明戏园	无
23	中国大戏院	天津市和平区哈尔滨道104号
24	北京协和医学院	北京市东城区东单三条
25	清华大学体育馆	北京市海淀区双清路30号
26	天津回力球场	天津市河北区进步道
27	正阳门东站	北京市东城区毛家湾胡同甲13号
28	西直门车站	北京市西城区北滨河路，今北京北站
29	天津西站	天津红桥区西站前街1号
30	天津万国桥	天津市和平区海河上
31	滦河大铁桥	河北省秦皇岛市昌黎县朱各庄乡
32	意租界别墅区	天津市河北区民族路
33	北戴河海滨别墅区	河北省秦皇岛市北戴河区
34	香港大楼	天津市和平区马场道
35	安乐村	天津市和平区马场道
36	北大女生宿舍	北京东城区沙滩北街
37	香厂路商住楼	北京市香厂路45号～51号
38	晏阳初旧居	河北省石家庄市定州市中山东路路南
39	财政部印刷局	北京市西城区白纸坊街
40	双合盛啤酒厂	北京市广安门外观音寺附近
41	北洋水师大沽船坞遗址	天津市滨海新区西沽大沽坞路27号
42	正丰矿工业建筑群	河北省石家庄市井陉矿区
43	耀华玻璃厂旧址	河北省秦皇岛市海港区文化南路

二、京津冀重要历史建筑调查图录

序号	简介	现状照片
1	名称：周口店遗址 年代：旧石器时代 地点：北京市房山区周口店龙骨山 文保级别：国家级 （赵长海拍摄）	 
2	名称：蓟城纪念柱 年代：1995 年 地点：北京广安门外滨河公园	 
3	名称：石景山石阙 年代：汉 地点：北京石景山区	
4	名称：潭柘寺 年代：西晋 地点：北京西部门头沟区潭柘寺镇 文保级别：国家级 （熊炜拍摄）	

续表

序号	简介	现状照片
5	名称：响堂山石窟 年代：北齐 地点：河北省邯郸市 文保级别：国家级 （张思雨拍摄）	
6	名称：太和造像 年代：北魏 地点：北京市海淀区车儿营村 文保级别：市级	
7	名称：安济桥 年代：隋 地点：河北省石家庄市赵县 文保级别：国家级 （熊炜拍摄）	

续表

序号	简介	现状照片
8	名称：雄县宋辽地道 年代：宋辽时期 地点：河北保定市雄县 文保级别：国家级 （王菲拍摄）	
9	名称：料敌塔 年代：宋代 地点：河北省保定市定州市 文保级别：国家级 （王菲拍摄）	
10	名称：隆兴寺 年代：始建于隋，宋开宝年间重建 地点：河北省石家庄市正定县 文保级别：国家级 （王菲拍摄）	
11	名称：大宁宫琼华岛 年代：金 地点：北京市西城区北海公园 文保级别：国家级	

续表

序号	简介	现状照片
12	名称：明皇城城墙 年代：明 地点：北京市东城区北河沿大街与地安门东大街交叉口南 文保级别：市级	 
13	名称：故宫 年代：明 地点：北京市东城区 文保级别：国家级	   
14	名称：天坛 年代：明 地点：北京东城区永定门内大街 文保级别：国家级	  
15	名称：社稷坛 年代：明 地点：北京市东城区中山公园内 文保级别：国家级	   

续表

序号	简介	现状照片
16	名称：太庙 年代：明 地点：北京市东城区天安门内御路东侧 文保级别：国家级	 
17	名称：北京孔庙 年代：元 地点：北京市东城区国子监街 文保级别：国家级	  
18	名称：正定府文庙 年代：宋 地点：河北省石家庄市正定县县城内 文保级别：国家级 （王菲拍摄）	
19	名称：天津文庙 年代：明 地点：天津市南开区 文保级别：市级	    

续表

序号	简介	现状照片
20	名称：直隶总督署 年代：明 地点：河北省保定市 文保级别：国家级	
21	名称：法源寺 年代：唐 地点：北京宣武门外 文保级别：国家级	
22	名称：万松老人塔 年代：元 地点：北京市西城区 文保级别：国家级	

续表

序号	简介	现状照片
23	名称：开福寺舍利塔 年代：始建于北魏 地点：河北省景县旧城内 文保级别：国家级 （王菲拍摄）	
24	名称：白云观 年代：唐 地点：北京市西城区西便门外白云观街 文保级别：国家级	   
25	名称：东岳庙 年代：元 地点：北京市朝阳区朝阳门外大街 文保级别：国家级	   

续表

序号	简介	现状照片
26	名称：天后宫 年代：元 地点：天津市南开区古文化街 文保级别：国家级	   
27	名称：牛街清真寺 年代：辽 地点：北京市广安门内牛街 文保级别：国家级	 
28	名称：北堂（西什库教堂） 年代：清 地点：北京市西城区西什库大街 文保级别：国家级	
29	名称：望海楼教堂 年代：清 地点：天津市河北区狮子林大街 文保级别：国家级	  

续表

序号	简介	现状照片
30	名称：保定天主教堂 年代：清 地点：河北省保定市南市区裕华西路 文保级别：省级	
31	名称：恭王府 年代：清 地点：北京市西城区柳荫街 文保级别：国家级	
32	名称：孚郡王府 年代：清 地点：北京东城区朝阳门内大街 文保级别：国家级	

续表

序号	简介	现状照片
33	名称：天津庄王府 年代：清 地点：天津市南开区白堤路 文保级别：国家级	     
34	名称：安徽会馆 年代：清 地点：北京市西城区后孙公园胡同 文保级别：国家级	
35	名称：湖广会馆 年代：清 地点：西城区骡马市大街东口南侧（虎坊桥西南） 文保级别：国家级	  

续表

序号	简介	现状照片
36	名称：天津广东会馆 年代：清 地点：天津市南开区南门里大街 文保级别：国家级	  
37	名称：崇礼住宅 年代：清 地点：北京市东城区东四六条 63 号、65 号院 文保级别：国家级	
38	名称：霸州胜芳民居 年代：清 地点：河北省廊坊市霸州市胜芳镇 （王菲拍摄）	 

续表

序号	简介	现状照片
38	名称：霸州胜芳民居 年代：清 地点：河北省廊坊市霸州市胜芳镇 （王菲拍摄）	
39	名称：太液池 年代：元 地点：北京市西城区北海公园 文保级别：国家级	
40	名称：圆明园 年代：清 地点：北京市海淀区 文保级别：国家级	 
41	名称：颐和园 年代：清 地点：北京市海淀区 文保级别：国家级	   

续表

序号	简介	现状照片
41	名称：颐和园 年代：清 地点：北京市海淀区 文保级别：国家级	
42	名称：承德避暑山庄 年代：清 地点：河北省承德市 文保级别：国家级 （赵长海拍摄）	  
43	名称：北京西山 地点：北京市西郊 （刘岩拍摄）	  

续表

序号	简介	现状照片
44	名称：萃锦园 年代：清 地点：北京市西城区什刹海 文保级别：国家级	
45	名称：醇亲王府花园 年代：清 地点：北京西城区后海北沿 文保级别：国家级	
46	名称：半亩园 年代：清 地点：北京东城区黄米胡同 文保级别：国家级	 
47	名称：可园 年代：清 地点：北京市东城区帽儿胡同 文保级别：国家级	 
48	名称：古莲花池 年代：元 地点：河北省保定市南市区裕华西路 文保级别：国家级	  

续表

序号	简介	现状照片
48	名称：古莲花池 年代：元 地点：河北省保定市南市区裕华西路 文保级别：国家级	 
49	名称：古北口长城 年代：明 地点：北京市密云区古北口镇	
50	名称：山海关 年代：明 地点：河北省秦皇岛市东北 文保级别：国家级 （王菲拍摄）	
51	名称：津保内河 （白洋淀） 年代：清 （王菲拍摄）	
52	名称：廊房头条 年代：明 地点：北京市西城区前门大街西侧	

续表

序号	简介	现状照片
53	名称：大栅栏 年代：明 地点：北京市西城区前门大街西侧	  
54	名称：卢沟桥 年代：金 地点：北京市丰台区宛平城外 文保级别：国家级 （周坤朋拍摄）	
55	名称：弘济桥 年代：始建无考，明代重修 地点：河北省邯郸市永年县 文保级别：国家级 （刘岩拍摄）	 

续表

序号	简介	现状照片
56	名称：民国国会议场 年代：清末民初 地点：北京市宣武门西大街路北 文保级别：市级	
57	名称：原总统府、国务院（清陆军部和海军部旧址） 年代：清末民初 地点：北京市东城区张自忠路 文保级别：国家级	  
58	名称：法国使馆 年代：清 地点：北京市东城区东交民巷	

续表

序号	简介	现状照片
59	名称：法国公议局大楼 年代：民国 地点：天津市和平区承德道 文保级别：国家级	 
60	名称：渤海大楼 年代：民国 地点：天津市和平区和平路 文保级别：市级	
61	名称：大陆银行 年代：民国 地点：北京前门地区西交民巷 文保级别：市级	

续表

序号	简介	现状照片
62	名称：天津盐业银行 年代：民国 地点：天津市和平区赤峰道 文保级别：国家级	
63	名称：中国人民银行总行旧址 年代：民国 地点：河北省石家庄市新华区中华北街 文保级别：国家级 （王菲拍摄）	
64	名称：东安市场 年代：清末民初 地点：北京王府井大街北口	 
65	名称：天津劝业场 年代：民国 地点：天津市和平区滨江路 152-166 号 文保级别：国家级	
66	名称：北京饭店 年代：清末 地点：北京东城区东长安街 文保级别：市级	 

续表

序号	简介	现状照片
67	名称：利顺德饭店 年代：清 地点：天津市和平区 文保级别：国家级	
68	名称：清华大学早期建筑 年代：清末民初 地点：北京市海淀区 文保级别：国家级	
69	名称：南开学校旧址 年代：清末民初 地点：天津市南开区 文保级别：国家级	

续表

序号	简介	现状照片
70	名称：保定陆军军官学校旧址 年代：清末 地点：河北省保定市 文保级别：国家级	    
71	名称：国家图书馆古籍馆（原北平图书馆） 年代：民国 地点：北京市西城区文津街 文保级别：国家级	  
72	名称：中国大戏院 年代：民国 地点：天津市和平区哈尔滨道 文保级别：市级	

续表

序号	简介	现状照片
73	名称：协和医院医院建筑 年代：民国 地点：北京市东城区王府井 文保级别：国家级	  
74	名称：天津回力球场 年代：民国 地点：天津市河北区民族路	
75	名称：正阳门东站 年代：清末 地点：北京市东城区 文保级别：市级	
76	名称：天津西站 年代：清末 地点：天津市红桥区西站前街 文保级别：国家级	

续表

序号	简介	现状照片
76	名称：天津西站 年代：清末 地点：天津市红桥区西站前街 文保级别：国家级	 
77	名称：解放桥（万国桥） 年代：清末民初 地点：天津市天津火车站与解放北路之间的海河上	  
78	名称：滦河铁桥 年代：清末 地点：河北省秦皇岛市昌黎县朱各庄乡的滦河上 文保级别：国家级	
79	名称：协和医院别墅区 年代：民国 地点：北京市东城区王府井 文保级别：市级	

续表

序号	简介	现状照片
80	名称：天津意租界别墅区 年代：清末民初 地点：天津市河北区西端原意租界内	 
81	名称：北戴河海滨别墅区 年代：清末民初 地点：河北省秦皇岛市北戴河区	 
82	名称：香厂新市区华康里住宅 年代：民国 地点：北京市西城区华康里	 
83	名称：香港大楼 年代：民国 地点：天津市和平区马场道	
84	名称：安乐村 年代：民国 地点：天津市和平区马场道	 
85	名称：耀华玻璃厂旧址 年代：民国 地点：河北省秦皇岛市海港区文化南路 文保级别：国家级 （王菲拍摄）	

续表

序号	简介	现状照片
85	名称：耀华玻璃厂旧址 年代：民国 地点：河北省秦皇岛市海港区文化南路 文保级别：国家级 （王菲拍摄）	 
86	名称：宝云塔 年代：北宋初年 地点：河北省衡水市区西南旧城村东宝云寺内 文保级别：国家级 （王菲拍摄）	
87	名称：泊头清真寺 年代：明 地点：河北省沧州市泊头市清真街 文保级别：国家级 （王菲拍摄）	  

续表

序号	简介	现状照片
88	名称：沧州铁狮子 年代：后周广顺三年（公元953年） 地点：河北省沧州市 文保级别：国家级 （王菲拍摄）	  
89	名称：蔚县西古堡民居 地点：河北省张家口暖泉镇 （刘志刚拍摄）	 
90	名称：盘古寺 地点：河北省沧州市青县 （王菲拍摄）	  

三、大事记

燕惠侯元年（公元前 865 年）
是年，燕国历史始有纪年可考。

燕桓侯元年（公元前 697 年）
桓侯统治时期，迫于山戎入侵，迁都易城（今河北省雄县）。

燕襄公元年（公元前 657 年）
襄公统治时期，复迁都蓟城。

战国（公元前 4 世纪前期）
中山国都城建立。

周安王十六年（公元前 386 年）
赵敬侯从晋阳迁都邯郸。

周烈王四年（公元前 372 年）
赵成侯立邢为信都。

燕昭王元年（公元前 311 年）
昭王即位，厚招贤士，筑建黄金台。

燕王喜三十三年（公元前 222 年）
秦军取辽东，在燕地设广阳郡。

秦始皇三十三年（公元前 214 年）
修筑万里长城，包括蓟城以北上谷、渔阳等郡内的原有长城。

汉高帝五年（公元前 202 年）
汉高帝亲征，收复燕地，立卢绾为燕王。

汉本始元年（公元前 73 年）
更广阳郡为广阳国，立刘建为王。

东汉永元八年（公元 96 年）
复置广阳郡，治蓟城。

东汉建安九年（公元 204 年）
曹操封魏王后营建邺北城。

三国魏嘉平二年（公元 250 年）
始建戾陵堰、车箱渠，为北京地区有史记载最早的大型引水工程。

三国景元三年（公元 262 年）
政府派樊晨重修戾陵堰与车箱渠。

西晋愍帝建兴四年（公元 316 年）
建潭柘寺，是佛教传入北京地区后修建最早的一座寺庙。

前燕元玺元年（公元 352 年）
慕容儁称帝，都蓟城，国号大燕，建元元玺。蓟城建太庙，修宫殿，先后持续数年，这是北京建都的起始点。

北魏太和十三年（公元 489 年）
造太和石雕佛像于蓟城西北（今海淀区温泉镇）。

东魏元象元年（公元 538 年）
依邺北城南墙建邺南城。

北齐天保六年（公元 555 年）
征发民夫 180 万人筑长城，从居庸关至山西大同。

北周大象元年（公元 579 年）
修复长城，西起雁门，东至碣石。

隋文帝开皇六年（公元 586 年）
隋文帝在苑内改建寺院，时称龙藏寺。唐改称隆兴寺。

隋仁寿二年（公元 602 年）
建幽州宏业寺（北魏光林寺，今天宁寺）。

隋大业四年（公元 608 年）
下令开永济渠。

隋大业五年（公元 609 年）
在幽州营建临朔宫。

唐武德五年（公元 622 年）
修建慧聚寺（明代重建改名戒台寺）。

唐贞观十九年（公元 645 年）
唐太宗誓师于幽州城南，征辽东。诏修悯忠寺（今法源寺）。

唐乾元二年（公元 759 年）
史思明称帝，国号燕，建元顺天，改范阳为燕京。

唐文德元年（公元 888 年）
设文德县，始建宣化城。

后晋天福元年（公元 936 年）
石敬瑭反叛后唐，许割燕云 16 州予契丹，契丹主耶律德光立石敬瑭为“大晋皇帝”。

契丹会同元年（公元 938 年）
诏以幽燕为南京（又称燕京），府曰幽都。

契丹会同三年（公元 940 年）
诏南京皇城西南堞建凉殿。

北宋建隆元年（公元 960 年）
于清苑县置保塞军。

辽圣宗十三年（公元 966 年）
始建牛街清真寺，是北京现存最为古老的著名清真寺。

宋太平兴国六年（公元 981 年）
保塞军升为保州，清苑县更名保塞县。

宋淳化三年（公元 992 年）
李继宣知保州，筑城关，浚外濠，葺营舍，疏一亩泉河，造船运粮，保州始成都市。

契丹统和十三年（公元 995 年）
辽帝幸南京延芳淀（今通州境内）。

北宋咸平四年（公元 1001 年）
始建料敌塔，建成于北宋至和二年（公元 1055 年），历时 55 年。

契丹开泰元年（公元 1012 年）
改幽都府为析津府。

契丹重熙五年（公元 1036 年）
兴宗诏修南京宫阙府署。

北宋元丰三年（公元 1080 年）
建立开福寺舍利塔。

宋宣和五年（公元 1123 年）
宋与金议定，用财务换燕山，宋立燕山府。

宋宣和七年（公元 1125 年）
燕山府陷于金。

金天会五年（公元 1127 年）
宋徽、钦二帝自燕京迁押中京。

金天会七年（公元 1129 年）
于保州设顺天军，保州为顺天军节度使驻地。

金贞元元年（公元 1153 年）
海陵王至燕京，以迁都诏中外，该燕京为中都。是年，宫殿、瑶池等建成。

金大定二十六年（公元 1186 年）
香山寺建成，赐名大永安寺，始建香山行宫。

金大定二十八年（公元 1188 年）
修建卢沟桥。

金明昌三年（公元 1192 年）
重建天长观。

金贞祐二年（公元 1214 年）
在三岔口设直沽寨，在今天后宫附近已形成街道。是为天津最早的名称。

金贞祐三年（公元 1215 年）
蒙古军进入中都。改金中都为燕京，又为燕京路。

元太祖二十二年（公元 1227 年）
张柔主持重建保州城池。

元至元九年（公元 1272 年）
改中都为大都。

元至元十三年（公元 1276 年）
大都城建成。

元大德六年（公元 1302 年）
始建北京孔庙，明清两代又多次修建、扩建，位于今北京成贤街北侧。

元大德十一年（公元 1307 年）
罗马教皇建总主教区于大都。

元延祐六年（公元 1319 年）
始建东岳庙，因主祀泰山东岳帝得赐名，称东岳仁圣宫。

元泰定三年（公元 1326 年）
始建天后宫，明清两代多次重修，现天后宫为 1986 年重建的建筑。

元至顺二年（公元 1331 年）
创建碧云寺。

明洪武元年（公元 1368 年）
明军攻占大都，改大都路为北平府。
创建直隶总督署。

明洪武十年（公元 1377 年）
建玉皇阁，因其还有城防作用，又叫“靖边楼”。

明洪武十三年（公元 1380 年）
燕王府建成。

明洪武十四年（公元 1381 年）
建关设卫，因背山面海，得名山海关。

明洪武二十七年（公元 1394 年）
筑宣府镇城。

明建文二年（公元 1400 年）
燕王朱棣在天津渡过大运河南下争夺皇位，为纪念由此起兵“靖难之役”，在永乐二年十一月二十一日（1404 年 12 月 23 日）将此地改名为天津。

明永乐元年（公元 1403 年）
建万全右卫城，是明代重要的城堡。

明永乐十八年（公元 1420 年）
宣布定都北京。城、宫、庙等基本建成。

明正统元年（公元 1436 年）
始建天津文庙，后经明清两代多次修缮、增建，形成现在规模，是全国唯一的府县合一的古建筑群。

明正统十四年（公元 1449 年）
明军败于土木堡，明英宗被俘，于谦领官兵击退瓦剌军，北京保卫战告胜。

明弘治十八年（公元 1505 年）
朝廷命将领在八达岭构筑关城。

明嘉靖三十二年（公元 1553 年）
始筑北京外城。

明万历元年（公元 1573 年）
增蓟镇昌平敌台 200 个。

明万历六年（公元 1578 年）
始建沿河城，因城靠近永定河，名曰“沿河城”。

清顺治元年（公元 1644 年）
李自成率农民攻占京城。后清军占领北京。顺治帝颁诏天下，定鼎燕京。
始建堂子，为满族特有的寺庙，是皇室祀满族诸神及如来、观音、关帝的场所。

清顺治十七年（公元 1660 年）
将位于河北的北岳庙迁到了山西。

清康熙八年（公元 1669 年）
直隶巡抚驻保定，保定为直隶省省会。

清康熙三十二年（公元 1693 年）
废宣府卫所，取宣扬教化之意，改置宣化府。

清康熙四十三年（公元 1703 年）
始建承德避暑山庄，乾隆五十七年（公元 1792 年）完成。

清康熙四十八年（公元 1709 年）
始建圆明园。

清康熙五十二年（公元1713年）

始建外八庙，至乾隆四十五年（公元1780年）间陆续建成。

清雍正二年（公元1724年）

设热河总管衙门，嘉庆十五年扩建为都统署。

清雍正七年（公元1729年）

设西洋学馆。

清雍正十一年（公元1733年）

建觉生寺（今大钟寺）。

清乾隆十五年（公元1750年）

内务府造办处绘制《乾隆京城全图》。

乾隆帝为庆祝其母60大寿，大兴土木，扩建规模宏大的皇家御苑，时称清漪园。后遭英法联军毁坏，至清末，慈禧太后用重金修建，改名为颐和园。

清乾隆十八年（公元1753年）

重修万松老人塔，加高至九级。

清乾隆二十七年（公元1762年）

察哈尔都统署建立。

清乾隆三十五年（公元1770年）

是岁，圆明三园基本竣工。

清乾隆五十年（公元1785年）

《钦定日下旧闻考》160卷刻成。

清嘉庆十二年（公元1807年）

由两湖高官提议并筹资修建原全楚会馆，改称湖广会馆。

清道光七年（公元1827年）

将十番学并入中和乐内，增设档案房，改升平署旧址南府为升平署，仍主持宫内演出事务。

清道光十年（公元1830年）

始建胜芳张家大院。

清道光二十年（公元1840年）

鸦片战争开始。

清咸丰十年（公元1860年）

英法联军入侵北京，后清政府被迫签订《北京条约》。

清同治二年（公元1863年）

始建天津利顺德饭店。

清同治三年（公元1864年）

清廷将怡亲王府赐予道光帝第九子孚郡王奕譓，改称孚王府。

清同治六年（公元1867年）

始建天津机械制造局。

清同治八年（公元1869年）

始建天津望海楼，现教堂为1904年重建，是天主教传入天津后建造的早期教堂。

清光绪六年（公元1880年）

始建北洋水师大沽船坞。

清光绪十二年（公元1886年）

始建唐芦铁路，后延至天津。

清光绪十五年（公元1889年）
醇亲王迁府至后海，即醇亲王府北府。

清光绪十八年（公元1892年）
始建滦河大铁桥。

清光绪二十六年（公元1900年）
八国联军占领北京，次年清政府与八国公使签订《辛丑条约》，东郊民巷地区被辟为使馆区。

清光绪二十七年（公元1901年）
《辛丑条约》签订之后，西方列强将东起崇文门大街，西至天安门广坞，南至内城城墙，北至东长安街北侧的地界划定为使馆区。

清光绪二十八年（公元1902年）
由法国和比利时投资修建的京汉铁路设立一个站点，以相距不远的振头镇命名，称为振头站，后改名为石家庄站。
始建山海关六国饭店。

清光绪二十九年（公元1903年）
东安市场开业。
始建北京饭店。
始建保定陆军军官学校，时称北洋陆军速成武备学堂。

清光绪三十年（公元1904年）
始建南开学校。

清光绪三十三年（公元1907年）
始建天津广东会馆，是天津规模最大、保存最完整的清代会馆建筑，现为天津戏剧博物馆。
正太铁路通车，正太铁路为了避免在滹沱河上建桥，在石家庄和京汉铁路连接，将正太铁路起点由正定改为石家庄，石家庄成为两条铁路的交汇点，并逐渐成为交通要道和商品集散地。

清光绪三十四年（公元1908年）
始建津浦铁路。
始建财政部印刷局印钞厂，是中国采用雕刻版设备印钞的第一家印钞厂。

清宣统元年（公元1909年）
设贵胄法政学堂，游美学务处，建京师图书馆。
始建天津西站。
建成京张铁路，是我国自己设计、施工的第一条铁路，由詹天佑主持。
选定京城西北郊清华园旧址建校。

清宣统三年（公元1911年）
改游美肄业馆为清华学堂。

1912年2月12日
清帝下退位诏书，授权袁世凯组织临时共和政府。

1914年
京都市政公所成立。逐步打破皇家禁区，内城交通改善。香厂新市区工程启动。

1915年
始建北京双合盛汽水啤酒厂。
创办天津盐业银行。

1916年
总统黎元洪委任蔡元培为北京大学校长。
中国地质调查所成立。

1919年
始建开滦矿务局大楼。

1920年
直皖战争后，直、奉两系军阀控制了北京政府。

1922年
始建耀华玻璃厂。

1924年
始建天津汇丰银行大楼。

1925年10月
故宫博物院举行开幕典礼。同期，清皇家坛庙、御苑先后向市民开放。

1926年
筹建劝业场。

1928年
设察哈尔省，张家口为省会。

1928年6月28日
国民党南京政府令改北京为北平。此后，北平城市建设速度趋缓。

1929年
始建天津法国公议局大楼。
新建国立北平图书馆。

1930年
始建察哈尔民主政府旧址。

1933年
始建天津回力球场。

1934年
始建渤海大楼。
始建天津中国大戏院。

1935年
始建北京大学女生宿舍。

1937年7月7日
日军炮轰宛平城，“七七”事变发生，后日军占领北平，成立日伪政府。

1937年10月10日
日本侵略军占领河北省石门市。

1938年
日伪政府制定了《北京都市计划大纲》，启动了东郊工业区、西郊新市区的建设。

1941年
建石家庄（时称石门市）中国人民银行总行旧址。

1945年8月15日
日本宣布投降，北平光复。

1947年11月12日
中国人民解放军攻克石门市及其周边所有县城，在石门市建立了第一个以城市为中心的人民政权（第一座中国人民解放军解放的设防大城市）。

1949年1月15日

中国人民解放军攻占天津，天津市人民政府成立。

1949年1月31日

北平宣告和平解放。

1949年8月1日

建河北省，保定仍为省会。

1949年10月1日

中华人民共和国成立，首都北京。

注：大事记按编年体排序，古代部分按朝代为先，近代部分以公元纪年为先。

四、中国历史简表

公元	时期			建都地（括号内为今地名）
	新石器时代			
−2000 −1900 −1800 −1700	夏（前2070～前1600）			安邑（山西夏县） 斟鄩（河南偃师）
−1600 −1500 −1400 −1300 −1200 −1100	商（前1600～前1046）			亳（河南偃师） 隞（河南郑州） 殷（河南安阳）
−1000 −900	周	西周（前1046～前771）		西周　丰（陕西西安）　镐（陕西西安） 东周　洛邑（河南洛阳） 春秋： 鲁　曲阜（山东曲阜） 　　营丘（山东临淄） 宋　商邱（河南商丘） 郑　新郑（河南新郑） 吴　吴（江苏苏州） 秦　雍（陕西凤翔） 越　会稽（浙江绍兴） 楚　郢（湖北江陵） 卫　朝歌（河南淇县） 晋　唐（山西太原） 　　绛（山西翼城） 　　新田（山西曲沃） 战国： 秦　咸阳（陕西咸阳） 赵　邯郸（河北邯郸） 齐　临淄（山东临淄） 魏　大梁（河南开封） 韩　阳翟（河南禹县） 楚　郢（湖北江陵） 　　寿春（安徽寿县） 燕　蓟（北京） 　　下都（河北易县）
−800 −700 −600	周	东周（前770～前256）	春秋（前770～前476）	
−500 −400 −300	周	东周（前770～前256）	战国（前475～前221）	
−200	秦（前221～前206）			秦　咸阳（陕西咸阳）
−100 0	汉	西汉（前206～公元8年）		西汉　长安（陕西西安）

续表

公元	时期	建都地（括号内为今地名）
100 200	新（9～23） 淮阳（23～25） 东汉（25～220）	新　长安（陕西西安） 淮阳　长安（陕西西安） 东汉　洛阳（河南洛阳）
300 400 500	魏（220～265） 蜀（221～263） 吴（222～280） 西晋（265～316） 晋　东晋（317～420） 十六国（304～439） 宋（420～479） 齐（479～502） 梁（502～557） 陈（557～589） 北魏（386～534） 东魏（534～550） 西魏（535～557） 北齐（550～577） 北周（557～581）	魏　洛阳（河南洛阳）　北魏　平城（山西大同） 蜀　成都（四川成都）　　洛阳（河南洛阳） 吴　建业（江苏南京）　东魏　邺（河北临漳） 武昌（湖北武昌）　西魏　长安（陕西西安） 西晋　洛阳（河南洛阳）　北周　长安（陕西西安） 东晋、宋、齐、梁、陈　北齐　晋阳（山西太原） 建康（江苏南京）　　邺（河北临漳）
600 700 800 900	隋（581～618） 唐（618～907） 武周（684～704）	隋　大兴（陕西西安） 东都（河南洛阳） 唐　长安（陕西西安） 东都（河南洛阳）
1000 1100 1200 1300	五代（907～960） 十国（891～979） 契丹（907～947） 宋　北宋（960～1127） 辽（947～1125） 西夏（1032～1227） 西辽（1124～1211） 南宋（1127～1279） 金（1115～1234） 蒙古（1206～1271） 元（1271～1368）	五代：　十国： 梁　东都（河南开封）　南唐　金陵（江苏南京）　南平　江陵（湖北江陵） 唐　洛阳（河南洛阳）　吴越　杭州（浙江杭州）　北汉　太原（山西太原） 晋　汴梁（河南开封）　南汉　兴王（广东广州）　吴　扬州（江苏扬州） 汉　汴梁（河南开封）　前蜀　成都（四川成都）　楚　潭州（湖南长沙） 周　汴梁（河南开封）　后蜀　成都（四川成都）　闽　福州（福建福州） 北宋　东京（河南开封）　西京（河南洛阳）　南宋　临安（浙江杭州） 辽　上京（内蒙古巴林左旗）　南京（北京）　西夏　兴庆（宁夏银川） 金　上京（黑龙江阿城）　中都（北京） 元　上都（内蒙古多伦）　大都（北京）
1400 1500 1600	明（1368～1644） 南明（1644～1661）	南京（江苏南京） 北京（北京）
1700 1800 1900	后金（1616～1636） 清（1636～1911） 太平天国（1851～1864）	清　盛京（辽宁沈阳） 北京（北京） 太平天国　天京（江苏南京） 广州、北京、南京、陪都重庆等
	中华民国（1912～1949）	
2000	中华人民共和国（1949年以后）	北京

说明：引自潘谷西《中国建筑史》

五、京津冀国家历史文化名城和中国历史文化名镇、名村名录

国家历史文化名城		
批次	名录	年代
第 1 批	北京	1982 年
	承德	1982 年
第 2 批	天津	1986 年
	保定	1986 年
第 3 批	正定	1994 年
	邯郸	1994 年
增补	山海关区（秦皇岛）	2001 年
中国历史文化名镇		
批次	名录	年代
第 2 批	河北蔚县暖泉镇	2005 年
第 3 批	河北永年区广府镇	2007 年
第 4 批	北京市密云区古北口镇	2008 年
	天津市西青区杨柳青镇	
	河北省邯郸市峰峰矿区大社镇	
	河北省井陉县天长镇	
第 5 批	河北省涉县固新镇	2010 年
	河北省武安县冶陶镇	
第 6 批	河北省武安县伯延镇	2014 年
	河北省蔚县代王城镇	
中国历史文化名村		
批次	名录	年代
第 1 批	北京市门头沟区斋堂镇爨底下村	2003 年
第 2 批	北京市门头沟区斋堂镇灵水村	2005 年
	河北省怀来县鸡鸣驿乡鸡鸣驿村	
第 3 批	北京市门头沟区龙泉镇琉璃渠村	2007 年
	河北省井陉县于家乡于家村	
	河北省清苑县冉庄镇冉庄村	
	河北省信都区路罗镇英谈村	
第 4 批	河北省涉县偏城镇偏城村	2008 年
	河北省蔚县涌泉庄乡北方城村	
第 5 批	北京市顺义区龙湾屯镇焦庄户村	2010 年
	天津市蓟县渔阳镇西井峪村	
	河北省井陉县南障城镇大梁江村	

续表

中国历史文化名村		
批次	名录	年代
第6批	北京市房山区南窖乡水峪村	2014年
	河北省沙河市柴关乡王硇村	
	河北省蔚县宋家庄镇上苏庄村	
	河北省井陉县天长镇小龙窝村	
	河北省磁县陶泉乡花驼村	
	河北省阳原县浮图讲乡开阳村	

此外，京津冀地区有世界文化遗产8处，国家级重点文物保护单位432处，其中北京125处，天津28处，河北279处。政策方面，中共中央政治局于2015年4月30日召开会议，审议通过了《京津冀协同发展规划纲要》；2017年9月29日，《北京城市总体规划（2016年-2035年）》公开发布。上述表格内容统计时间为2018年3月。

主要参考资料

1. （元）熊梦祥．析津志辑补［M］．北京：北京古籍出版社，1983.
2. （明）张爵．京师五城坊巷胡同集［M］．北京：北京古籍出版社，1983.
3. （清）朱一新．京师坊巷志稿［M］．北京：北京古籍出版社，1983.
4. （清）吴长元．宸垣识略［M］．北京：北京古籍出版社，1981.
5. 余敏中等．日下旧闻考［M］．北京：北京古籍出版社，1981.
6. 原北平市政府秘书处．旧都文物略［M］．北京：中国建筑工业出版社，2005.
7. 梁思成．中国建筑史［M］．北京：三联书店，2011.
8. 刘敦桢．中国古建筑史［M］．北京：中国建筑工业出版社，1984.
9. 潘谷西．中国建筑史［M］．北京：中国建筑工业出版社，2008.
10. 侯仁之．北京历史地图集［M］．北京：北京出版社，1997.
11. 王世仁．宣南鸿雪图志［M］．北京：中国建筑工业出版社，1997.
12. 陈平，王世仁．东华图志［M］．天津：天津古籍出版社，2005.
13. 陈文良．北京传统文化便览［M］．北京：北京燕山出版社，1989.
14. 北京文物事业管理局．北京名胜古迹词典［M］．北京：北京燕山出版社．1992.
15. 付崇年．中国古都北京［M］．北京：中国民主法治出版社，2008.
16. 吴良镛．广义建筑学［M］．北京：清华大学出版社，1989.
17. 杨鸿勋．建筑考古学论文集［M］．北京：文物出版社，1987.
18. 刘致平，王其明．中国居住建筑简史［M］．北京：中国建筑工业出版社，1990.
19. 曹子西．北京通史［M］．北京：中国书店，1997.
20. 张常清．胡同及其他［M］．北京：北京语言学院出版社，1990.
21. 奥斯伍德·喜仁龙．北京的城墙和城门［M］．北京：北京燕山出版社，1985.
22. 韩扬主编．近代建筑［M］．北京：北京美术摄影出版社，2014.
23. 张复合．图说北京近代建筑史［M］．北京：清华大学出版社，2008.
24. 汤因比．历史研究［M］．上海：上海人民出版社，1987.
25. 巴列克拉夫．当代史学主要趋势［M］．上海：上海人民出版社，1987.
26. 李泽厚．中国古代思想史论［M］．北京：人民出版社，1986.
27. 翦伯赞．中国史纲要［M］．北京：人民出版社，1983.
28. 柳诒微．中国文化史［M］．北京：中国大百科全书出版社，1988.
29. 北京市规划委员会．北京历史文化名城保护计划［M］．北京：中国建筑工业出版社，2002.
30. 刘洋．北京西城历史文化概要［M］．北京：北京燕山出版社，2010.
31. 傅华．北京西城文化史［M］．北京：北京燕山出版社，2007.
32. 北京大学历史系北京史编写组．北京史［M］．北京：北京大学出版社，1985.

33. 来新夏，河北省地方志编委会办公室，南开大学地方志文献研究室编. 河北地方志提要［M］. 天津：天津大学出版社，1992.
34. 严兰绅. 河北通史［M］. 石家庄：河北人民出版社，2000.
35. 刘敦桢. 刘敦桢文集（三）［M］. 北京：中国建筑工业出版社，1987.
36. 国家文物局. 中国文物地图集河北分册［M］. 北京：文物出版社，2013.
37. 邯郸县地方志编纂委员会. 邯郸县志［M］. 北京：中国人事出版社，1993.
38. 李欣主编，河北省承德县地方志编纂委员会. 承德县志［M］. 呼和浩特：内蒙古科学技术出版社，1998.
39. 邢台市地方志编纂委员会. 邢台市志［M］. 北京：中国对外翻译出版公司，2001.
40. 贺业钜. 中国古代城市规划史［M］. 北京：中国建筑工业出版社，1996.
41. 张驭寰. 中国城池史［M］. 天津：百花文艺出版社，2003.
42. 李秋香，罗德胤，贾珺. 北方民居［M］. 北京：清华大学出版社，2010.
43. 赖德霖，伍江，徐武斌. 中国近代建筑史（第一卷）门户开放——中国城市和建筑的西化与近代化［M］. 北京：中国建筑工业出版社，2016.
44. 赖德霖，伍江，徐武斌. 中国近代建筑史（第二卷）多元探索——民国早期各地的现代化及中国建筑科学的发展［M］. 北京：中国建筑工业出版社，2016.
45. 津门胜迹编委会. 津门胜迹［M］. 天津：天津古籍出版社，1989.
46. 天津市人民政府. 天津历史风貌建筑［M］. 天津：天津大学出版社，2010.
47. 天津市历史风貌建筑保护委员会办公室、天津市国土资源和房屋管理局. 天津历史风貌建筑图志［M］. 天津：天津大学出版社，2013.
48. 天津市规划局和国土资源局. 天津城市历史地图集［M］. 天津：天津古籍出版社，2004.
49. 郭登浩，周俊旗，万新平. 天津史研究论文选辑 / 天津通史资料丛书［M］. 天津：天津古籍出版社，2016.
50. 来新夏主编，杨大辛编著. 天津的九国租界［M］. 天津：天津古籍出版社，2004.
51. 郭凤岐总主编，杨德英本卷主编，天津市地方志编修委员会编著. 天津通志港口志［M］. 天津：天津社会科学院出版社，1999.
52. 郭凤歧总编纂，罗澍伟主编. 天津市地方志编修委员会编著. 天津通志附志·租界［M］. 天津：天津社会科学院出版社，1996.
53. 傅喜年. 傅熹年建筑史论文集［M］. 北京：文物出版社，1998.

主要参考文献（古籍、近代）

1. （东汉）班固撰《汉书》

2. （明）宋濂等撰《元史》
3. （北魏）郦道元撰《水经注》
4. 《大清会典·工部》
5. （清）李有堂《金史纪事本末》
6. （清）张廷玉等编《明史》
7. （清）赵尔巽等撰《清史稿》
8. 王樹枬等纂修. 河北通志稿. 铅印本. 民国二十四年（1935年）
9. 伊东恒冶. 北支蒙疆的住居. 弘文堂版
10. 保定府志：1882年—1886年.

致谢

华夏逢盛世，京畿沐春风。2022年春，我们迎来了“京津冀协同发展”国家战略发布八周年纪念季，现谨将此书献给伟大的祖国，以表达热爱之心和祝福之情，祝愿京津冀三地协同发展拥有更加美好的未来！

笔耕不辍，行文数载，《京津冀建筑史纲》即将付梓面世。借此机会，我们对支持、帮助此书出版的有关单位、社会同仁和尊敬的广大读者表示衷心的感谢和崇高的敬意！

感谢北京建筑大学和文化发展研究院、建筑与城市规划学院。母校、母院的培养恩重如山，文化发展研究院的支持非常珍贵，我们会倍加努力，予以报答。

感谢民盟北京市委和民盟东、西城区委。二十余年来，编写组部分成员持续参与了民盟方面古都风貌保护课题调研，期间得到了贵方的培养、支持、帮助，并积累了大量第一手资料，感恩之情溢于言表。

感谢国家文物局和北京市文物局。自2017年起，编写组部分成员参加了民盟北京市委北京中轴线课题组，在调研的过程中，我们得到了贵局悉心指导和热情帮助，荣幸备至。

感谢国家新闻广电总局和中国建筑工业出版社。近年来，得到了贵方在推荐、资助、出版方面的大力支持，包括《北京四合院》（第二版）、《北京建筑史》等图书，同时出版社支持此书的出版，我们深表谢意。

感谢尊敬的领导、恩师和有关专家，感谢本书编委会和编写组的同事们，感谢社会同仁和尊敬的广大读者。鉴于学识有限，文中不妥处敬请提出宝贵的意见与建议。

值此之际，特别感谢民盟中央，中共北京市委、市政府，北京市人大，北京市政协，民盟北京市委，中共东城区委、区政府，中共西城区委、区政府，中共西城区委统战部，北京建筑大学党委及统战部，北方工业大学党委及统战部等相关单位。多年来，在党盟组织的领导、培养下，作为本书的主编和第一副主编，我们在思想、品行、能力等方面得到了显著的提升，能够利用所学参政议政，为社会尽绵薄之力。我们将继续努力，为北京建设国际一流的和谐宜居之都，助力京津冀协同发展，实现中华民族伟大复兴的中国梦做出新的、更大的贡献！再次感谢大家！

北京建筑大学文化发展研究院特聘研究员

民盟北京市委历史文化委员会副主任

陆翔

北方工业大学建筑与艺术学院副教授

北京建筑大学建筑与规划学院2003届研究生

胡燕

2023年3月